GAOZHI GAOZHUAN

YUANYI ZHUANYE XILIE GUIHUA JIAOCAI 高职高专园艺专业系列规划教材

园艺设施（第2版）

YUANYI SHESHI

主　　编　张志轩

副 主 编　妙晓莉　曹宗波

参　　编　李　涵　朱庆松　汪　妮

　　　　　逯　昀　樊　蕾　吴龙生

　　　　　陆占杰　史彦鹏

重庆大学出版社

内 容 提 要

本书根据我国现阶段高职高专特点、人才培养目标及教育部高职高专园艺专业教学基本要求，为适应高职高专“设施园艺”课程的教学需要，按照高职高专工学结合教学模式基本要求，以培养高等职业技术应用型人才为目标，以培养园艺设施设计规划、建造及环境调控技能为基础，按工学结合的模式、项目教学法、任务驱动法编撰而成。

全书兼顾国内国外、南方北方及传统与现代园艺设施的特点，共分为9个项目，主要介绍了塑料大中拱棚、日光温室、现代温室的设计建造技术；着重介绍了设施内光照、温度、水分、气体调控技术和设施土壤、微生物变化及优化技术等。每个项目设有项目描述、学习目标、能力目标、项目任务、项目小结、思考练习等，每个任务设有活动情景、工作过程设计、工作任务单、任务相关知识点，每个项目中插入高级技术、拓展训练、安全提示、注意、小贴士、知识链接等栏目。在每个项目后设置了需要学生重点掌握的实训内容。

本书可作为高职高专园林、园艺类、农村行政管理等专业的教材，同时可供家庭农场、农村专业合作组织、农业科技园区技术人员和广大园艺工作者及相关人员参考。

图书在版编目(CIP)数据

园艺设施／张志轩主编. --2版. --重庆：重庆大学出版社，2019.8(2022.9重印)
高职高专园艺专业系列规划教材
ISBN 978-7-5624-7777-8

Ⅰ.①园… Ⅱ.①张… Ⅲ.①园艺—设施农业—高等职业教育—教材 Ⅳ.①S62

中国版本图书馆CIP数据核字(2019)第171768号

高职高专园艺专业系列规划教材
园艺设施
(第2版)
主　编　张志轩
副主编　妙晓莉　曹宗波
策划编辑：袁文华
责任编辑：蒋昌奉　　版式设计：袁文华
责任校对：贾　梅　　责任印制：赵　晟
*
重庆大学出版社出版发行
出版人：饶帮华
社址：重庆市沙坪坝区大学城西路21号
邮编：401331
电话：(023) 88617190　88617185(中小学)
传真：(023) 88617186　88617166
网址：http://www.cqup.com.cn
邮箱：fxk@cqup.com.cn (营销中心)
全国新华书店经销
重庆市正前方彩色印刷有限公司印刷
*
开本：787mm×1092mm　1/16　印张：14.5　字数：362千
2019年8月第2版　2022年9月第4次印刷
印数：7 001—10 000
ISBN 978-7-5624-7777-8　定价：38.00元

GAOZHIGAOZHUAN

YUANYI ZHUANYE XILIE GUIHUA JIAOCAI

高职高专园艺专业系列规划教材

编委会

（排名不分先后）

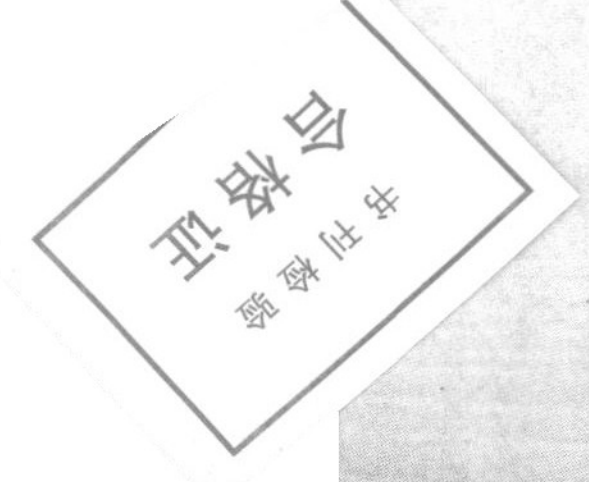

GAOZHIGAOZHUAN

YUANYI ZHUANYE XILIE GUIHUA JIAOCAI

高职高专园艺专业系列规划教材

参加编写单位

（排名不分先后）

安徽林业职业技术学院
安徽滁州职业技术学院
安徽芜湖职业技术学院
北京农业职业学院
重庆三峡职业学院
甘肃林业职业技术学院
甘肃农业职业技术学院
贵州毕节职业技术学院
贵州黔东南民族职业技术学院
贵州遵义职业技术学院
河南农业大学
河南农业职业学院
河南濮阳职业技术学院
河南商丘学院
河南商丘职业技术学院
河南信阳农林学院
河南周口职业技术学院
华中农业大学
湖北生态工程职业技术学院
湖北生物科技职业技术学院
湖南生物机电职业技术学院
江西生物科技职业学院
江苏畜牧兽医职业技术学院
辽宁农业职业技术学院
山东菏泽学院
山东潍坊职业学院
山西省晋中职业技术学院
山西运城农业职业技术学院
陕西杨凌职业技术学院
新疆农业职业技术学院
云南临沧师范高等专科学校
云南昆明学院
云南农业职业技术学院
云南热带作物职业学院
云南西双版纳职业技术学院

园艺设施主要讲授园艺作物生产所用的设施、设备、建造和环境调控等方面的内容，是涉及园艺学、环境调控、建筑、机械与计算机学等多门学科领域的一门复合型学科，是设施园艺学的一个分支，是园艺、园林、农业工程、农村行政管理专业等学生的专业基础课。

根据作物对环境条件的要求，合理调节设施内光照、温度、水分、气体，改良优化土壤、微生物是园艺作物产品优质、高产、高效的条件。高职农科类专业学生学习《园艺设施》，目的是在掌握塑料大中拱棚、日光温室、现代温室等主要园艺设施的设计建造技术的基础上，熟悉设施内光照、温度、水分、气体调控技术和设施土壤、微生物等变化规律，熟练掌握设施内光照、温度、水分、气体调控技能和设施土壤、微生物改良方法。

本书主要由两大部分、9 个项目、34 项任务、19 个实训组成。第一部分主要介绍了塑料大中拱棚、日光温室、现代温室 3 个大类常用园艺设施设计建造技术及配套设备、材料等；第二部分着重介绍了设施内光照、温度、水分、气体、土壤、微生物变化规律及调控、改良、优化技术等。项目 1—3 主要介绍了常用园艺设施设计建造技术及配套设备、材料 。项目 4—9 主要介绍了设施光照、温度、水分、气体、土壤、微生物变化规律及调控技术。本书编写查阅、结合了国内外园艺设施发展情况，采用了当前最新观念、技术和资料，参考了多种书籍。

濮阳职业技术学院张志轩编写绪论和项目 1、4、6，杨凌职业技术学院妙晓莉编写项目 2、3，商丘职业技术学院曹宗波编写项目 5，信阳农林学院朱庆松编写项目 7，濮阳职业技术学院汪妮编写项目 8，濮阳职业技术学院李涵编写项目 9。本教材经杨凌职业技术学院妙晓莉、濮阳职业技术学院李涵、河南鸿志高效农业开发有限公司陆占杰、濮阳市高新农业开发中心史彦鹏等初审后，由张志轩定稿。商丘职业技术学逯昀、芜湖职业技术学院吴龙生、运城农业职业技术学院樊蕾等参与了个别项目的编写，并提出宝贵的修改意见。

由于编写水平有限，加之时间仓促，错误之处在所难免，谨请读者批评指正。

编　者

2019 年 6 月

目录
Contents

绪论

项目描述 园艺设施是进行园艺作物生产的基础设施，在学习掌握园艺设施的目的和基本任务，掌握各类设施的设计规划、建造、配套设备功能及环境调控技术之前，要首先了解园艺设施基本概念、分类、特点与基本功能，还要熟悉国内外发展现状、我国发展园艺设施发展趋势、目标、主要任务和发展重点。

学习目标 了解国内外园艺设施发展现状和我国园艺设施发展前景、发展趋势、目标、任务与重点；重点园艺设施基本概念、分类、特点与基本功能等。

能力目标 园艺设施正确分类，熟知设施基本功能；学会初步分析我国园艺设施发展现状、问题与趋势的能力等。

项目任务

专业领域：园艺技术　　　　学习领域：园艺设施

项目名称	绪　论
工作任务	任务 0.1　园艺设施的概念与特点
	任务 0.2　我国园艺设施发展现状与发展趋势
项目任务要求	技能要求：看图片正确分类，叙述基本功能、特点；看现场正确分类，叙述基本功能、特点 知识要求：设施园艺的概念、发展简史、发展现状与趋势我国发展设施园艺栽培的作用意义，我国发展园艺设施的指导思想、基本原则及目前的发展目标、主要任务和发展重点 素质要求：增强责任感、使命感、事业感，提高热爱本专业的积极性

任务 0.1　设施栽培的概念与特点

活动情景 到学校周边设施园栽培集中地区，深入设施生产现场，看、问、听、记录、思考、总结，认真领会老师、技术人员或老农等的讲述，从中理解园艺设施基本概念、分类、特点与基本功能深刻理解我国发展园艺设施的作用意义及学习园艺设施的重要性、必要性，增强责任感、事业感，提高热爱本专业的积极性。

工作过程设计

工作任务	任务 0.1　园艺设施的概念与特点	教学时间	
任务要求	1.了解园艺设施课程性质、学习任务与学习目标 2.熟悉园艺设施的概念、分类、特点与基本功能		
工作内容	1.正确分类 2.观察、分析、归纳园艺设施特点与基本功能		
学习方法	以课堂讲授和自学完成相关理论知识学习，以田间项目教学法和任务驱动法，使学生掌握园艺设施的概念、分类、特点与基本功能		
学习条件	多媒体设备、资料室、互联网、生产工具、实训基地等		
工作步骤	资讯：教师以人们生活需求、消费市场需求、经济社会效益引入教学任务内容，进行相关知识点的讲解，并下达工作任务； 计划：学生在熟悉相关知识点的基础上，查阅资料收集信息，进行工作任务构思，师生针对工作任务有关问题及解决方法进行答疑、交流，明确思路； 实施：学生在教师辅导下，按照计划分步实施，进行知识和技能训练； 检查：为保证工作任务保质保量地完成，在任务的实施过程中要进行学生自查、学生互查、教师检查； 评估：学生自评、互评，教师点评		
考核评价	课堂表现、学习态度、任务完成情况、作业报告完成情况		

工作任务单

工作任务单					
课程名称	园艺设施		学习项目	绪　论	
工作任务	任务 0.1　园艺设施的概念与特点		学　时		
班　级		姓　名		工作日期	
工作内容与目标	能够正确归纳、表达园艺设施特点与基本功能，并举出实际案例				
技能训练	1.看图片正确分类，叙述园艺设施基本功能、特点 2.看现场正确分类，叙述园艺设施基本功能、特点				
工作成果	完成工作任务、作业、报告				
考核要点（知识、能力、素质）	园艺设施的概念、分类、功能与特点； 园艺设施分类正确。深刻理解我国发展设施园艺栽培的作用意义； 吃苦耐劳 独立思考，团结协作，创新意识，独立按时完成作业报告增强责任感、事业感，提高热爱本专业的积极性				

续表

工作任务单		
工作评价	自我评价	本人签名:　　　　　　　　年　月　日
	小组评价	组长签名:　　　　　　　　年　月　日
	教师评价	教师签名:　　　　　　　　年　月　日

任务相关知识点

1)园艺设施的概念

(1)什么是园艺设施?

园艺设施是指从事园艺作物(果、花、菜等)生产所需的技术、建筑、材料、机械以及相应的设施和设备,包括温室、大棚、小拱棚,夏季的有遮阳网、防雨棚、防虫网等及相应的配套系统。园艺设施涵盖从最简易的小拱棚到大型的温室的设计、选材、建造,从薄膜到大型锅炉、加温、照明、灌溉设备机器。

(2)园艺设施的特点

①具有区域性　不同地域自然条件不同,经济基础有差异,园艺设施要因地制宜,选用适宜的、当地的设施类型,充分利用当地自然资源和社会资源。

②可控性　可以人工创造适宜作物栽培的小气候条件,减少自然灾害影响,减少种植风险,抗灾害能力强。

③技术性强　园艺设施是涉及园艺学、环境调控、建筑、机械与计算机学等跨多门学科领域的一门复合型学科,需要具备多种相关知识,科技含量高,对生产者技术水平要较高,要求较高的管理技术。

④高效益　作物产量、产值及效益都比较高。要充分发挥园艺设施的效应,提高生产效益。

⑤投入大　园艺设施需要资金、技术支持,农业生产物资及劳动力投入都比较大。

⑥市场化　设施园艺生产要求实行生产专业化、规模化、产业化,需要市场推动。

⑦现代化属性　以现代工业、工程技术、计算机、遥感技术等高科技为依托,进行机械化、自动化和智能化建设和生产。

2)园艺设施基本功能

(1)发展园艺设施意义

园艺设施可以提高作物产量和品质,减少自然灾害;打破地域限制,扩大种植范围;打破季节限制,进行反季节生产,调整园艺产品供应期,实现周年生产;园艺设施还有利于集约化、大规模生产,生产程序化,步骤化。美化环境,观光旅游,带动运输、餐饮、农资、金融等相关产业发展。

(2)园艺设施基本功能

①育苗　为露地或设施生产提供果、花、菜等苗木。

②早熟栽培　利用设施使春茬作物提前上市,提高生产效益。

③延后栽培　利用设施使秋茬作物延后采收，提高产量和效益。

④越冬栽培　利用设施实现蔬菜作物的反季节生产，丰富冬季蔬菜产品供应，提高效益。

⑤软化栽培　利用设施创造黑暗、湿润等环境条件获得软化产品。

⑥假植栽培　利用植株中贮藏的营养在设施中生产产品。

任务 0.2　我国园艺设施发展现状与发展趋势

活动情景　到学校资料室或通过网络查阅国内外发展现状。听老师讲述，从中了解国内外设施园艺栽培的发展现状、前景与趋势，找出我国与发达国家的差距、发展对策，进一步理解学习设施园艺的重要性、必要性，进一步提高热爱本专业的积极性。

工作过程设计

工作任务	任务 0.2　我国设施园艺栽培发展现状及与先进国家的差距	教学时间	
任务要求	通过查阅资料、看课件、听讲解，了解国内外发展现状、我国发展设施园艺栽培的前景、发展趋势		
工作内容	1.查阅资料 2.看课件、听讲解		
学习方法	以查阅资料、课堂讲授完成相关理论知识学习		
学习条件	多媒体设备、资料室、互联网、生产工具、实训基地等		
工作步骤	资讯：教师以图片展示、讲解国内外设施园艺差异引入教学任务内容，进行相关知识点的讲解分析，并下达工作任务； 计划：学生在熟悉相关知识点的基础上，明确思路； 评估：学生自评、互评，教师点评		
考核评价	课堂表现、学习态度、作业完成情况		

工作任务单

工作任务单			
课程名称	园艺设施	学习项目	绪　论
工作任务	任务 0.2　我国设施园艺栽培发展现状及与先进国家的差距	学　时	

续表

工作任务单					
班 级		姓 名		工作日期	
工作内容与目标	正确、全面查阅资料,并找出差距,明确现状,举出并分析实际案例				
技能训练	查阅资料方法				
工作成果	完成工作任务、作业、报告				
考核要点(知识、能力、素质)	园艺设施的发展简史; 深刻理解国外设施园艺栽培发展现状与趋势; 增强责任感、事业感,提高热爱本专业的积极性				
工作评价	自我评价	本人签名: 年 月 日			
	小组评价	组长签名: 年 月 日			
	教师评价	教师签名: 年 月 日			

任务相关知识点

1)发达国家园艺设施的发展现状

20 世纪 80 年代,发达国家园艺设施已有适应机械化作业的大型连栋玻璃温室,其耕作、种植、运输等实现了机械化,加温、通风、施肥、灌溉实现了自动化。全世界现有大型现代化的玻璃温室面积约为 4.07×10^4 hm^2,大部分在西欧。采用聚碳酸酯(PC)中空板或片材等覆盖材料的现代化温室面积也有 1.0×10^4 hm^2 以上。

荷兰是世界上温室生产最发达的国家,其温室以大型玻璃温室为主体,现有大型连栋玻璃温室面积 1.0×10^4 hm^2,约占世界玻璃温室的 1/4,居世界之首。荷兰温室生产水平很高,无土栽培的普及,高产品种的开发,计算机应用的普及,施肥和环境管理的改善,利用昆虫授粉和利用害虫天敌治理虫害等,作物产量迅速提高。如温室番茄的生产,20 世纪 80 年代初以来其产量提高很快,每平方米番茄年产量 1970 年为 20 kg 左右,20 世纪 80 年代后期超过 40 kg,现在达到 50~60 kg。

日本也是设施园艺发达的国家,其温室总面积为 5.10×10^4 hm^2,与荷兰相比较,其最大的不同特点是塑料温室占主要部分,面积有 4.88×10^4 hm^2,占温室总面积的 95.6%;玻璃温室面积为 2 218 hm^2,只占温室总面积的 4.4%。从 20 世纪 60 年代起温室开始由单栋向连栋、大型化、结构金属化方向发展。20 世纪 70 年代为高速发展时期,设置单栋为 1 000 m^2 的大型温室。1971—1974 年实施设施园艺集中管理事业,在全国 19 处各建设 3×10^4 m^2 的大型连栋温室,每处的标准事业费相当于人民币 800 万元。截至 1978 年年底,共设置这样的基地 100 处,从而使日本的设施园艺进入世界先进行列。

以色列近年设施园艺获得飞速的发展,已具有从简单的塑料温室到设备完善、能有效调控室内环境的各类现代化温室。依靠先进的工程装备和环境调控、栽培管理技术,达到很高的生产水平。

美国的温室走与欧洲各国、以色列及日本都不同的发展道路。美国耕地面积大，气候类型多，可以露地生产的可能性大。而且物流业十分发达，寒冷季节可以依靠便利的运输从本国南方和南美洲（例如墨西哥）调运市场需要的蔬菜、花卉。因此，温室未大规模发展，而根据各地特殊的需求，生产一批高价值的蔬菜、花卉等园艺产品。美国的温室很少大面积集中分布，而是零星地分布在大城市郊区。虽然规模不大，但其设备与生产水平都是世界一流的，而且在温室尖端技术的研究上也处于领先地位。温室设备齐全，配置有供热系统、降温水帘等。温室的光照、温度、湿度、CO_2 等环境因子的调节专业化程度很高，社会化服务十分周到。多数是玻璃温室，少数是双层充气的塑料薄膜覆盖，基本上全是日光型连栋的智能温室。

世界各个国家中，中国的塑料温室（包括温室与塑料大棚）面积居世界第一位，但人均水平较低；其次是日本。

2）我国园艺设施发展现状与成就

（1）我国是世界上应用设施园艺技术历史最悠久的国家

西汉（公元前206—公元23）的《汉书补遗》：大官园种冬生葱韭菜菇，覆以屋庑，昼夜燃蕴火，得温气乃生；唐朝（公元600多年）进一步发展，《宫词》：酒幔高楼一百家，宫前杨柳寺前花，内园分得温汤水，二月中旬已进瓜——说明1 200多年前，西安已用天然温泉水在早春季节种植瓜类蔬菜。明嘉靖年间（1522—1566），《学圃杂疏》：王瓜出燕京者最佳，其地人种之火室中，逼生花叶，二月初即结小实，中宦取之上供——说明明朝北京的温室暖窖栽培已经具有相当的水平。经明、清、民国近400年，西安、北京在单斜面暖窖土温室黄瓜等蔬菜的冬春茬栽培方面积累了丰富的实践经验，但限于当时的社会和科学技术条件，发展缓慢。新中国成立后大力发展，改革开放以来得到飞速发展。特别是20世纪90年代初以来发展比较迅速，目前山东寿光、苍山，河北永年，辽宁海城、北宁，河南扶沟，安徽和县等广大农作区发展了一大批集中连片大规模产业化设施栽培生产基地，并建立了相应的大市场，成为蔬菜全国大流通的集散中心。

（2）设施类型多样化

目前，我国北方地区园艺设施主要以塑料大棚、中小拱棚、加温温室、普通温室或节能型温室等设施为主，可进行秋冬茬、冬春茬、早春茬栽培；南方地区以遮阳网及避雨栽培，有不织布、防虫网覆盖夏季抗热、避雨栽培等多种栽培类型为主，不仅可进行秋冬茬、冬春茬、早春茬，还可进行夏秋茬抗热、避雨、防虫栽培等。目前，我国设施类型的多样化和栽培种类品种的多样化，使某些果、花、菜等可周年生产，周年均衡供给。这不仅有效地丰富了菜篮子，而且对发展农村经济、脱贫致富，保持社会稳定，促进国民经济发展都具有重要的意义和作用。

（3）日光温室发展迅速

日光温室以其结构性能优越，建造容易，适合我国目前经济、技术水平，能实现高产高效的突出功能而受到广大农民的青睐，发展速度甚快，配套设备及技术日趋完善，对解决我国冬春季节果、花、菜等供给，丰富元旦、春节两大节日供给的巨大作用越来越被人们所认识。

（4）种植作物种类多元化

20世纪90年代初设施栽培的作物种类非常单调，90%以上是黄瓜、番茄、芹菜、油菜、甘蓝等。随着市场的开放,技术进步,设施内作物的种植结构得到不断的调整,设施内种植的种类向名特优新果、花、菜多种类,多品种方向,高产值的园艺作物迅速发展。设施栽培已向多元化方向迈进。

3) 我国园艺设施发展面临的差距

(1) 设施和技术水平落后

我国目前园艺设施多为结构简单、性能较差、抗御自然灾害能力不强的竹木结构塑料大棚、中小拱棚以及就地取材建造的节能型日光温室。钢架结构大棚、温室数量相对较少。因而在强风、大雪或异常低温的自然灾害下,易发生棚毁苗伤等现象,经济损失严重。加上我国经济实力不强,设施园艺工程技术欠发达。大棚、日光温室栽培技术缺乏量化指标,经验色彩浓厚,科技含量不足,只能被动地保温、降温、遮阳、防雨,而不能主动地调节温、光、水、肥、气,这是限制设施栽培作物高产优质栽培的主要障碍。科技、装配等水平低,抗御自然灾害能力差,而且农产品比价较低,经济效益低。

(2) 设备不配套,调控能力差

薄膜、网纱等覆盖材料品种少、质量差、寿命短、价格昂贵。作畦、定植、施肥、灌水、防治病虫、整枝打杈、绑蔓、采收运输以及育苗等各技术环节主要靠人力,均由手工作业完成,处在高温高湿通风不良的环境下,工效低,劳动强度大,作业环境差,劳动生产率低。塑料大棚、中小拱棚以及温室和节能型日光温室一般均无自动化环境调节装置,基本上靠手工作业通风、降温、排湿来完成设施内的生育环境调节,而增温、增光则更多地依赖于太阳辐射。人为的调控作用非常弱,如遇有连阴雨雪天气过程发生,设施环境调控完全处于被动局面,每年因此而造成的损失是相当严重的;这与国外温室管理中温、光、水、肥、气可自动化控制,根据不同作物不同生育阶段满足其对环境的要求,达到高产稳产规范化栽培还有相当大的差距。

(3) 引进渠道单一,盲目引进

目前我国能形成规模生产能力的温室制造工厂较少,仅限于北京、上海等大城市。多数厂家不能生产内部的配套设备,不具备足够的市场竞争力,所以出现了到处引进的局面。由于从国外引进的大型温室多是在适应本地区生态条件的基础上设计制造的,虽然这些国家温室的外观和自动化程度优于国产温室,但从目前进口温室运营情况看,进口温室价格高、效益低、能耗大,且结构和种植技术亟待改进。

(4) 资源浪费严重

我国目前的设施园艺是劳动力密集型的传统栽培法,是资源依赖型农耕方式,对土地、种子、化肥、水资源、光热资源的利用方面都存在严重的浪费现象。化肥、农药的大量施用还造成了土壤及生态环境的污染。节能型日光温室实际土地利用面积仅有50%。采用大水漫灌的灌溉方式,水分利用率仅为30%~40%,这与先进国家自动化,科学化节能节水技术相比尚存较大差距。

4) 我国园艺设施发展趋势

(1) 设施结构趋于大型化

温室、大棚等大型园艺设施,在整个园艺设施中所占的比重增加,1981—1982 年度中小拱棚占总设施面积的69%,薄膜温室及大棚占总设施面积的 14%和 17%;而到 1995—1996

年度温室、大棚面积已分别上升到26%和27%，说明我国设施结构趋于大型化。近几年自国外引进现代化温室设备及配套技术，对它的消化吸收为我国设施结构的改进创新又注入新的活力，大型园艺设施日臻完善，配套技术、设备不断创新。

(2)无土栽培将迅速发展

当前，我国无土栽培中应用较多的是由中国农业科学院蔬菜花卉研究所推出的成本低、管理简单、产品质量达到国家绿色食品标准的有机生态型无土栽培技术。无土栽培具有节肥、节水、省力、省农药和高产、优质等特点，是设施农业工程技术的重要内容。近年来，我国无土栽培面积增长迅速，示范效果良好，经济效益和社会效益及生态环境效益比较显著。随着人们对食品安全、环境意识的提高，设施内有机生态型无土栽培技术将得到大面积应用。

(3)加强技术创新，增加技术储备，努力赶超世界先进水平

开发新型温室，制定设施标准体系；开发设施内环境控制技术与设备；研究应用设施内环境条件的自动控制系统；开发应用设施生产机械作业设备；开发设施农业节水灌溉设备；引进开发微型耕作机、播种机、超微量喷雾器和喷粉器、二氧化碳发生器、环境因子速测仪等小型器械；研究新型保温材料(薄膜及保温被等)。建立一支呈金字塔形分布的不同层次的技术服务推广队伍，形成服务网络，加强对农民的技术指导。要强化技术培训，形成省、地、县、乡、村的培训网络，健全技术信息网络，提高农民接受新技术的能力。

(4)加强信息化建设

尽快建立能及时、准确地为生产者、经营者、决策者与科技人员提供服务网、市场信息网、科技信息网，决策咨询系统和生产管理专家系统。

(5)区划布局日趋合理化

提出适宜各个地区发展的设施类型，规范各区设施的规格、技术参数，合理安排种植结构，以便充分发挥各地的资源优势，提高经济效益。

项目小结

园艺设施是从事园艺作物(果、花、菜等)生产必需的基础设施。在育苗、早熟栽培、反季节栽培、科学研究等方面发挥着十分重要的作用。近几年国内外园艺设施发展取得了骄人的成就，我国发展园艺设施虽与国外发达国家存在一定差距，但发展势头强劲，在“富民工程”“民生工程”建设中起到了不可低估的作用。近来有关部门制定了设施农业“十二五”发展纲要，明确了我国园艺设施的发展目标、主要任务和发展重点。

思考练习

1.园艺设施的基本特点有哪些？

2.简述园艺设施基本功能。

3.分析我国园艺设施的发展趋势。

主要园艺设施类型与建造

项目描述 不同园艺设施的技术参数、性能、功能、作用有很大差异，建造要求及建造技术也有很大差别。在熟悉各类园艺设施的技术参数、性能、功能、作用的基础上，合理规划设计园艺设施，科学建造园艺设施是该项目学习目标和技能要求。掌握大棚、日光温室的技术参数、性能、功能、作用是本项目学习的重点，熟练掌握大棚、日光温室建造要求、建造技术及应用是本项目的重要技能。

学习目标 熟悉各类园艺设施的技术参数、性能、功能、作用。

能力目标 熟练掌握各类园艺设施建造要求、建造要领、步骤及建造技术。

项目任务

专业领域：园艺技术 **学习领域：园艺设施**

项目名称	项目1　主要园艺设施类型与建造
工作任务	任务1.1　园艺设施分类
	任务1.2　塑料中小棚
	任务1.3　塑料大棚
	任务1.4　日光温室
	任务1.5　现代温室
	任务1.6　夏季保护设施
项目任务要求	技能要求：熟练掌握大棚、日光温室建造要求及建造技术 知识要求：熟悉各类园艺设施的技术参数、性能、功能、作用 素质要求：增强责任感、使命感、事业感，提高热爱本专业的积极性

任务1.1　园艺设施分类

活动情景

工作过程设计

工作任务	任务1.1　园艺设施分类	教学时间	
任务要求	熟悉各类园艺设施的技术参数、性能、功能、作用；熟练掌握各类园艺设施建造要求、建造要领、步骤及建造技术		
工作内容	1.查阅资料 2.看课件 3.听讲解		
学习方法	以查阅资料、课堂讲授完成相关理论知识学习		
学习条件	多媒体设备、资料室、互联网、生产工具、实训基地等		
工作步骤	资讯：教师带领学生到附近塑料大棚、温室等设施园艺生产现场，观察、测量、比较各类设施的技术参数、性能及应用情况引入教学任务内容，进行相关知识点的讲解分析，并下达工作任务； 计划：学生在熟悉相关知识点的基础上，了解设施主要技术参数，掌握设施的性能作用及基本的建造要求； 评估：学生自评、互评，教师点评		
考核评价	课堂表现、学习态度、作业完成情况		

工作任务单

工作任务单					
课程名称	园艺设施		学习项目	项目1　主要园艺设施类型与建造	
工作任务	任务1.1　园艺设施分类		学　时		
班　级		姓　名		工作日期	
工作内容与目标	现场测量设施技术参数差异，调查种植作物的茬口、种类，并分析原因；借助课件，查阅资料，拜访生产者，聆听讲解，分析归纳总结设施分类及各种设施的基本特点				
技能训练	准确分类，熟知特点及功能				
工作成果	完成工作任务、作业、报告				

续表

工作任务单		
考核要点（知识、能力、素质）	各类园艺设施的特点； 准确识别，正确分类； 增强责任感、事业感，提高热爱本专业的积极性	
工作评价	自我评价	本人签名： 年 月 日
	小组评价	组长签名： 年 月 日
	教师评价	教师签名： 年 月 日

任务相关知识点

1.1.1 园艺设施分类方法

1）根据温度性能分类

园艺设施根据温度性能可分为保温加温设施和防暑降温设施。保温加温设施包括阳畦、温床、温室、大小拱棚等；防暑降温设施包括荫障、荫棚和遮阳覆盖设施等。按照此分类方法北方地区农业设施主要以保温加温设施为主，南方地区农业设施主要以降温遮阴和防雨设施为主。

2）根据用途分类

根据用途可以分为生产用、试（实）验用和展览用设施。生产用主要用途是生产产品，侧重于自身的经济效益，试（实）验主要用于科学实验，侧重于试验研究效果；展览用设施，也叫观光用设施主要用于展示、展览等，侧重于社会效益。本书以生产用设施为主，重点介绍生产用设施的建造与利用技术。

3）根据设施的规模技术水平分类

从设施的规模、复杂程度及技术水平可将设施分为如下的四个层次：简易覆盖设施、普通保护设施（包括塑料中小拱棚、塑料大棚、日光温室）、现代温室、植物工厂。本书以普通保护设施为主，重点介绍普通保护设的技术参数、性能、功能、作用，阐述各类园艺设施建造要求、建造要领、步骤及建造技术。

1.1.2 主要园艺设施基本评价

1）简易覆盖设施

简易覆盖设施主要包括各种温床、冷床、小拱棚、荫障、荫棚、遮阳覆盖等简易设施，这些农业设施结构简单，建造方便，造价低廉，多为临时性设施或辅助性设施。简易覆盖设施主要用于作物的育苗和矮秆作物的季节性生产，应用面积逐年减少，可以作为温室大棚内的辅助保温、保湿、遮阳设施。

2)普通保护设施

普通保护设施主要包括塑料中拱棚、塑料大棚、日光温室,是我国各地区农业设施中的主要类型,是常见的普通保护设施。本书仅介绍普通保护设施中塑料中小拱棚、塑料大棚、日光温室,而且重点对塑料大棚、日光温室设施性能、环境特点、利用及建造方面作具体的介绍。

(1)中拱棚

中拱棚(含遮阳棚)的特点是制作简单,投资少,作业方便,管理非常省事。其缺点是不宜使用各种装备设施的应用,并且劳动强度大,抗灾能力差,增产效果不显著。其主要用于种植蔬菜、瓜果和食用菌等,也可以作为温室大棚内的辅助保温、保湿、遮阳设施。

(2)塑料大棚

塑料大棚是我国北方地区传统的保护设施,按照其内部结构用料的不同,分为竹木结构、全竹结构、钢竹混合结构、钢管(焊接)结构、钢管装配结构以及水泥结构等。总体来说,塑料大棚造价比日光温室要低,安装拆卸简便,通风透光效果好,使用年限较长;比中小拱棚保温好,便于机械和人工操作,主要用于果蔬瓜类的栽培和种植。其缺点是棚内立柱过多,不宜进行机械化操作,防灾能力弱,一般不用它做越冬生产。

(3)日光温室

日光温室的优点有采光性和保温性能好、取材方便、造价适中、节能效果明显,适合小型机械作业。天津市推广新型节能日光温室,其采光、保温及蓄热性能很好,便于机械作业,其缺点在于环境的调控能力和抗御自然灾害的能力较差,主要种植反季节蔬菜、瓜果花卉等。

3)现代温室

现代温室全国各地多为玻璃或PC板连栋温室、塑料连栋温室。玻璃或PC板连栋温室具有自动化、智能化、机械化程度高的特点,温室内部具备保温、光照、通风和喷灌设施,可进行立体种植,属于现代化大型温室。其优点在于采光时间长,抗风和抗逆能力强,主要制约因素是建造成本和运营费用过高,目前仍处在起步阶段。塑料连栋温室以钢架结构为主,主要用于种植蔬菜、瓜果和普通花卉等。其优点是使用寿命长,稳定性好,具有防雨、抗风等功能,自动化程度高;其缺点与玻璃/PC板连栋温室相似,一次性投资大,对技术和管理水平要求高,一般作为玻璃或PC板连栋温室的替代品。但随着蔬菜农药残留带来的食品安全问题的日益突出,环境安全型温室建设成为无毒农业、设施农业、蔬菜标准园建设的核心设施。使用这种设施可以生产出没有农药污染的蔬菜瓜果,是今后设施农业重点发展的对象。塑料连栋温室虽初见端倪,但发展缓慢,处于实验和探索阶段,其投资主体多为政府行为,多用于现代农业展示和高科技示范园主体工程,大面积生产投资大,运运营成本高,直接效益还比较低,普及率低。

4)植物工厂

植物工厂是农业栽培设施的最高层次,其管理完全实现了机械化和自动化。作物在大型设施内进行无土栽培和立体种植,所需要的温、湿、光、水、肥、气等均按植物生长的要求进行最优配置,不仅全部采用电脑监测控制,而且采用机器人、机械手进行全封闭的生产管理，实现从播种到收获的流水线作业，完全摆脱了自然条件的束缚。但是植物工厂建造成本过高，能源消耗过大，目前只有少数温室投入生产，正处于研制之中，为以后生产提供技术储备。

任务 1.2 塑料中小拱棚

活动情景 塑料中小拱棚是园艺设施中比较简易的，应用较多的，面积较大的设施之一，一般作为早春、晚秋作物提早或延迟栽培，也可作为温室大棚等大型设施内的辅助保温、保湿、遮阳设施。塑料中棚是普通园艺设施之一，除了作为早春、晚秋作物提早或延迟栽培外，还可进行耐寒作物的越冬栽培、防雨防虫栽培。熟悉塑料中小拱棚的技术参数、性能、功能、作用，熟练掌握塑料中小拱棚建造要求、建造技术及应用技术是该任务的主要目的。

工作过程设计

工作任务	任务 1.2 塑料中小拱棚	教学时间	
任务要求	现场制作塑料小拱棚、塑料中棚，熟练掌握塑料中小拱棚建造要求、建造技术及应用技术。分析归纳总结塑料中小拱棚的基本特点		
工作内容	1.看课件，听讲解 2.查阅资料 3.现场制作		
学习方法	以查阅资料、课堂讲授完成相关理论知识学习		
学习条件	多媒体设备、资料室、互联网、生产工具、实训基地等		
工作步骤	资讯：教师带领学生到附近塑料中小拱棚生产现场，现场测量塑料中小拱棚技术参数，调查种植作物的茬口、种类，引入教学任务内容，进行相关知识点的讲解分析，并下达工作任务，通过借助课件讲解，查阅资料，拜访生产者，实际操作，熟知塑料中小拱棚特点及功能； 计划：学生在熟悉相关知识点的基础上，现场制作塑料小拱棚、塑料中棚各一个，分析归纳总结塑料中小拱棚的基本特点、建造要求、建造技术及应用技术； 评估：学生自评、互评，教师点评		
考核评价	课堂表现、学习态度、作业完成情况		

工作任务单

<table>
<tr><td colspan="6">工作任务单</td></tr>
<tr><td>课程名称</td><td colspan="2">园艺设施</td><td>学习项目</td><td colspan="2">项目1　主要园艺设施类型与建造</td></tr>
<tr><td>工作任务</td><td colspan="2">任务1.2　塑料中小拱棚</td><td>学　时</td><td colspan="2"></td></tr>
<tr><td>班　级</td><td></td><td>姓　名</td><td></td><td>工作日期</td><td></td></tr>
<tr><td>工作内容与目标</td><td colspan="5">现场测量塑料中小拱棚技术参数，调查种植作物的茬口、种类，分析归纳总结塑料中小拱棚的基本特点</td></tr>
<tr><td>技能训练</td><td colspan="5">学生分组现场制作塑料小拱棚、塑料中棚各一个，分析归纳总结塑料中小拱棚的基本特点、建造要求、建造技术及应用技术</td></tr>
<tr><td>工作成果</td><td colspan="5">完成工作任务、作业、报告</td></tr>
<tr><td>考核要点（知识、能力、素质）</td><td colspan="5">熟悉塑料中小拱棚的技术参数、性能、功能、作用，分析归纳总结塑料中小拱棚的基本特点；
掌握塑料中小拱棚建造要求、建造技术及应用技术；
增强责任感、事业感，提高热爱本专业的积极性</td></tr>
<tr><td rowspan="3">工作评价</td><td>自我评价</td><td colspan="4">本人签名：　　　　　　　　年　　月　　日</td></tr>
<tr><td>小组评价</td><td colspan="4">组长签名：　　　　　　　　年　　月　　日</td></tr>
<tr><td>教师评价</td><td colspan="4">教师签名：　　　　　　　　年　　月　　日</td></tr>
</table>

任务相关知识点

1）基本结构参数

塑料小拱棚的跨度一般为1.5~2 m，高度为0.6~1 m，长度为30~40 m。塑料中棚的跨度一般为2~4 m，高度为0.8~2 m，长度为20~40 m。无论塑料小拱棚，还是塑料中棚以南北行向最好，利于通风透光，在一天当中受光均匀。

塑料中小拱棚建造材料主要为竹片、细竹竿、树枝、钢筋和钢管及塑料薄膜。我国长江中下游钢管装配式塑料中、小棚应用较多常采用直径22 mm的热镀锌钢管构成主要构件，用专用卡具连接，现场组装。

2）性能

（1）温度

塑料中小拱棚热源为阳光，所以棚内的气温随外界气温的变化而改变，并受薄膜特性、拱棚类型以及是否有外覆盖的影响。由于小棚的空间小，缓冲力弱，在没有外覆盖的条件下，温度变化较大棚剧烈。晴天时增温效果显著，阴雨雪天增温效果差，棚内最低温度仅比露地提高1~3 ℃，遇寒潮极易产生霜冻。冬春用于生产的小棚必须加盖草苫防寒，加盖草苫的小棚，温度可提高2~12 ℃以上，可比露地提高4~12 ℃左右。

(2)湿度

塑料中小拱棚覆盖薄膜后,因土壤蒸发、植株蒸腾造成棚内高湿,一般棚内空气相对湿度可达70%~100%,白天进行通风时相对湿度可保持在40%~60%,比露地高20%左右。棚内相对湿度的变化与棚内湿度有关,当棚温升高时,相对湿度降低;棚温降低时,则相对湿度增高;白天湿度低,夜间湿度高;晴天低,阴天高。

(3)光照

小拱棚的光照情况与薄膜的种类、新旧、水滴的有无、污染情况以及棚形结构等有较大的关系,并且不同部位的光量分布也不同,小拱棚南北的透光率差为7%左右。

3)应用

中、小拱棚是我国目前应用最为广泛的一种简易栽培设施,约占全国设施栽培面积的47%,主要用于春秋蔬菜早熟栽培和育苗,秋季的延后栽培,或加盖草苫进行耐寒蔬菜(如韭菜、芹菜等)越冬栽培,是我国现阶段的主要农业栽培设施之一,在解决蔬菜周年供应中发挥着重要作用。小拱棚还作为温室大棚内临时性保温、保湿设施。

中、小拱棚结构比较简单,环境调控能力差,栽培作物的产量和效益较不稳定。一般为半永久性设施。

4)建造技术

(1)塑料小拱棚

塑料小拱棚建造之前要先平整土地,施足底肥,深翻后做成1.5~2 m平畦,按80~100 cm的间距插2 m长竹片或毛竹等材料弯成圆弧形做拱架。两端插入地下(20~25 cm),顶端形成拱形,然后拱架上覆盖薄膜,薄膜2 m宽,覆盖薄膜时东西南北都要拉紧,不留褶皱,四周压严。

(2)塑料中棚

塑料中棚按80~100 cm的间距插3~8 m长竹片、毛竹、钢筋等材料插成拱架,两端插入地下(30~50 cm),竹片、毛竹、钢筋弯成圆弧形,用1~2根纵向拉竿将各拱杆连接起来。如果上面加盖草苫、保温被等覆盖物,中间加固一道立柱,立柱间距3~6 m,立柱地面以上高度1.5~1.8 m,下端入地40 cm左右。拱架上覆盖薄膜,薄膜宽度3~8 m。把竹片等顶端形成拱形,东西南北都要伸直,不留褶皱,四周压严。塑料中棚覆盖薄膜后还要按间距3~6 m固定一道压膜线,用于防风。

任务1.3 塑料大棚

活动情景 塑料大棚是近几年发展较快的园艺设施类型之一。北方地区一般作为早春、晚秋作物提早或延迟栽培,也可作为耐寒蔬菜的越冬栽培;南方地区可以四季栽培。通过这次活动让大家熟悉塑料大棚的技术参数,了解塑料大棚的性能、功能、作用,熟练掌握塑料大棚建造要求、建造技术及应用技术。

工作过程设计

工作任务	任务 1.3　塑料大棚	教学时间	
任务要求	实地调查、测量塑料大棚技术参数、规格类型，走访塑料大棚应用情况，熟练掌握塑料大棚建造要求、建造技术及应用技术。分析归纳总结塑料大棚的基本特点		
工作内容	1.看课件，听讲解 2.走访，查阅资料 3.实地调查、测量 4.有条件时参观建设现场		
学习方法	以查阅资料、课堂讲授完成相关理论知识学习		
学习条件	多媒体设备、资料室、互联网、生产工具、实训基地等		
工作步骤	资讯：教师带领学生到附近塑料大棚生产现场，观察比较塑料大棚结构、种植作物引入教学任务内容，进行相关知识点的讲解分析，并下达工作任务； 计划：学生在熟悉相关知识点的基础上，现场测量、观察、访问塑料大棚技术参数，通过借助课件讲解，查阅资料，拜访生产者，实际操作，熟知塑料大棚特点及功能。分析归纳总结塑料大棚的基本特点、建造要求、建造技术及应用技术。 评估：学生自评、互评，教师点评		
考核评价	课堂表现、学习态度、作业完成情况		

工作任务单

工作任务单					
课程名称	园艺设施		学习项目	项目 1　主要园艺设施类型与建造	
工作任务	任务 1.3　塑料大棚		学　时		
班　级		姓　名		工作日期	
工作内容与目标	现场测量、观察、访问，借助课件讲解，查阅资料，拜访生产者，熟练掌握塑料大棚建造要求、建造技术及应用技术				
技能训练	1.塑料大棚技术参数测量 2.绘制塑料大棚基本结构图 3.讲述塑料大棚施工要求及工序				
工作成果	完成工作任务、作业、报告				
考核要点（知识、能力、素质）	熟悉塑料大棚的技术参数、性能、功能、作用，分析归纳总结塑料大棚的基本特点； 掌握塑料大棚建造要求、建造技术及应用技术； 素质增强责任感、事业感，提高热爱本专业的积极性				

续表

<table>
<tr><td colspan="3">工作任务单</td></tr>
<tr><td rowspan="3">工作评价</td><td>自我评价</td><td>本人签名： 年 月 日</td></tr>
<tr><td>小组评价</td><td>组长签名： 年 月 日</td></tr>
<tr><td>教师评价</td><td>教师签名： 年 月 日</td></tr>
</table>

任务相关知识点

1.3.1 类型及参数

与中小棚相比塑料大棚具有坚固耐用，使用寿命长，棚体空间大，作业方便，便于环境调控，有利作物生长等优点。按照建筑材料不同分为简易竹木结构大棚、焊接钢结构大棚、热镀锌钢管装配式大棚等。主要技术参数：南北行向，一般长40~60 m，跨度8~12 m，高度2.5~3 m。

1）简易竹木结构大棚

简易竹木结构大棚（见图1.1，图1.2）由立柱、拱杆、拉杆、棚膜、压杆（压膜线）、门6部分组成。按跨度方向每2 m设1道立柱，地下埋深40~50 cm，其主要作用是支撑棚体，保持棚形结构。立柱顶端固定竹竿或竹片，即拱杆形成拱形，两侧埋入地下夯实，或固定在肩柱上。南北方向上拱架间距3~3.6 m，通常把拱架间距称为1间，间内用竹片做拱杆。拱架间用竹竿（拉杆）连接，一般3~5道拉杆。间内拱杆与拉杆之间用小吊柱连接，拱杆、拉杆、小吊柱相互连接形成整体。拱架上及四周覆盖薄膜，拉紧后，膜的端头埋入四周的土中，拱杆间的薄膜上用用竹竿（压杆）、压膜线等压紧薄膜，用于保持棚体形状，抵御风灾。在塑料大棚一端留门，便于出入。

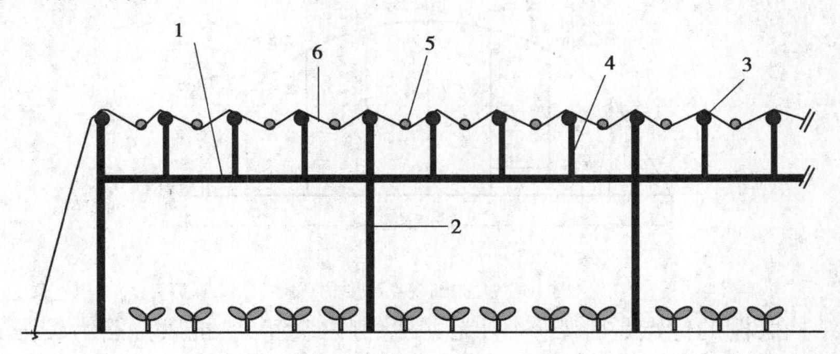

图1.1 竹木结构大棚骨架纵剖面示意图

1—拉杆；2—立柱；3—拱杆；4—小吊柱；5—压膜线；6—棚膜

简易竹木结构大棚主要技术参数：跨度为8~12 m，肩高1.1~1.6 m，顶高1.8~2.5 m。

竹木结构大棚的特点是建造简单，由多道立柱组成，比较牢固，取材方便，造价较低，比较容易推广。缺点是使用期较短，抗风抗震力弱；棚内柱子多，遮光率高，作业不方便。简

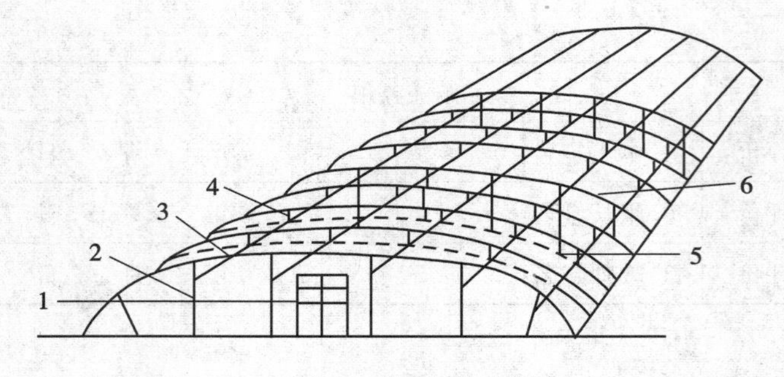

图 1.2　竹木结构示意图

1—门；2—立柱；3—拉杆；4—小吊柱；5—拱架；6—压杆(压膜线)

易竹木结构大棚一般适宜一家一户采用。

2)焊接钢结构大棚

焊接钢结构大棚拱架是用钢筋、钢管或两种结合焊接而成的平面桁架，上弦用直径16 mm钢筋或20 mm的钢管，下弦用12 mm的钢筋焊接成拱杆，拉杆用9~12 mm的钢筋与拱杆焊接。跨度8~12 m，顶高2.6~3 m，长度30~60 m，拱间距1~1.2 m，拱架上固定卡膜槽3~4道，用于固定覆盖薄膜，或在拱杆间塑料薄膜上设压杆或压膜线压紧薄膜(见图1.3，图1.4)。

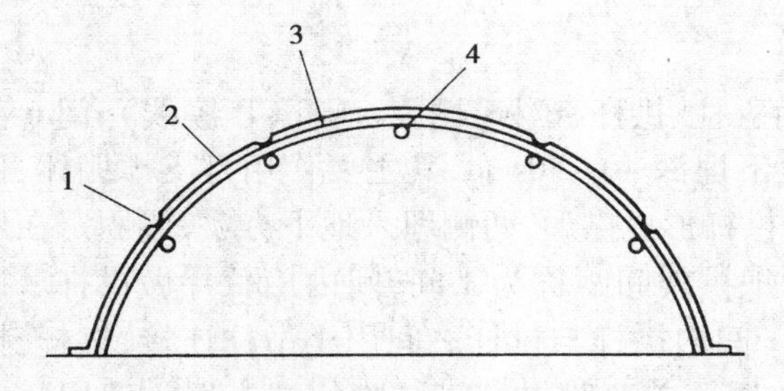

图 1.3　管架结构大棚示意图

1—固定薄膜压槽；2—薄膜；3—拱架；4—纵向拉筋

图 1.4　钢筋结构大棚

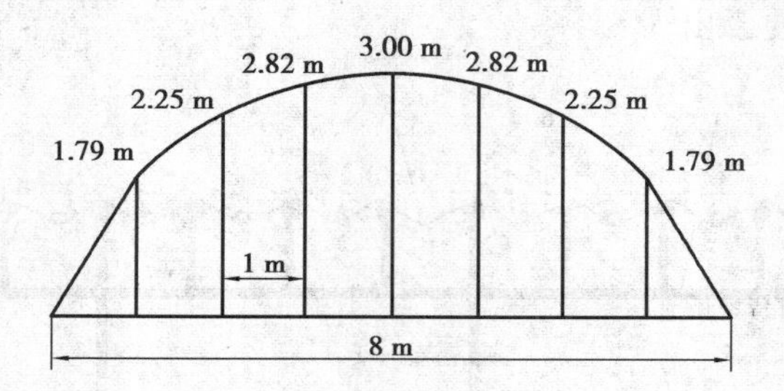

图 1.5　大棚轴线点高度示意图

焊接钢结构大棚的优点是骨架坚固，无立柱，棚内空间大，抗风抗震力较强，透光性好，作业方便，使用期较长，造价适中，但需1~2年进行一次防锈处理，使用寿命可达6~7年。一般适宜大型蔬菜基地采用。

3)热镀锌钢管装配式大棚

热镀锌钢管装配式大棚的拱杆、拉杆、端头立柱均为薄壁钢管，拱杆、拉杆、端头立柱之间用专用卡具连接形成整体,骨架上覆盖薄膜,拱架间的膜外用压膜线压紧,可设卷膜机构卷膜透风,用保温幕保温,遮阴网遮阴和降温。热镀锌钢管装配式大棚所有插件和卡具采用热镀锌防锈处理。

目前,我国热镀锌钢管装配式大棚发展较快已形成产业和系列产品。热镀锌钢管装配式大棚跨度 6~12 m,肩高 2.5~3 m,拱间距 0.5~1 m,长度 20~60 m。

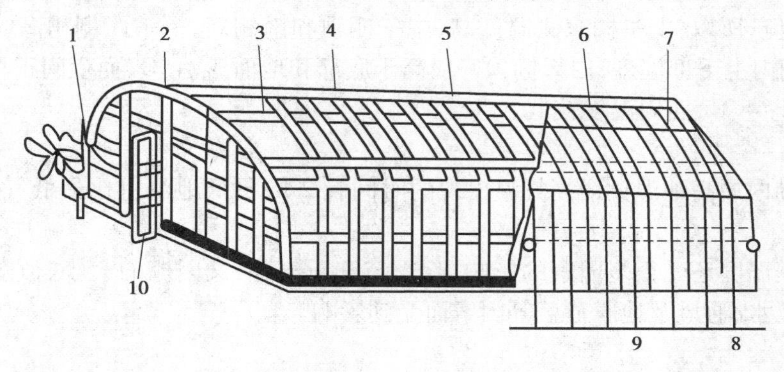

图 1.6 热镀锌钢管装配式大棚示意图

1—卷膜机;2—立柱;3—纵向拉梁;4—拱杆;5—卡膜槽;
6—薄膜;7—压缩线;8—木桩;9—8 号铁丝;10—门

图 1.7 热镀锌钢管装配式大棚 左:棚头 右:棚身

热镀锌钢管装配式大棚为组装式结构,棚内空间较大,无柱,建造方便,有利于作物生长,构件抗腐蚀,整体强度高,经久耐用,使用期长,抗风、抗震力强,承受风雪载荷能力强,使用寿命可达 15 年以上,且维护费用少,是世界各国普遍采用的最先进的大棚骨架结构。但热镀锌钢管装配式大棚造价较高,适宜家庭农场、企业采用。

1.3.2 主要性能

1) 温度

大棚有明显的增温效果,这是由于地面接收太阳辐射,而地面有效辐射受到覆盖物阻隔而使气温升高,称为“温室效应”。同时,地面热量也向地中传导,使土壤贮热。

(1)气温

大棚的温度常受外界条件的影响,有着明显的季节性差异。棚内气温的昼夜变化比外界剧烈。在晴天或多云天气日出前出现最低温度迟于露地,且持续时间短;日出后 1~2 h

气温即迅速升高,日最高温度出现在 12:00—13:00;14:00—15:00 以后棚温开始下降,平均每小时下降 3~5 ℃。夜间棚温变化情况和外界基本一致,通常比露地高 3~6 ℃。棚内昼夜温差,11 月下旬—2 月中旬多在 10 ℃以上,3—9 月昼夜温差常在 20 ℃左右,甚至达 30 ℃。阴天日变化较晴日平稳。

大棚内不同部位的温度也有差异。日出后棚体接受阳光。先由东侧开始,逐渐转向南侧,再转向西侧,所以,上午棚东侧温度高,中午棚顶和南侧高,下午西侧稍高,差值一般在 1 ℃左右。棚内上下部温度,白天棚顶一般高于底部和地面 3~4 ℃,而夜间正相反,土壤深层高于地表 2~4 ℃,四周温度较低。

(2)地温

一天中棚内最高地温比最高气温出现的时间晚 2 h,最低地温也比最低气温出现的时间晚 2 h。

棚内土壤温度还受很多因素的影响,除季节和天气外,又因棚的大小、覆盖保温状况、施肥、中耕、灌水、通风及地膜覆盖等因素而受到影响。

2)光照

大棚的采光面大,所以棚内光质、光照强度及光照时数基本上能满足需要。棚内光照状况因季节、天气、时间、覆盖方式、薄膜质量及使用情况等不同而有很大差异。

垂直光照差别为:高处照度强,下部照度弱,棚架越高,下层的光照强度越弱。

水平照度差异为:南北延长的大棚东侧照度为 29.1%,中部为 28%,西侧 29%,光差仅 1%,东西延长的大棚,南侧 50%,北侧为 30%,不如南北延长的大棚光照均匀。

由于建棚所用的材料不同,钢架大棚受光条件较好,仅比露地减少 28%;竹木结构棚立柱多,遮阳面大,受光量减少 37.5%。棚架材料越粗大,棚顶结构越复杂,遮阳面积就越大。

塑料薄膜的透光率,因质量不同而有很大差异。最好的薄膜透光率可达 90%,一般为 80%~85%,较差的仅为 70%左右。使用过程中老化变质、灰尘和水滴的污染,会大大降低透光率。

3)湿度

由于薄膜气密性强,当棚内土壤水分蒸发、蔬菜蒸腾作用加强时,水分难以逸出,常使棚内空气湿度很高。若不进行通风,白天棚内相对湿度为 80%~90%,夜间常达 100%,呈现饱和状态。

湿度的变化规律是:棚温升高,相对湿度降低;晴天、有风相对湿度低,阴天、雨(雪)天相对湿度显著上升。空气湿度大是发病的主要条件,因此,大棚内必须通风排湿、中耕、灌水,防止出现高温多湿、低温多湿等现象。大棚内适宜的空气相对湿度,白天为 50%~60%,夜间为 80%左右。

1.3.3 应用

1)用于春季早熟栽培

塑料大棚主要用于蔬菜春季早熟栽培,如番茄、茄子、辣椒、黄瓜、西瓜等茄果类、豆类春季早熟栽培,也可以用于高产高效叶菜类春季早熟栽培。在河南、山东一般比露地栽培提早30~45 d上市。春季早熟栽培是我国北方塑料大棚生产的主要茬口,是经济效益最好的茬口,还可用于花卉、果树春提早栽培,是我国北方塑料大棚生产的比较重要的茬口之一。

2)秋季延后栽培

塑料大棚主要用于蔬菜秋季延迟栽培,如番茄、茄子、辣椒、黄瓜延迟栽培。在河南、山东一般比露地栽培延迟30 d左右,也是我国北方塑料大棚生产的比较重要的茬口之一。

3)秋冬进行耐寒性作物加茬栽培

塑料大棚主要用于蒜苗、香菜、菠菜等耐寒蔬菜加茬生产。

4)春季育苗

塑料大棚用于早春蔬菜、花卉育苗,也可用于多种果树的育苗。

5)果树的促成或避雨栽培

南方地区夏季去掉大棚裙膜,换上防虫网,再覆盖遮阳网,进行果树的促成、避雨栽培。

1.3.4 塑料大棚规划与建造技术

1)规划设计

(1)场址选择与规划

塑料大棚的场址应选向阳、避风、地势平坦、土壤肥沃、土质良好、水源充足、排灌方便,周围无高大树木和建筑物遮阴。在建大棚群时,棚间距离宜保持1.5~2.5 m,棚头间距离5~6 m,才有利于通风换气和运输。

(2)大棚的规格与方向

大棚的方向很重要,南北延长的大棚受光均匀,适于春秋生产;东西延长的大棚冬季光照条件好。

大棚一般长40~60 m,跨度8~12 m,高度2.5~3 m为宜。太长两头温差大,运输管理也不方便;太宽通风换气不良,也增加设计和建造的难度。中高度2.5~3 m为宜,大棚越高承受风荷越大,但大棚太低,棚面弧度小,易受风害,雨大时还会形成水兜,造成塌棚。

(3)棚型与高距比

棚型与高跨比主要关系到大棚的稳固性。在一定风速下,流线型棚面弧度大,风速被削弱,抗风力就好些;而带肩大棚高跨比值小,弧度小,抗风力差。大棚高跨比值以0.3~0.4为好。

2)建造

近几年在我国北方焊接钢结构大棚、热镀锌钢管装配式大棚、钢竹混合结构等类型的大棚有所发展,但以竹木结构大棚为主,面积较大。焊接钢结构大棚、热镀锌钢管装配式大棚由专业厂家生产安装为主,下面重点介绍竹木结构大棚的建造与施工。

(1)埋设立柱

立柱分边柱、中柱、侧柱3种。选直径4~6 cm的圆木或方木,或水泥构件为柱材。立柱基部可用砖、石或混凝土墩,也可用木柱直接埋入土中40~50 cm。上端锯成缺刻,缺刻下钻孔，用于固定棚架。基本要求每根立柱都要定点准确、埋牢、埋直，并使东西南北成排，每一排立柱高度一致。

(2)安装拱杆

拱杆弯成弧形，南北延长的塑料大棚，在东西两侧划好标志线，使每根拱杆架设在中柱、侧柱、边柱上端的缺刻里，并用铁丝固定。拱架东西两端用直径为3~4 cm的竹竿压成弧形，也可用竹片绑接而成。

(3)安拉杆加小吊柱

拉杆是纵向连接立柱的横梁，对大棚骨架整体起加固作用。拉杆可用略粗于拱杆的竹竿，一般直径为5~6 cm，顺着大棚的纵长方向，每排绑一根，位置距立柱顶端25~30 cm，用铁丝绑牢，间内拱杆用5~8 cm长的小吊柱支撑，使整个棚体连成一体。

(4)建棚头

在塑料大棚两端的拱架下，插入4~6个支柱，并将支柱与棚架绑在一起形成棚头。在背风处棚头中部设门，门宽0.7 m，高约1.3~1.5 m。

(5)埋地锚

塑料大棚两侧每相邻两道棚架中间埋一个地锚，具体方法是：用粗铁丝捆一块整砖，沿边线埋入土中，上面留一个环用来固定压膜线。

(6)覆盖薄膜

塑料大棚薄膜一般由“三大块”组成，即由1块顶膜，2块大小一样的裙膜组成。

第一步：固定裙膜。裙膜宽2 m，长度比大棚长度长1~2 m，将薄膜一边卷入麻绳或尼龙绳，用电熨斗等烙合成小筒。裙膜覆盖在棚架两侧，先将裙膜两端拉紧后固定在棚头上，再用细铁丝将裙膜固定在拱杆上，裙膜另一端埋入土中，深度大约20 cm，踩实。

第二步：固定顶膜。顶膜宽度为拱架弧度长度减去两个裙膜实际宽度，加重叠（风口）数40 cm，长度比大棚长度长7~8 m。一般在无风条件下上顶膜，顶膜绷紧后两端用铁丝固定在棚头立柱下端，并埋土踏实。

第三步：安装压膜线。从大棚一侧开始将压膜线一端固定在地锚环上，另一端拉紧后固定在大棚另一侧地锚环上，压膜线必须紧贴棚膜，并用力拉紧。

(7)装门

事先用木条钉成门框，门框四周固定好，将装门处薄膜按T字形切开，上边卷入门框上框，两边卷入门框的边框，用铁丝固定在门框的一边，最后装门。

任务1.4 日光温室

活动情景 日光温室，又叫节能日光温室，冬暖式塑料大棚。因其热量来源主要来自太阳辐射的温室而得名。日光温室是我国独创，早在20世纪80年代初期，我国辽宁省海城和瓦房店就创建了节能型日光温室，并在北纬35°~43°地区的严寒冬季，成功地进行了不加温黄瓜、茄子等喜温性作物的生产。20世纪80年代开始在我国北方各地兴起，研究水平、种植面积和栽培技术均居国际领先地位，也是近几年发展较快的主要园艺设施。日光温室在寒冷地区一般充分利用太阳能，不加温进行蔬菜、果树、花卉等园艺作物越冬栽培，在我国北方地区主要依靠日光温室从事设施栽培。因此，日光温室仍属于简易设施，但技术含量、生产产品档次及社会经济效益比塑料大中棚高得多。北方地区日光温室多以冬春栽培、秋冬栽培和早春栽培为主。通过这次活动让大家熟悉日光温室的技术参数，了解塑料大棚的性能、功能、作用，熟练掌握日光温室规划设计、建造要求、建造技术及应用技术。

工作过程设计

工作任务	任务 1.4　日光温室	教学时间	
任务要求	实地调查、测量日光温室主要技术参数，调查了解日光温室规格类型，走访日光温室应用情况，熟练掌握日光温室建造要求、建造技术及应用技术。分析归纳总结日光温室的基本特点		
工作内容	1.看课件，听讲解 2.走访，查阅资料 3.实地调查、测量 4.有条件时参观建设现场		
学习方法	以查阅资料、课堂讲授完成相关理论知识学习		
学习条件	多媒体设备、资料室、互联网、生产工具、实训基地等		
工作步骤	资讯：教师带领学生到附近日光温室生产现场，观察比较日光温室结构、种植作物引入教学任务内容，进行相关知识点的讲解分析，并下达工作任务； 计划：学生在熟悉相关知识点的基础上，现场测量、观察、访问日光温室技术参数，通过借助课件讲解，查阅资料，拜访生产者，实际操作，熟知日光温室特点及功能。分析归纳总结日光温室的基本特点、建造要求、建造技术及应用技术。 评估：学生自评、互评，教师点评		
考核评价	课堂表现、学习态度、作业完成情况		

工作任务单

工作任务单					
课程名称	园艺设施		学习项目	项目 1　主要园艺设施类型与建造	
工作任务	任务 1.4　日光温室		学　时		
班　级		姓　名		工作日期	
工作内容与目标	现场测量、观察、访问，借助课件讲解，查阅资料，拜访生产者，熟练掌握日光温室建造要求、建造技术及应用技术				

续表

<table>
<tr><td colspan="3">工作任务单</td></tr>
<tr><td>技能训练</td><td colspan="2">1.日光温室技术参数测量
2.绘制日光温室基本结构图
3.讲述日光温室施工要求及工序</td></tr>
<tr><td>工作成果</td><td colspan="2">完成工作任务、作业、报告</td></tr>
<tr><td>考核要点
(知识、能力、素质)</td><td colspan="2">熟悉日光温室的技术参数、性能、功能、作用,分析归纳总结日光温室的基本特点;
掌握日光温室建造要求、建造技术及应用技术;
增强责任感、事业感,提高热爱本专业的积极性</td></tr>
<tr><td rowspan="3">工作评价</td><td>自我评价</td><td>本人签名:　　　　年　　月　　日</td></tr>
<tr><td>小组评价</td><td>组长签名:　　　　年　　月　　日</td></tr>
<tr><td>教师评价</td><td>教师签名:　　　　年　　月　　日</td></tr>
</table>

任务相关知识点

1.4.1 类型与结构

日光温室的结构按照建造材料不同主要分为竹木结构、钢木结构、钢混凝土结构,全钢结构,热镀锌钢管装配式结构等。随着经济发展和生产水平提高,目前推广应用较多的类型按照骨架结构分为钢混无柱日光温室和高温型混合日光温室两大类。

1)基本框架结构

北方地区基本框架结构可以概括起来这样一句话,“高后墙,短后坡,拱圆形”,也就是说后墙在建筑和受力许可范围内,尽量高一些,后坡适当短一些,前坡面为拱圆形,详见图1.8。

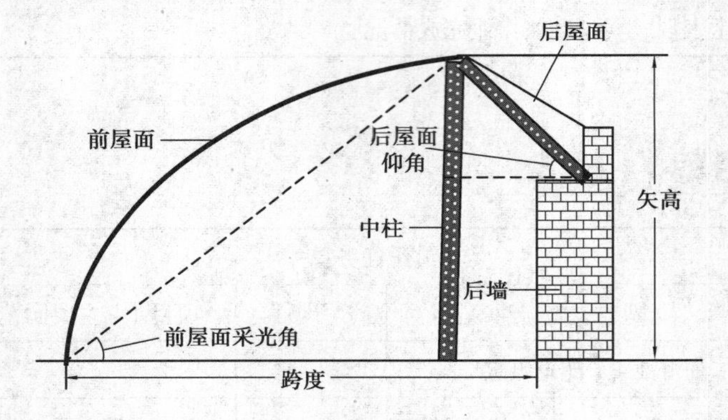

图1.8　日光温室的基本框架结构示意图

2)主要类型

(1)钢混无柱温室

钢混无柱日光温室结构特点:地上部与基本框架相似,后墙一般用空心砖墙土砌成,矢高达到 3.5~4.0 m,跨度达到 8~10 m,前坡建设材料为钢结构,后坡为水泥结构,也可钢架无柱结构(见图 1.9)。

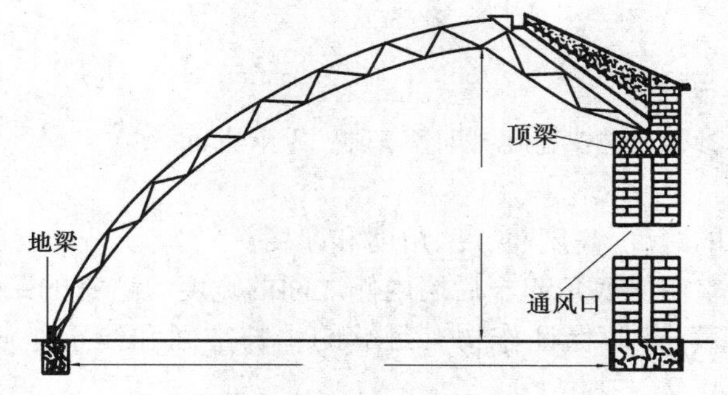

图 1.9 钢混无柱日光温室示意图

(2)高温型混合结构

高温型混合结构特点:地上部与基本框架相似,后墙一般用土砌成,后墙加厚,多为直角梯形,下底达到 4~4.5 m,上底 2.5~3 m。温室栽培床下沉 70~80 cm,矢高达到 4.0 m,跨度达到 9~10 m,前坡建设材料可以用钢筋水泥结构,也可钢架无柱结构,可以有后坡(见图 1.10),也可无后坡(见图 1.11),也可用土心砖墙。升温、保温效果更好。因此将此类温室成为高温型混合结构温室。

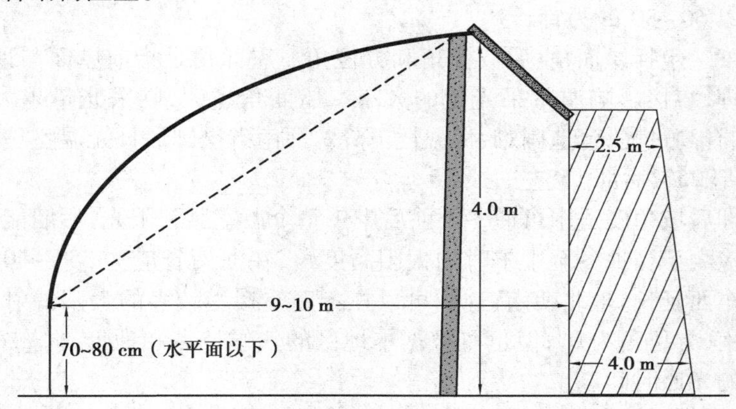

图 1.10 高温型混合结构日光温室示意图

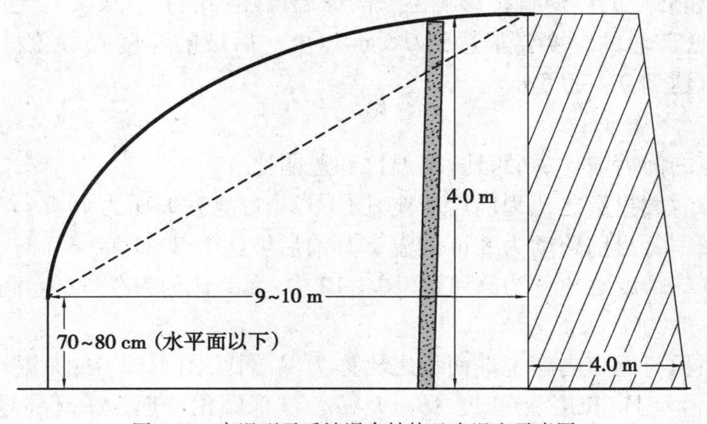

图 1.11 高温型无后坡混合结构日光温室示意图

1.4.2 日光温室规划与设计

1)主要技术参数与设计

日光温室的结构参数包含“五度、四比、三材”3 个方面。

(1)五度

五度指日光温室的跨度、高度、长度、角度和厚度。

①跨度　是指温室南侧底角起至后墙内侧之间的宽度。适宜的跨度配以适宜的脊高,可以保证屋面采光角度合理,保证作物有足够的生长空间和便于作业。目前一般为 8 m 左右。

②高度　包括脊高和后墙高。脊高又叫矢高,是指屋脊至房梁的高度。温室高度适当,前屋面采光角度合理,有利于白天的采光,而且室内空间大,操作方便,热容量也大,室温也高。目前一般为 3.2~3.4 m。后墙的高度决定着后坡仰角的大小和后坡的高度,过高和过低都会影响温室后墙的吸热和室内操作。适度的高度一般为 2 m 左右。

③温室长度　一般因地而异,但不能太短或太长。过短(30 m 以下)由于两墙轮替遮阴,室内间光面积小,温度升不上去,影响生长;过长(100 m 左右)管理温室不便,维护也比较困难。一般以 60~80 m 为宜。

④温室角度　包括屋面角、后坡仰角和方位角。屋面角是指前屋面与地平面的夹角,其角度是否合理,直接影响温室采光量的大小。屋面角越大,则采光量越大,但屋面角过大,会使温室的脊高过高,建造困难,保温性下降。河南省拱圆形日光温室理想的屋面角应为底角 60°,前部 25°,后部 15°左右。

后坡仰角即后坡角度适中可使冬至前后中午整个温室照到阳光,后墙能吸热储能和反光。仰角一般应大于当地冬至中午时的太阳高度角,在河南省应为 35°~40°,日光温室的方位一般均为东西延长,坐北朝南,这样可以在冬春季接受较多的太阳辐射。所以温室的方位一般为正南,方位角为 0°,但也可根据本地区的气候特点和地形,向东或西偏斜 5,增加造成和下午的光照时间。

⑤厚度　包括墙体厚度和后坡厚度。日光温室的墙体和后坡既起承重作用,又起保温作用,所以墙体和后坡的厚薄直接影响温室的保温出热性能。一般实心土墙的厚度要求达到 1 m 以上,空心砖墙的厚度要求达到 0.5 m 以上。后坡的厚度因覆盖材料不同而不同,一般最后处要求达到 0.4~0.5 m。

(2)四比

四比指温室的前后坡比、高跨比、保温比和遮阴比。

①前屋面与后坡投影之比为前后坡比,图 1.12 中:前后坡比为 L_1/L_2。二者比例适当,可提高土地利用率。目前跨度为 8 m 的温室其前后坡比为 7∶1。

②温室高度与跨度之比称为高跨比,图 1.12 中:高跨比为 H/L_2+L_1。高跨比适度,采光角度就合理。一般为 1∶2.5。

③前屋面面积与温室内净土地面积之比称为保温比,图 1.12 中:保温比为弧度 AB×温室长度/[(L_2+L_1)×温室长度]=弧度 AB/(L_2+L_1)。保温比合理,纹饰保温效果就好。高效节能型日光温室保温比要求达到 1∶1 为好。

④遮阴比主要是指前排温室对后排温室的遮阴影响。图 1.12 中:遮阴比等于前排温室中柱到后排温室前沿的间距与 H 之比。前排温室中柱到后排温室前沿的间距可以用由当地冬至前后的太阳高度角余切 $H\cot\alpha$ 求得,H 表示温室脊高,α 是指当地冬至前后的太阳高度角。

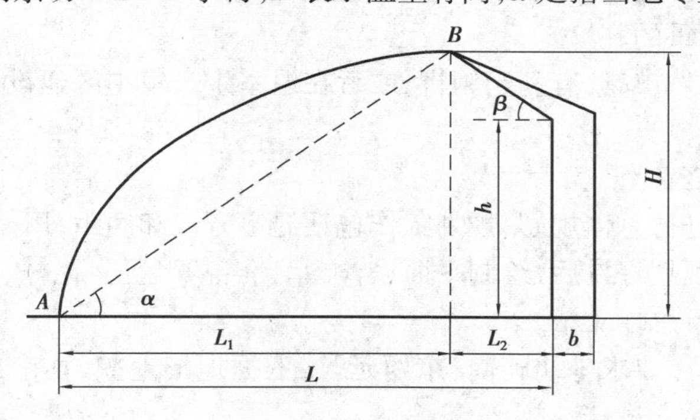

图 1.12 日光温室主要技术参数图

前后两排温室如果相距太近,则前排温室就会挡住后排温室一部分光照,影响后排温室生产,太远又浪费土地。实践证明,为了在冬至季节前排温室不遮挡后排温室的光照,遮阴比大于 2.5∶1。

(3)三材

三材即建筑材料、采光材料和保温材料。建筑材料、采光材料、保温材料的种类、性能及选择原则详见项目三。这里仅针对日光温室三材进行简要评价。

①建筑材料包括骨架材料和墙体材料两种。墙体材料多为土墙,或砖墙,少数为石砌墙。土墙一般用土坯砌成或用土夯实,在生产中普遍采用,既经济又实用。砖墙用砖砌成,优点是耐压力强,砌筑容易,保温功能好。石墙是一种比较经济的墙体材料,取材方便,较易施工。但石墙的承压能力较砖墙差,散热系数也较大。

骨架材料多为竹木材料和钢管材料,少数为水泥构件材料。

②采光材料多为温室前屋面上覆盖的农膜,常用的有聚乙烯长寿无滴膜、聚氯乙烯长寿无滴膜和醋酸乙烯长寿无滴膜等。另外,在夏季还使用遮阳网和防虫网等遮光降温防虫材料。

③保温材料包括墙体中填充的珍珠岩、炉渣、锯末等隔热材料和覆盖后坡的秸秆、草泥、珍珠岩以及覆盖前屋面的草苫、纸被、保温被等。草苫一般用稻草或蒲草编织,其中以稻草草苫原料来源广泛,保温效果较好,一般可提高温度 5~6 ℃。草苫要打的厚而紧密,才有良好的保温效果。

2)日光温室场地规划

(1)场地选择

一般规模比较小,只要注意不被树木、建筑物遮阴,靠近水源、电源即可。规模较大的日光温室群,在场地选择上,要注意下列几点:

一是阳光要充足,东南西三侧无遮阴物。

二是避开风道。

三是土质疏松肥沃,地下水位低。土壤疏松肥沃,有利于早熟高产,便于耕作。地下水位偏高,不利于冬季和早春提高地温。

四是靠近居民点及公路干线。靠近居民点和公路，不但便于管理、运输，而且方便组织人员对各种灾害性天气采取对策。

五是电源和水源。电源为载 220 V 照明电，水源要求水质良好无污染。

六是避开污染严重的环境。

七是靠近蔬菜批发市场，有利于销售；或者在温室生产集中区建设蔬菜批发市场，搞活流通，提高效益。

(2)规划前的准备工作

场地确定后，要进行总体规划，规划工作包括温室方位和间距，田间通路和排灌体系以及附属建筑等，场地规划好以后，绘制平面设计图。准备罗盘仪、花杆、钢尺、米绳、标桩、白灰等，并对规划区进行总体丈量。

①确定温室方位。要求坐北朝南，东西延长，依据地形地貌，正南或偏正南偏西 10 度以内均可，以南偏西 5 度最佳。

②确定前后两排温室的间距。以冬至前后，前排温室不对后排温室构成明显遮光为准，保证后排温室在冬至前后日照最短的季节里，每天有 6 个小时以上的光照时间。

③温室的长度，排列方式，田间道路规划。依据地块大小和地形地貌，确定温室群内温室的长度和排列方式，长度以 50~60 m 比较适宜。然后再确定田间道路的设置。一般在温室群内东西两列温室间应留 5~6 m 宽的通道，并附设排灌沟渠。南北每隔 10~15 排设一条 4~5 m 宽的东西向通道。

④排灌水渠的设计。园区内灌水渠道应全部用地下管道，既节省土地，又节约用水。温室内水道，应设在距后墙根 20 cm 左右处以外，采用滴灌的可把主管道设在温室后墙过道的南侧或前墙北侧。

⑤五度集中供水，水塔设计。依据规模大小确定，生产规模在 100 亩左右，应设计 200 m^3以上的贮水池，确保一次性供水用量。

1.4.3 主要性能

1)温度

(1)日光温室气温的季节变化和日变化

日光温室内的日变化状况决定于日照时间、光照强度、拉盖不透明物的早晚等。温室也具有局部温差。一般水平温差小于垂直温差，在一定范围内，温室越宽，水平温差越大，温室越高，垂直温差越小。纵向的水平温差小于横向。

冬季温室南部的土壤温度比北部高 2~3 ℃，而夜间北部比南部高 3~4 ℃，纵向水平温差为 1~3 ℃。温室南部产量较北部高。

(2)日光温室地温的季节变化和日变化

温室内土壤的高低与季节有关。总之，外界气温高，无冻土层影响时，室内的地温较高，气温与地温的温差小，如果外界的气温在 0 ℃以下，外界的土壤结冻时，室内的地温升高难度增大，气温与地温的温差增大。

一天中 5 cm 深地温的最低温度出现在上午 8—9 时，最高温度出现在下午 3 时左右，15 cm深的最低温度出现在上午 9—11 时，最高出现在下午 6 时左右。下午盖帘后到第二天揭帘之前，地温变化缓慢，变化幅度为2.5~4 ℃，离地面越深，变化幅度越小。

2）光照

春季和秋季太阳的高度角较大，进入温室的光量多，而冬季的太阳高度角小，进入温室的光量小，温室的光照条件差。温室内光照的分布，因季节的不同而不同，而且部位不同局部的光差也很大，在同一水平方向上，由前向后，光照强度逐渐减少，以温室的后墙内侧光强最低。温室垂直方向上的光照，以温室的上层最高，中层次之，下层最差。距离透明覆盖物的距离越远，光照强度越弱。

3）湿度

气温升降是影响空气相对湿度变化的主要因素。温室内的空气湿度，随天气变化，通风浇水等措施而有变化。一般晴天白天空气相对湿度为50%~60%，而夜间可达到90%，阴天白天可达到70%~80%，夜间可达到饱和状态。晴天的夜间，整个夜间相对湿度高，且变化小，最高值出现在揭开草苫后十几分钟内。日出后，最小值通常出现在14—15时，温室内的空气相对湿度变化较大，可达20%~40%，且与气温的变化规律相反，室内的气温越高，空气的相对湿度越低，气温越低，空气相对湿度越高。

由于温室的空气湿度大，温室内的土壤湿度也比同样条件下的露地土壤湿度大，温室内土壤的水分蒸发量与太阳辐射量成直线关系，太阳辐射量高，土壤蒸发量大。

4）气体条件

寒冷季节的日光温室放风量小，放风时间短，造成温室内外的空气交换受阻，气体条件差异较大，这种差异主要表现在二氧化碳的浓度和有害气体上。

白天空气的二氧化碳的浓度一般在340 ppm左右，并没有达到蔬菜的光合作用饱和点，温室生产，夜间蔬菜呼吸放出二氧化碳积累在温室中，早晨揭草苫时，二氧化碳的浓度可达到700~1 000 ppm。揭草苫后，随温度的提高，光照的增强，光合作用加剧，二氧化碳由于不断地被消耗，浓度很快下降，到中午放风之前，可降低到200 ppm以下，对蔬菜的生长发育极为不利，这段时间是对二氧化碳比较敏感的时期。

有害气体主要包括氨气、亚硝酸气体、二氧化硫等对农作物造成伤害的气体。北方地区日光温室主要进行冬季反季节蔬菜生产，多在完全覆盖的条件下进行生产，有害气体极易造成积累，达到一定浓度极易产生危害。如：辣椒对氨气尤其敏感，氨气可使植株灼伤，甚至死亡。当氨气的浓度达到5 ppm时，蔬菜就会受害。辣椒对亚硝酸气体也比较敏感，当空气中的亚硝酸气体5~10 ppm时，蔬菜即开始受害。黄瓜对二氧化碳、亚硝酸气体比较敏感。冬春季节日光温室及时合理通风换气是十分必要的。

5）土壤条件

日光温室是在完全覆盖的条件下进行生产，大量施用肥料，只靠人工灌溉，没有雨水淋洗，很容易积累盐分。尤其是在大量施用速效氮肥时，这种现象更为严重。在高的土壤浓度下，土壤的渗透压增大，蔬菜吸水困难，引起蔬菜缺水，严重时会引起反渗，植株萎蔫。土壤的浓度过高，会造成土壤元素之间相互干扰，使某些元素的吸收受阻。因此，在夏季温室闲置季节，要除去前屋面的薄膜，让雨水淋洗土壤，或用清水冲洗，在再次定植前要深翻土壤，通过多施有机肥的方法，减少化肥的施用量。

1.4.4 建造技术

1) 日光温室的建造时间与放线

(1) 建造时间

土壤解冻后，雨季来临前，或者雨季过后，封冻前 15~20 天建造完毕，以春季建造最为适宜。

(2) 场地定位及平地放线

场地定位和平地放线是建筑施工的第一个步骤。场地定位就是依据设计图先将场内道路和边界方向位置定下来。

道路和边线定位的方法是，首先用罗盘仪测出磁子午线，然后再根据当地磁偏角调正并测出真子午线，再测出垂直道路的东西方向线（即东西道路的方向线）。

没有仪器可用立杆法测出真子午线。即在要修建道路的地方立一垂直于地面的木杆，10—14 时每 10 分钟测一次木杆的影长和位置，其中木杆最短的阴影线便是当地的真子午线。再用"勾股弦"法做真子午线的垂直线，便是正东西方向线。所谓"勾股弦"法就是应用勾股弦定理作垂线。具体方法是用米尺或测绳，由 0 开始，0~3 m 为一段；3~7 m 为一段；7~12 m 为一段。将测绳 3 m 段与子午线重合，并将 3 m 处固定，然后一人拿着测绳捏住 7 m 处向东走，另一人捏住 12 m 处向西南走使 12 m 处与 0 处重合，便围成直角三角形，作 4 m 边的延长线便是真子午线的垂直线。

2) 土筑温室主墙体建造

(1) 做基础

首先，平整场地。第二，处理耕作层土壤，把室内熟土移到南侧。注意在墙基两侧各留出 30~50 cm，不能取土，以保护墙基。第三，打墙，各部位要全面夯实，以免产生裂缝、脱皮与倒塌。先打后墙，后打侧墙。

(2) 筑墙

①人工筑墙　墙体位置确定后，把筑墙部位的耕作层熟土挖出堆放在南边，然后开挖深 50~60 cm、比墙体宽 20 cm 的槽型墙基，底部夯实后铺一层防潮膜，用砖石、混凝土砌成墙基，或用三合土夯实厚度达 40~50 cm 墙基。打墙时挑除土壤中石块、根茬等杂物。山墙和后墙衔接采处用山墙包后墙的方式，以增加山墙对铁丝的抗拉力。

土筑墙又因各地土质和习惯不同而有草垛和干打垒两种。筑墙前先把地面放样整理好。草泥垛时最好先把泥土和草泼浇上水湿润搅拌匀，逐层垛草泥踏实。草泥垛墙一般下宽上窄，每天不宜垛得太高，以防下层尚未干固，承受不了上部重力而坍塌。每天垛墙的高度要根据用土的土质和土壤含水状况而定，不便统一规定。干打垒时要先看用土含水情况，以用潮土较好，土过干时要先泼浇水。干打垒打墙每次填土不要太厚，一般 20 cm 左右为宜，以免夯不结实。干打垒的墙接口要呈斜茬，不然易出现缝隙，对温室密闭保温不利。土筑墙时，有些地方土质不好，后墙承受不了后屋面上柁梁的后坐力，特别是长后坡温室，有时会造成后墙坍塌使后屋面落架。所以一些地方在用土筑墙时，在放置柁梁的位置下部墙体内，可设砖垛或立柱。

②机械筑墙 建设时用1台挖掘机和一台链轨推土机配合施工。墙体施工前按规划定点放线，墙基按6 m宽放线，挖土的地方按4.5~5 m宽放线，首先清理地基，露出湿土层，碾压数遍结实，压紧夯实，然后用挖掘机在墙基南侧线外4.5~5 m范围内取土，堆至线内，每层上土0.4~0.5 m，用推土机平整压实，反复碾压，要求分5~6层上土，墙高达到相应高度，有后坡的墙高2.4~2.5 m(相对原地面)，无后坡的3.2~3.3 m。然后用挖掘机切削出后墙，后墙面切削时应注意墙面不可垂直，应有一定斜度，一般墙底脚比墙顶沿向南宽出约30~50 cm，以防止墙体滑坡、垮塌。建成的墙体，要求底宽4.0~4.5 m，上宽2~2.5 m。

③土筑温室建造时应注意的问题。

第一：墙土湿度要适宜。适宜打墙用土的干湿度应是：用手紧握成团，轻压又能散开。墙土太干，土粒松散，墙体打不牢，易倒塌。墙土太湿，一则易粘墙板，造成墙面凹凸不平，并降低施工质量，而且墙体风干后，易产生裂缝，不仅使墙体的抗压能力减弱，而且雨、雪水顺墙缝流入墙内时，裂缝四周的土吸水后体积膨大，还易使墙体从裂缝处裂开，造成倒塌。因此，打墙时如果土过于干燥，可铲除上层干土，取下层湿土打墙，也可以提前几天引水把地面润湿；如果土过湿，要推迟施工日期。打墙过程中如遇雨，一定要用塑料薄膜防雨保护墙体，尤其是要防止雨水从墙顶渗入墙内。

第二：墙体要均匀夯实。墙体夯不实，墙土间的黏接力弱，容易掉墙皮。墙土间隙较大，雨(雪)水容易渗入而发生裂墙。由于墙的中、下部所承受压力较大，所以中下部一定要充分夯实，夯匀。打第一、二层墙时，要先填半满土，捣实夯匀后，再填满土夯实夯匀，以提高夯强的质量。中上部墙体的承受压力较小，为节省工时，可只夯不捣。但最上一层墙体要捣实夯紧，以避免雨(雪)水的渗入。

第三：墙体的上下层左右要保持墙面在一个平面上。墙体上下左右在一个平面上，基部不要向南凸显过宽，后墙长度要比温室长0.5 m，长出的部分要筑于西山墙，使后墙包住侧墙，避免西北风由后墙和西侧墙的接缝处透入温室内。

(3)墙体通风口施工方法

墙体通风口开在后墙上，距地面1.5 m左右高，口径25 cm以上。可埋瓷管或木框，也可在墙上先埋一粗木，粗木粗度不够时，可在粗木上包缠麻片，在最外边缠几圈塑料薄膜。待墙半干时，取出粗木即成。

(4)门洞施工方法

温室的门有的设于侧墙北部，与温室内的走廊相对应，也有的开在后墙的东部或西部。提倡在后墙上开门，把温室耳房建在温室后面，避免与温室争地，提高土地利用率。一般情况下，门洞应开于靠近公路一侧，但冬季严寒的地区为减少进出温室时造成的散热，应把门洞开于温室的东部。打墙打到门洞的设计高度时，在门洞上横放几根粗木，或几块木板，或预制件作横梁，然后继续打墙。打完后，趁墙土半干时，挖出门洞，并把洞壁修平，两边砌24 cm砖墙。

(5)内墙修饰与骨架加固

有条件的可紧贴后墙补砌24 cm砖墙，也可设置立柱支撑骨架，立柱地下设墩基础还要上方设东西横梁。

(6)侧墙建造

侧墙为人工土板打墙或泥垛墙，要求墙底宽1.5~2 m，上宽1~1.2 m，墙高和形状与采光骨架相一致。土板打墙时先把土润湿,一层土一层草,逐层夯实。草泥垛墙时先把土和草泼上水,湿润后拌匀,逐层垛草泥,每垛一层需晾干一次,再垛下层。

3)温室内地面整理

温室内地面整理包括平整、浇水、沉实。

日光温室墙体建成之后,首先应及时平整温室内地面,把取出的熟土运回温室内,然后再灌水利用大水沉实温室的地面,特别是温室前墙基础,使松土塌实,垫平地面。施足基肥,深翻整平。

4)前、后梁建造

前、后梁均可用水泥或砖建造。后墙水泥梁要求高 15 cm,宽 120 cm。前墙水泥梁要求高 30 cm,宽 25 cm。前后墙体的水平高度和垂直距离符合温室拱架安装要求。建造后梁的同时要设两排埋件,前排埋件距梁前沿 15 cm,间距与拱架间距相一致;后排埋件距前排埋件 15 cm,埋放在前排两个埋件的中线上。

5)拱架制作

①制作模具　依据跨度大小在专业技术人员的指导下定点放线,制作模具。

②材料选择　拱架上弦直径 16 cm 圆钢或 6 cm 厚壁钢管,拱架下弦直径 14 cm 钢筋,拉花直径 12 cm 圆钢,拉花角度在 30~45 度。

③拱架焊制　在模型上放置材料,焊制结实。

④喷(刷)防锈漆　用钢刷将上弦表面磨光滑,然后喷(刷)防锈漆。

6)拱架安装

骨架安装前应提前设置焊接预埋。采光骨架间距 1 m。根据实际情况可分设 3~5 道横向拉筋,第一道和第二道拉筋分别在距温室前沿内墙的 1.5 m 和 3.1 m 处的钢拱架下弦上焊接,采用直径 16 cm 的钢筋,其中第二道拉筋可设斜交拉筋。第三道在拱架顶部(即距温室后墙内墙的 1.4 m)的上下弦同时进行焊接,采用直径 16 cm 的钢筋。注意所有拉筋都采用直径 16 cm 的钢筋,以增加骨架整体性。

7)温室后坡建造

后屋面结构共分五层。第一层:苇把屋面(材料:玉米秸、高粱秸);第二层:泥糠混合物;第三层:旧农膜;第四层:泥糠混合物;第五层:草屋面。最后压顶封檐。温室后坡长 1.6~1.8 m,钢拱架的后坡可用木板,也可用石棉瓦做笆板,然后在笆板上放聚苯板或草苫,再铺一层炉渣,最上层抹水泥或抹 2~3 cm 厚草泥进行防水处理。温室后坡建造前,东西每间隔 1~2 个骨架用 8 号铁丝做拉环,一端固定在相应骨架上,另一端伸出后坡,上面留一个环用来固定草苫拉绳的铁丝(钢筋)。

8)辅助设施

①通风口制作　一般日光温室设上下两排通风口,上排通风口留在温室前屋面上方,主要是通风、排湿、降温、换气。下排通风口通常设在前屋面下方离地面 1 m 高处,主要是起进风作用,下排通风口。

②埋地锚　相邻两道骨架的中间各埋一个地锚,具体方法是:用粗铁丝捆一块整砖,沿边线埋入土中,上面留一个环用来固定压膜线。

③固定草苫拉绳铁丝(钢筋) 在温室后坡上用8号铁丝,或0.6 cm钢筋,或冷拔丝东西穿过预留固定环,两端固定在两个山墙上,用来固定草苫拉绳。

④挖防寒沟 防寒沟可以阻隔温室内土壤热量向外传导散失。在日光温室前屋脚角下挖深0.6~0.8 m,宽0.4 m的防寒沟,四周铺上旧薄膜,内填隔热物或聚苯板等。

9)覆膜

(1)准备棚膜

选用长寿无滴膜聚乙烯薄膜,或长寿无滴聚氯乙烯薄膜,棚膜长度比温室长2 m。目前多采用两块棚膜扒缝通风,将棚膜裁为两块,其中一块宽1.5~2 m,作为风口膜,另一块宽等于骨架弧度减去风口膜宽度1.5~2 m,加上重叠数20 m,再加上埋入地中宽度20 cm,作为采光膜。每块膜的一边要粘合宽20 cm的固定带,中间夹一根绳子。粘合的方法,一般采用热合法,用一个宽长为5~6 cm×120 cm的光滑木条,铺较粗糙的帆布,把两幅棚膜的边重叠5~6 cm,上盖牛皮纸或报纸,用800 W电熨斗热合,等稍冷后,取下覆盖纸,如此再热合下一段。

(2)扣膜

选择晴天中午扣棚,把棚膜拉开,晒热。先固定采光膜,方法是采光膜的固定带朝上拉至距前屋面60~80 cm处。两端分别卷入6 m长的小竹竿,将一头固定在山墙外的冷拔丝上,待整个棚膜东西、南北方向上都拉紧拉展后,将另一端也固定好,采光膜固定带绳子拉紧固定到两山墙上,然后沿采光膜固定带每隔2 m用铁丝固定在骨架上。风口膜固定带朝前,一端将大块棚膜压着40 cm左右,另一端用草泥固定到后屋面上,钢架结构温室用专用卡环固定。风口膜固定带绳子也拉紧固定到两山墙上。采光膜应埋入土中20 cm左右,并且压实踏平。最后在棚膜上拉压膜带,使紧贴棚膜,并拴好。

10)上草苫

入冬后,选择晴天,把草帘搬上后坡,按"阶梯"或"品"字形排列,风大的地区宜采用"阶梯"式,两个草帘互相重叠20 cm左右,东西两边要盖到侧墙上50 cm,草帘拉绳的上端应绑在后坡面草苫拉绳铁丝(钢筋)上,晚上放草帘应将后屋面的一半盖住,下部一直落到地面防寒沟的顶部。草苫规格一般宽1.2~1.4 m,长度等于骨架弧度长1.5~1.8 m,重30~35 kg以上。草苫要有7~8道筋,两头还要加上一根小竹竿,这样才能经久耐用。草苫绳子一端固定在草苫拉绳铁丝(钢筋)上,并将草苫带小竹竿一端系牢,防止大风刮开。

11)附属设备及规格

日光温室附属设备和设施主要包括防雨膜、反光幕、地热线等。

(1)防雨膜

防雨膜是夜间盖在草苫上面的一层农膜,一般用普通农膜或用从温室上换下来的上一年的旧农膜,这样更经济。覆盖防雨膜后,可有效地防止雨雪打温草苫而降低保温性。

(2)反光幕

反光幕是把聚酯膜一面镀铝,再复合上一层聚乙烯,形成反光的镜面膜。这种复合膜比单层镀铝膜的优越之处是铝粉不脱落,使用寿命长。张挂反光幕的区域内,光照强度增强。在水平方向上表现距反光幕越近,增光效应越强;在垂直方向上表现为距地面越近,增光效应越明显。而且在不同的天气和季节有不同的变化。阴天的增光率大于晴天的增光率,冬季增光率大于春季的增光率。这些对增加温室后部的光照和在光照不足的阴天、冬天增加光照的效应是明显的。据测定,张挂反光幕后,距反光幕 2 m 远,距地面 1 m 高处,平均最高气温比对照增加 3.1 ℃,最低温度比对照高 3.6 ℃。

(3)电热温床

电热温床是利用电流通过电阻较大的导线时,将电能转变成热能,对土壤进行加温的原理制成的温床(用于土壤加温的电阻较大的导线称之为电加温线)。电热温床一般只用在播种床,也可以用在分苗床上,是温室、塑料大棚等大型设施冬季育苗的必备设施。

①原理　利用电流通过阻力大的导体,把电能转变成热能来进行土壤加温。

②设备　主要加温和温度控制设备有电热线、控温仪、开关、交流接触器及断线检查器等。电热线有 1 000 W、800 W、600 W 等多种规格,其功率选择应根据苗床的功率要求、育苗面积等来确定。

图 1.13　电热温床构造图

③功率确定　在北方一般育苗苗床功率为 100~120 W/m^2。

苗床总功率(W)= 总面积×100 W~120 W。

例:苗床长 40 m,宽 1.5 m,则:苗床总功率(W)= 40×1.5×100 W=6 000 W;

已知:电热线额定功率 1 000 W,每条 160 m,

所需电热线条数(m)= W/电热线额定功率

即:m=6 000/1 000 条=6 条

布线条数(n)=(电热线长-畦宽)/畦长=(160×6-1.5)/40 条=24.0 条

行距(t)= 畦宽/(n-1)= 1.5/(24-1)m=0.065 m=6.5 cm

④建造程序　苗床底部整平,铺一层稻草或麦秸等,厚约 10 cm,再铺干土或炉渣3 cm,耙平踩实以后,在其上呈回纹状布加热线,两端固定在木橛上。线上再铺 3 cm 厚炉渣和 3 cm碎草,以防止漏水和调节床温均匀。最后铺入培养土,厚度在 8~10 cm。大中棚内将床土整细踩平后,直接把电热线铺在上面,加盖 1~2 cm 的细砂或培养土,然后把营养钵或营养块放置在上面。

⑤注意事项:

第一,为使床温整体上比较均匀,原则上电热线两侧密,中间稀。

第二,处于电源连接的导线外,其余部分都要埋在泥土中。

第三,线要绷紧,以防发生移动或重叠,造成床温不均或烧坏电热线。

第四,电加热线打结应在两端的普通导线处。

任务 1.5　现代温室

活动情景　现代温室主要是指大型的（覆盖面积多为 1 hm^2），环境基本不受自然环境的影响，可自动化调控，能全天候进行园艺作物生产的连接屋面温室，是目前园艺设施的最高级类型。现代温室是近几年发展较快的园艺设施类型之一。北方地区一般将其作为高效农业、观光农业的主要设施，也有作为生态餐厅主要设施；南方地区可以四季栽培。通过这次活动让大家熟悉现代温室的技术参数，了解现代温室的性能、功能、作用，熟练掌握现代温室建造要求、建造技术及应用技术。

工作过程设计

工作任务	任务 1.5　连栋温室	教学时间	
任务要求	实地调查、测量现代温室技术参数、规格类型，走访现代温室应用情况，熟练掌握现代温室建造要求、应用技术。分析归纳总结现代温室的基本特点		
工作内容	1.看课件，听讲解 2.走访，查阅资料 3.实地调查、测量 4.有条件时参观建设或生产现场		
学习方法	以查阅资料、课堂讲授完成相关理论知识学习		
学习条件	多媒体设备、资料室、互联网、生产工具、实训基地等		
工作步骤	资讯：教师带领学生到附近现代温室生产现场，观察比较现代温室结构、种植作物引入教学任务内容，进行相关知识点的讲解分析，并下达工作任务； 计划：学生在熟悉相关知识点的基础上，现场测量、观察、访问现代温室技术参数，通过借助课件讲解，查阅资料，拜访生产者，实际操作，熟知现代温室特点及功能。分析归纳总结现代温室的基本特点、建造要求、建造技术及应用技术； 评估：学生自评、互评，教师点评		
考核评价	课堂表现、学习态度、作业完成情况		

工作任务单

工作任务单			
课程名称	园艺设施	学习项目	项目 1　主要园艺设施类型与建造
工作任务	任务 1.5　连栋温室	学　时	

续表

工作任务单					
班　级		姓　名		工作日期	
工作内容与目标	现场测量、观察、访问，借助课件讲解，查阅资料，拜访生产者，熟练掌握现代温室建造要求、应用技术				
技能训练	1.现代温室技术参数测量 2.绘制现代温室基本结构图 3.讲述现代温室施工要求及工序				
工作成果	完成工作任务、作业、报告				
考核要点（知识、能力、素质）	熟悉现代温室的技术参数、性能、功能、作用，分析归纳总结现代温室的基本特点； 掌握现代温室建造要求、应用技术； 增强责任感、事业感，提高热爱本专业的积极性				
工作评价	自我评价	本人签名：　　年　月　日			
	小组评价	组长签名：　　年　月　日			
	教师评价	教师签名：　　年　月　日			

任务相关知识点

1）类型与结构

现代温室主要是指大型的，环境可自动化调控，基本不受自然环境的影响，能全天候进行园艺作物生产的连接屋面温室，是目前园艺设施的最高级类型。因以两栋以上的单栋塑料温室可在屋檐处连接起来，单栋间以天沟连接而构成的温室，所以现代温室又称为连栋温室。

（1）类型

现代温室根据温室连栋数可分为单栋温室和连栋温室；根据温室屋面形式可分为拱圆顶温室（见图1.15）、尖屋顶温室、锯齿形温室和屋脊窗温室（见图1.14）四种；按采光保温材料不同可分为塑料温室、玻璃温室、PC板温室三种。

其中，大型连栋拱圆形塑料温室与玻璃温室、PC板温室相比，其重量轻，骨架材料用量少，结构构件遮光率小，造价低，环境控制能力基本可以达到玻璃温室相同的水平，有快速发展的趋势。

（2）结构参数与建造

主体结构最好采用热浸镀锌钢管作主体承力结构，工厂化生产，专业化建造，现场安装。屋面用钢管组合或独立钢管件，立柱大多用圆管。一般要求在室内第二跨度或第二开间设垂直斜撑，在温室的外围护结构以及屋顶设置空间支撑，在温室的檐口处最好设置斜支撑锚固于基础。主体结构一般要求抗风能力8—10级，雪载荷不小于35 kg/m^2。单栋温室跨度为6~12 m，开间4 m，檐高3~4 m。自然通风为主的连栋温室在侧窗和屋脊窗联合使用时，温室的最大宽度（南北方向）在50 m以内，最好在30 m左右，以机械通风为主的连栋温室，温室的最大宽度可以达60 m，但最好50 m左右，温室的长度（东西方向）主要从操作方便，地势、地形来考虑，最好限在100 m以内。

图1.14 屋脊型连接屋面温室

屋脊型连栋温室主要以玻璃作为透明覆盖材料，其代表型为荷兰的芬洛型（Venlo）温室，这种温室大多数分布在欧洲，以荷兰面积最大，目前为1.2万hm^2，居世界之首。日本也设计建造一些屋脊型连接屋面温室。但覆盖材料为塑料薄膜或硬质塑料板。

多脊连栋型温室的标准脊跨为3.20 m或4.00 m，单间温室跨度为6.40 m、8.00 m、9.60 m，大跨度的可达12.00 m和12.80 m。早期温室柱间距为3.00~3.12 m，目前以采用4.00~4.50 m较多。目前该型温室的柱高2.50~4.30 m，脊高3.50~4.95 m，玻璃屋面角度为250。单脊连栋型温室的标准跨度为6.40 m、8.00 m、9.60 m、12.8 m。在室内高度和跨度相同的情况下，单脊连栋型温室较多脊连栋型温室的开窗通风率大。

表1.1 屋脊型连接屋面温室的基本规格

温室类型	长度/m	跨度/m	脊高/m	肩高/m	骨架肩距/m	生产或设计单位
LBW63型	30.3	6	3.92	2.38	3.03	上海农业机械研究所
LHW型	42	12	4.93	2.5	3.0	日本
普通型	42	12	5.75	2.7	2.625	日本
SRP型	42	8	4.08	2.5	3.0	日本
SH型	42	8	4.08	2.5	3.0	日本
荷兰芬洛A型		3.2	3.05~4.95	2.5~4.3	3.0~4.5	荷兰
荷兰芬洛B型		6.4	3.05~4.95	2.5~4.3	3.0~4.5	荷兰
荷兰芬洛C型		9.6	4.20~4.95	2.5~4.3	3.0~4.5	荷兰

拱圆型屋面连栋温室主要以塑料薄膜为透明覆盖材料，这种温室主要在法国、以色列、美国、西班牙、韩国等国家广泛应用。我国目前自行设计建设的现代化温室也多为拱圆型连接屋面温室。

表 1.2　拱圆型连接屋面温室的基本规格

温室类型	长度/m	跨度/m	脊高/m	肩高/m	骨架肩距/m	生产或设计单位
GLZW-7.5 型	30	7.5	4.9~5.2	3.2~3.5	3.0	上海农业机械研究所
GLW-6 型	30	6.0	4.0~4.5	2.5~3.0	3.0	上海农业机械研究所
GLP732	30~42	7.0	5.0	3.0	3.0	浙江农业科学院
华北型	33	8.0	4.5	2.8	3.0	中国农业大学
韩国	48	7.0	4.3	2.5	2.0	韩国
WPS-50 型	42	6.0		2.2	3.0	日本
SRP-100 型	42	6.0~9.0		2.2	3.0	日本
SP 型	42	6.0~8.0		2.1	2.5	日本
INVERCAC 型	125	8.0	5.21		2.5	西班牙
以色列温室		7.5	5.5	3.75	4.0	以色列 AZROM
以色列温室		9.0	6.0	4.0	4.0	以色列 AVI
法国温室		8.0	5.4	4.2	5.0	法国 RICHEL

目前我国引进和自行设计的拱圆形连接屋面温室较多,拱圆形连接屋面温室的透明覆盖材料采用塑料薄膜,因其自重较轻,所以在降雪较少或不降雪的地区,可大量减少结构安装件的数量,增大薄膜安装件的间距。如内部柱间距为 4 m 或 5 m 时,拱杆间距分别为 2 m 或 2.5 m。跨度也有 6.4 m、7.5 m、8 m、9 m 等多种规格。从侧边起 0.5 m 处的自由空间高度可达到 1.7 m 以上,进一步方便了栽培作业。由于框架结构比玻璃温室简单,用材量少,建造成本低。但由于塑料薄膜较玻璃保温性差,因此提高薄膜温室性能的一个重要措施是采用多层覆盖,增加内保温活动膜等提高保温性。

图 1.15　拱圆形连接屋面温室

我国自行设计建造的华北型连栋塑料温室,其骨架由热浸镀锌钢管及型钢构成,透明覆盖材料为双层充气塑料薄膜。温室单间跨度为 8 m,共 8 连跨,开间 3 m,天沟高度最低 2.8 m,拱脊高 4.5 m,建筑面积为 2 112 m^2。东西墙为充气卷帘,北墙为砖墙,南侧墙为进口

PC板。温室的抗雪压每平方米为30 kg,抗风能力为28.3 m/s。这种温室匹配先进的附属设备,如加温系统、地中热交换系统、湿帘风机降温系统、通风、灌水(施肥)、保温幕以及数据采集与自动控制装置等。可以实现温室的自动控制系统自动和手动相互切换,可进行室内外的光照、温度和湿度的自动测量,加温和降温系统可根据作物生育需要,设定温度指标实行自动化控制。

2)现代温室的性能

(1)温度

现代温室冬季有热效率高的加温系统,在最寒冷的冬春季节,不论晴好天气还是阴雪天气,都能保证园艺作物正常生长发育所需的温度,12月至翌年1月份,夜间最低温不低于15 ℃。炎热夏季,采用外遮阳系统和湿帘风机降温系统,保证温室内达到作物对温度的要求。

采用热水管道加温或热风加温,因此温度分布均匀,作物生长整齐一致。此种加温方式清洁、安全、没有烟尘或有害气体,不仅对作物生长有利,也保证了生产管理人员的身体健康。因此,现代温室完全摆脱了自然气候的影响,一年四季全天候进行园艺作物生长,进行反季节栽培,高产、优质、高效。但温室加温能耗很大,燃料费昂贵,大大增加了成本。

(2)光照

现代温室全部用塑料薄膜、玻璃或塑料板材(PC板)透明覆盖物构成,采光好,透光率高,光照时间长,而且光照分布比较均匀。在最冷的、光照时间最短的冬季,仍然能正常生产喜温瓜果、蔬菜和鲜花,且容易获得很高的产量。在室内配备人工补光设备,可在光照不足时进行人工补光,使园艺作物优质高产。

(3)湿度

连栋温室空间高大,作物生长势强,代谢旺盛,作物叶面积指数高,通过蒸腾作用释放出大量水汽进入温室空间,在密闭情况下,水蒸气经常达到饱和。但现在有加温系统,加温可有效降低空气湿度,比日光温室因高温环境给园艺作物生育带来的负面影响小。

夏季炎热高温时,现代化温室内有湿帘风机降温系统,使温室内温度降低,而且还能保持适宜的空气湿度,为园艺作物尤其是一些高档名贵花卉,创造了良好的生态环境。

(4)气体

晚上、上午和傍晚,现代温室的二氧化碳浓度明显高于外界,这是因为植物呼吸、土壤微生物呼吸释放二氧化碳积累的结果;中午低于露底,光合作用强时常发生二氧化碳亏缺,不能满足园艺作物的需要。所以现代温室补充二氧化碳进行气体施肥,可显著地提高作物产量。

(5)土壤

现代温室土壤的连作障碍、土壤酸化、土传病害等一切系列问题。越来越普遍地采用无土栽培技术,尤其是花卉生产,已少有土壤栽培。果菜类蔬菜和鲜切花生产多用基质栽培,水培主要生产叶菜,以生菜面积最大。

3)现代温室的应用

现代温室多为铝合金或镀锌钢材结构温室,以玻璃、塑料薄膜等为采光材料,设有天窗、腰窗和地窗,还增加了加温、保温、补光、通风、喷淋、喷雾、二氧化碳施肥、电控操作及检测装置等附加的先进设备，与计算机控制相结合，智能化程度逐步提高。因此，现代温室广泛应用于设施品种展示、高档花卉生产，是现代农业、观光农业、都市农业必有设施，还用于花卉展销、生态餐厅等。我国南方地区自然条件下可四季生产，生产成本低，效益较好；北方地区冬季需要加温，夏季需要降温，耗能多，运转费用偏高，生产成本高，效益低。但不能否定现代温室是最先进、最完善、最高级的园艺设施，机械化、自动化程度很高，劳动生产率很高。它是用工业化的生产方式进行园艺生产，也被称为工厂化农业。

任务 1.6　夏季保护设施

防雨棚、遮阳棚、防虫棚是我国南方地区主要设施，南方地区可以利用防雨棚、遮阳棚、防虫棚四季栽培蔬菜、花卉、果树等。北方地区一般夏季利用防雨棚、遮阳棚、防虫棚进行作物栽培。通过这次实地参观、调查活动让大家熟悉防雨棚、遮阳棚、防虫棚的技术参数、性能、功能、作用，熟练掌握防雨棚、遮阳棚、防虫棚的建造要求、建造技术及应用技术等。

工作过程设计

工作任务	任务 1.6　夏季保护设施	教学时间	
任务要求	实地调查、测量防雨棚、遮阳棚、防虫棚技术参数、规格类型，走访防雨棚、遮阳棚、防虫棚应用情况，熟练掌握防雨棚、遮阳棚、防虫棚建造要求、建造技术及应用技术。分析归纳总结防雨棚、遮阳棚、防虫棚的基本特点		
工作内容	1.看课件，听讲解 2.走访，查阅资料 3.实地调查、测量 4.有条件时参观建设或生产现场		
学习方法	以查阅资料、课堂讲授完成相关理论知识学习		
学习条件	多媒体设备、资料室、互联网、生产工具、实训基地等		
工作步骤	资讯：教师带领学生到附近防雨棚、遮阳棚、防虫棚生产现场，观察比较防雨棚、遮阳棚、防虫棚结构、种植作物引入教学任务内容，进行相关知识点的讲解分析，并下达工作任务； 计划：学生在熟悉相关知识点的基础上，现场测量、观察、访问防雨棚、遮阳棚、防虫棚技术参数，通过借助课件讲解，查阅资料，拜访生产者，实际操作，熟知防雨棚、遮阳棚、防虫棚特点及功能。分析归纳总结防雨棚、遮阳棚、防虫棚的基本特点、建造要求、建造技术及应用技术； 评估：学生自评、互评，教师点评		
考核评价	课堂表现、学习态度、作业完成情况		

工作任务单

<table>
<tr><td colspan="6">工作任务单</td></tr>
<tr><td>课程名称</td><td colspan="2">园艺设施</td><td>学习项目</td><td colspan="2">项目1 主要园艺设施类型与建造</td></tr>
<tr><td>工作任务</td><td colspan="2">任务1.6 夏季保护设施</td><td>学 时</td><td colspan="2"></td></tr>
<tr><td>班 级</td><td></td><td>姓 名</td><td></td><td>工作日期</td><td></td></tr>
<tr><td>工作内容与目标</td><td colspan="5">现场测量、观察、访问,借助课件讲解,查阅资料,拜访生产者,熟练掌握防雨棚、遮阳棚、防虫棚建造要求、建造技术及应用技术</td></tr>
<tr><td>技能训练</td><td colspan="5">1.防雨棚、遮阳棚、防虫棚技术参数测量
2.叙述防雨棚、遮阳棚、防虫棚施工要求及工序</td></tr>
<tr><td>工作成果</td><td colspan="5">完成工作任务、作业、报告</td></tr>
<tr><td>考核要点(知识、能力、素质)</td><td colspan="5">熟悉防雨棚、遮阳棚、防虫棚的技术参数、性能、功能、作用,分析归纳总结防雨棚、遮阳棚、防虫棚的基本特点;
掌握防雨棚、遮阳棚、防虫棚建造要求、建造技术及应用技术;
增强责任感、事业感,提高热爱本专业的积极性</td></tr>
<tr><td rowspan="3">工作评价</td><td>自我评价</td><td colspan="4">本人签名: 年 月 日</td></tr>
<tr><td>小组评价</td><td colspan="4">组长签名: 年 月 日</td></tr>
<tr><td>教师评价</td><td colspan="4">教师签名: 年 月 日</td></tr>
</table>

任务相关知识点

1)遮阳棚

我国南方地区冬春塑料薄膜大棚栽培蔬菜之后,利用夏季闲置不用的大棚骨架盖上遮阳网进行夏秋蔬菜栽培或育苗的方式,是夏秋遮阳网覆盖栽培的重要形式。遮阳棚由大棚骨架和遮阳网两部分组成。

图1.16 遮阳棚

(1)遮阳网

遮阳网俗称遮阴网、凉爽纱,国内产品多以聚乙烯、聚丙烯等为原料,是经加工制作编织而成的一种轻量化、高强度、耐老化、网状的新型农用塑料覆盖材料。利用它覆盖作物具有一定的遮光、防暑、降温、防台风暴雨、防旱保墒和忌避病虫等功能,用来替代芦帘、秸秆等农家传统覆盖材料,进行夏秋高温季节作物的栽培或育苗,已成为我国南方地区克服蔬菜夏秋淡季的一种简易实用、低成本、高效益的蔬菜覆盖新技术。它使我国的蔬菜设施栽培从冬季拓展到夏季,成为我国热带、亚热带地区设施栽培的特色。

该项技术与传统芦帘遮阳栽培相比,具有轻便、管理操作省工、省力的特点,而芦帘虽一次性投资低,但使用寿命短,折旧成本高,贮运铺卷笨重,遮阳网一年内可重复使用4~5次,寿命长达3~5年,虽一次性投资较高,但年折旧成本反而低于芦帘,一般仅为芦帘的50%~70%。近年来已经成为南方地区晴热型夏季条件下进行优质高效叶菜栽培的主要形式。

遮阳网的种类很多,依颜色分为黑色或银灰色,也有绿色、白色和黑白相间等品种。依遮光率分为35%~50%、50%~65%、65%~80%、≥80%等四种规格,应用最多的是35%~65%的黑网和65%的银灰网。宽度有90、150、160、200、220 cm不等,每平方米重45~49 g。许多厂家生产的遮阳网的密度是以一个密区(2.5 cm)中纬向的扁丝条数来度量产品编号的,如SZW-8表示密区由8根扁丝编织而成,SZW-12则表示由12根扁丝编织而成,数字越大,网孔越小,遮光率也越大。选购遮阳网时,要根据作物种类的需光特性、栽培季节和本地区的天气状况来选择颜色、规格和幅宽。遮阳网使用的宽度可以任意切割和拼接,剪口要用电烙铁烫牢,两幅接缝可用尼龙线在缝纫机上缝制,也可用手工缝制。

(2)遮阳网的覆盖形式

根据覆盖的方式又可分为棚内平盖法、大棚顶盖法和一网一膜三种。

棚内平盖法是利用大棚两侧纵向连杆为支点,将压膜线平行沿两纵向连杆之间拉紧连成一平行隔层带,再在上面平铺遮阳网,一般网离地面1~1.5 m。

大棚顶盖法和一网一膜法覆盖,一般大棚顶端覆盖,两侧离地面1 m左右悬空不覆盖。

根据各地经验,栽培绿叶菜最佳的覆盖方式是一网一膜法,其遮阳降温、防暴雨的性能较单一的遮阳网覆盖的效果要好得多,但要注意,遮阳网一定要盖在薄膜的上面,如果把遮阳网盖在薄膜的内侧,则大棚内是热积聚增温而不是降温,所以应特别注意。

2)防雨棚(避雨棚)

防雨棚是在多雨的夏、秋季或多雨季节,利用塑料薄膜等覆盖材料,扣在大棚或小棚的顶部,但四周通风不扣膜或扣防虫网,使作物免受雨水直接淋洗。利用防雨棚进行夏季蔬菜和果品的避雨栽培或育苗一种简易设施。

(1)大棚型防雨棚

大棚顶上天幕不揭除,四周围裙幕揭除,以利通风,也可挂上20~22目的防虫网防虫,可用于各种蔬菜的夏季栽培。

(2)小棚型防雨棚

小棚型防雨棚主要用作露地西瓜、甜瓜早熟栽培和越夏栽培。小拱棚顶部扣膜,两侧通风,使西瓜、甜瓜开雌花部位不受雨淋,以利授粉、受精,也可用来育苗。前期两侧膜封闭,实行促成早熟栽培是一种常见的先促成后避雨的栽培方式。

图 1.17　防雨棚(避雨棚)

3)防虫棚

我国夏秋季节虫害多,塑料大棚、中棚栽培蔬菜之后,利用大棚骨架,或另建专用设施,盖上防虫网进行夏秋蔬菜栽培。防虫网让阳光、空气进入,而将害虫拒之门外,是夏秋无公害栽培的重要形式之一。

(1)遮阳网

防虫网是以高密度聚乙烯等为主要原料,经挤出拉丝编织而成的20~30目(每2.54 cm长度的孔数)等规格的网纱,具有耐拉强度大,优良的抗紫外线、抗热性、耐水性、耐腐蚀、耐老化、无毒、无味等特点。由于防虫网覆盖能简易、有效地防止害虫对夏季小白菜等的危害,所以,在南方地区作为无(少)农药蔬菜栽培的有效措施而得到推广。

遮阳网品种规格很多,按目数分为20、24、30、40目,按宽度有100 cm、120 cm、150 cm,按丝径有0.14~0.18 mm等数种。使用寿命约为3~4年,色泽有白色、银灰色等,以20、24目最为常用。

图 1.18　防虫棚

(2)防虫网的覆盖形式

根据防虫网覆盖的方式可分为大棚式覆盖法和立柱式隔离网状覆盖法两种。

大棚式覆盖法大是目前最普遍的覆盖形式,由数幅网缝合覆盖在单栋或连栋大棚上,全封闭式覆盖,内装微喷灌水装置。面积为600~1 000 m^2。

立柱式隔离网状覆盖是先用高约2 m的水泥柱(葡萄架用)或钢管做成骨架,上盖防虫网,农民在帐子里种菜。面积为500~1 000 m^2。防虫棚夏季种植小白菜等叶菜,蔬菜生长既舒适又安全。

项目小结

我国园艺设施种类繁多,形式多样。从设施的规模、复杂程度及技术水平可将设施分为四个层次:简易覆盖设施、普通保护设施(包括:塑料中小拱棚、塑料大棚、日光温室)、现代温室、植物工厂。该项目重点介绍了塑料中棚、塑料大棚、日光温室、现代温室及防雨棚、遮阳棚、防虫棚等常见设施的结构、技术参数、性能、功能、作用及设计、建造技术。本项目知识目标是让学生熟悉塑料中棚、塑料大棚、日光温室、现代温室及防雨棚、遮阳棚、防虫棚技术参数、性能、功能、作用,分析归纳总结常见设施的基本特点;技能目标是让学生熟练掌握上述常见设施的建造要求、建造技术及应用技术;在学习、操作、实训过程中培养和增强学生责任感、事业感,提高学生热爱本专业的积极性。

思考练习

1.我国常见的园艺设施分为哪几类?

2.简述塑料大棚的基本结构、性能及应用?

3.日光温室的规划应注意哪些问题,主要作用有哪些?

4.简述现代温室的主要作用。

实训1:调查周边地区园艺设施种类、作用及效果

1)目的要求

掌握本地区主要园艺设施栽培的结构特点、性能及应用,学会园艺设施构件的识别及其合理性的评估。

2)材料用具

皮尺,量角器等。

3)方法步骤

到学校附近农村或农场现场测量、面对面访问、实地调查。

(1)测

用皮尺和量角器实地测量温室"四比"和"五度";大中棚长度、跨度、各类立柱高度和间距。

(2)看

观察不同温室、大中棚结构特点,并加以描述。

(3)问

访问不同温室、大中棚主要性能,种植茬次,作物,季节,上市时间,产量,投资,效益等。

(4)思

评估温室、大中棚利用及发展前景等。

4)作业

写出温室、大中棚类型实地调查评估报告。

实训2:绘出塑料大棚设计图,写出塑料大棚设计建造要求

1)目的要求

掌握本地区塑料大棚的结构特点及建造要求。

2)材料用具

皮尺,绘图纸,铅笔,橡皮擦等。

3)方法步骤

到学校附近农村或农场现场测量、面对面访问、实地调查。

(1)测

用皮尺和量角器实地测量塑料大棚长度、跨度、各类立柱高度和间距。

(2)查

查阅塑料大棚结构的资料。

(3)绘

绘出塑料大棚结构框架图,注明部件名称,标明尺寸。

(4)思

思考塑料大棚结构、材料、施工要求、技术要领等。

4)作业

绘出塑料大棚结构框架示意图,并写出施工建造要求。

实训3:绘出日光温室设计图,写出日光温室设计建造要求

1)目的要求

掌握本地区日光温室的结构特点及建造要求。

2)材料用具

皮尺,绘图纸,量角器,铅笔,橡皮擦等。

3)方法步骤

参照塑料大棚。

4)作业

绘出日光温室结构框架示意图,并写出施工建造要求。

实训4:绘出现代温室设计图,写出现代温室设计建造要求

1)目的要求

掌握本地区现代温室的结构特点及建造要求。

2)材料用具

皮尺,绘图纸,量角器,铅笔,橡皮擦等。

3)方法步骤

参照塑料大棚。

4)作业

绘出现代温室结构框架示意图,并写出施工建造要求。

实训5:电热温床建造

1)目的要求

学习电热温床的设计方法,掌握电热线的铺设、自动控温仪和电热线的连接安装等基本技能。

2)材料用具

电热线,自动控温仪,交流接触器,电工工具,稻草或炉渣等隔热材料。

3)方法步骤

(1)设计

①计算布线间距

单位苗床或栽培床的面积上需要铺设电热线的功率密度。

实践证明,如果苗床内地温要保持18~20 ℃,则每 m^2 功率需要80~100 W。布线前应先根据公式计算电热线的布线行数和布线间距。

1根电热线电热温床面积=1根电热想的额定功率/功率密度

②计算布线行数和间距

布线行数最好为偶数,以便电热线的引线能在一侧,便于连接。

布线行数=线长-苗床宽度/苗床长度

布线间距 =苗床宽度/布线行数-1

(2)制作苗床

选择设施内光照、温度最佳的部位做苗床,畦埂高于床面10 cm。要求床面平整,无坚硬的土块或碎石,上虚下实。如地温低于10 ℃,应在床面上铺5 cm厚的腐熟马粪、碎稻草、细炉渣等隔热层,压少量细土,用脚踩实。

(3)布线

布线前,先在温床两头按计算好的距离钉上小木棍,布线一般由3人共同操作。一人持线往返于温床的两端放线,其余2人各在温床的一端将电热线挂在木棍上,注意拉紧调整距离,使电热线紧贴地面,防止松土、交叉或打结。为使苗床内温度均匀,苗床两侧布线距离应略小于中间。

(4)连接自动控温仪、交流接触器等

各种用电器的连接顺序为电源→控温仪→交流接触器→电热线。当功率<2 000 W时,可采用单相接法,直接接入电源,或加控温仪;功率>2 000 W采用单项加接触器和控温仪的接法，并装置配电盘。功率电压较大时可用380 V电源，并选用与负载电压相同的交流接触器，采用三相四线连接法（实训1-5附图1）。连接完毕，把电热线与外接导线的接头埋入土中。整床电热线布设完毕，通电成功后在断电，准备铺床土。

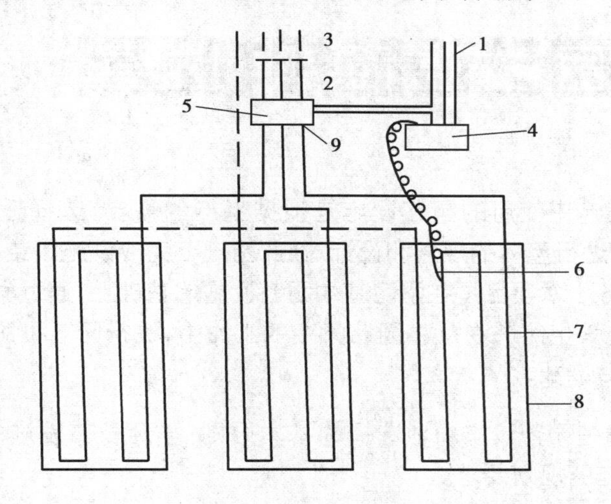

实训1-5附图1 多线三相接线法示意图

1—电源（220 V）；2—电闸开关；3—电源（380 V）；4—控温仪；5—交流接触器；6—控温仪探头；7—电热线；8—畦埂；9—接触点

（5）铺床土

如果作播种床，铺5 cm厚的酿热物，如果作为分苗床铺10 cm厚床土；如果用育苗盘或营养钵可直接摆在电热线上。

4）作业

现有一根长100 m，额定功率为100 W的电热线，设定功率密度为80 W/m²，计算其可铺设的苗床面积，设苗床宽度为1.0 m，计算出布线行数及布线间距，并绘出线路连接图。

园艺设施规划设计

项目描述 生产中使用的园艺设施是根据生产的需要,选择适宜建造设施的场地,并对设施生产场地进行整体的规划和设计,在此基础上完成设施的结构设计,最后完成设施的施工和建造任务。本项目是在学习基本园艺设施的基础上,通过学习园艺设施的规划设计要求与规范,使学生能够在从事园艺行业的工作中,进行园艺设施新区的科学选址及园区内的整体规划与设计。

学习目标 清楚园艺设施场地选择的基本原则;学会园艺设施的主体规划规范;熟悉园艺设施配套设施的规划要求。

能力目标 能够阅读或编制完整的园艺设施规划设计方案;会绘制园艺设施的规划设计示意图;能够现场指导园艺设施的施工。

项目任务

专业领域:园艺技术 **学习领域:园艺设施**

项目名称	项目2　园艺设施规划设计
工作任务	任务2.1　园艺设施场地选择
	任务2.2　园艺设施主体规划
	任务2.3　园艺设施配套设施及规划
项目任务要求	能顺利完成园艺设施的规划与设计方案

任务2.1　园艺设施场地选择

活动情景 发展设施园艺的第一步,就是建造园艺设施。园艺设施建造前,最为重要的问题就是如何选择园艺设施的建造场地或基址。基址的选择是否科学直接决定着园艺设施建成后的内部基本环境水平。本任务主要是学习园艺设施场地选择的基本要求。

工作过程设计

工作任务	任务 2.1 园艺设施场地选择	教学时间	
任务要求	1.清楚选择园艺设施场地时对环境的具体要求 2.能够科学合理地进行园艺设施场地的选择		
工作内容	1.参观园艺设施基地或园区 2.按照给定条件,选择最佳的园艺设施场地		
学习方法	以课堂讲授和自学完成相关理论知识学习,以田间项目教学法和任务驱动法,使学生掌握园艺设施场地选择的基本原则		
学习条件	多媒体设备、资料室、互联网、园艺设施基地等		
工作步骤	资讯:教师由园艺设施的施工引出任务内容,进行相关知识点的讲解,并下达工作任务; 计划:学生在熟悉相关知识点的基础上,查阅资料收集信息,进行工作任务构思,师生针对工作任务有关问题及解决方法进行答疑、交流,明确思路; 决策:学生在教师讲解和收集信息的基础上,划分工作小组,制订任务实施计划,并准备完成任务所需的工具与材料,避免盲目性; 实施:学生在教师辅导下,按照计划分步实施,进行知识和技能训练; 检查:为保证工作任务保质保量地完成,在任务的实施过程中要进行学生自查、学生互查、教师检查; 评估:学生自评、互评,教师点评		
考核评价	课堂表现、学习态度、任务完成情况、作业报告完成情况		

工作任务单

工作任务单					
课程名称	园艺设施		学习项目	项目 2 园艺设施规划设计	
工作任务	任务 2.1 园艺设施场地选择		学 时		
班 级		姓 名		工作日期	
工作内容与目标	1.参观园艺设施基地或园区,熟悉设施场地环境的一般特征 2.按照给定条件,选择最佳的园艺设施场地,学会设施场地的科学选择				
技能训练	1.现场参观园艺设施,具体描述其场地选择的科学与否 2.教师限定条件,要求学生科学选取某种园艺设施的场地				
工作成果	完成工作任务、作业、报告				

续表

工作任务单		
考核要点（知识、能力、素质）	知道园艺设施场地选择的基本要求； 能科学进行园艺设施的场地选择； 独立思考，团结协作，创新吃苦，按时完成作业报告	
工作评价	自我评价	本人签名：　　年　月　日
	小组评价	组长签名：　　年　月　日
	教师评价	教师签名：　　年　月　日

任务相关知识点

园艺设施场地的选择直接影响着设施的结构性能、环境调控和经营管理等方面。因此，在建造设施前要慎重、科学地选择设施场地。选择园艺设施的建设地点，主要考虑气候、地形、地质、土壤，以及水、暖、电、交通运输等条件。一般情况下，建造园艺设施的场地要求阳光充足，南面没有山峰、树木、高大建筑物等遮阴；避开山口、河谷等风口及尘土、烟尘污染严重的地带；地下水位低、土质疏松、富含有机质的地块；靠近村庄，交通便利；能充分利用已有的水源的电源等。

2.1.1 气候条件

气候条件是影响园艺设施的安全与经济性的重要因素之一，它包括气温、光照、风、雪、冰雹与空气质量等。

1）气温

在掌握各个可能建造园艺设施地域的气温变化过程的基础上，着重对冬季可能所需的加温以及夏季降温的能源消耗进行估算。无气温变化过程资料时，可着重对其纬度、海拔高度以周围的海洋、山川、森林等对气温的主要影响因素进行综合分析评价。

2）光照

光照强度和光照时数对设施内植物的光合作用及室内温度状况有着很重要的影响。它主要受地理位置和空气质量等影响。

3）风

风速、风向以及风带的分布在选址时也必须加以考虑。对于主要用于冬季生产的设施或寒冷地区的设施应选择背风向阳的地带建造；全年生产的设施还应注意利用夏季的主导风向进行自然通风换气；避免在强风口或强风地带建造设施，以利于温室结构的安全；避免在冬季寒风地带建造设施，以利于冬季的保温节能。对于园艺设施，过大的风振会影响其使用寿命。由于我国北方冬季多西北风，一般庭院设施应建造在房屋的南面；大规模的设施群要选在北面有天然人工屏障的地方，而其他三面屏障应与设施保持一定的距离，以免影响光照。

4）雪

从结构上讲，雪压是园艺设施这种轻型结构的主要荷载，特别是对排雪困难的大中型连栋温室，要避免在大雪地区和地带建造。

5）雹

冰雹因素对园艺设施的安全是至关重要的，要根据气象资料和局部地区调查研究确定冰雹的可能危害性，从而使园艺设施避免建造在可能造成雹情危害的地区。

6）空气质量

空气质量的好坏主要取决于大气的污染程度。大气的污染物主要是臭氧、过氯乙酰硝酸酯类（PAN）以及二氧化硫、二氧化氮、氟化氢、乙烯、氨、汞蒸汽等。这些由城市、工矿带来的污染分别对植物的不同生长期有严重的危害。燃烧煤的烟尘、工矿的粉尘以及土路的尘土飘落在温室上，会严重减少透入园艺设施的光照量；寒冷天气火力发电厂上空的水汽云雾会造成局部的遮光。因此，在选址时，应尽量避开城市污染地区，选在造成上述污染的城镇、工矿的上风向，以及空气流通良好的地带。调查了解时要注意观察该地附近建筑物是否受公路、工矿灰尘影响及其严重程度。

2.1.2 地形与地质条件

平坦的地形便于节省造价和便于管理，同一栋设施内坡度过大会影响室内温度的均匀性，过小的地面坡度又会使温室的排水不畅，一般认为地面应有不大于1%的坡度为宜。要尽量避免在向北面倾斜的斜坡上建造设施群，以避免造成遮挡朝夕的阳光和加大占地面积。同时，调查场地内有无地下管道等障碍。

对于建造玻璃温室的地址，有必要进行地质调查和勘探，避免因局部软弱带、不同承载能力地基等原因导致不均匀沉降，确保温室安全。在场地内某点，挖进基础宽度的 2 倍深，用场地挖出的土壤样本，分析地基土壤构成、下沉情况和承载力等。一般园艺设施地基的承载力在 50 t/m^2 以上。

2.1.3 土壤条件

对于进行有土栽培的设施，由于室内要长期高密度种植，因此对地面土壤要进行选择。一般应选择物理性状良好，如土质疏松，升温快，透水性好，富含有机质，中性至偏酸性，保肥能力强，地下水位低，盐碱含量少，病虫害少的壤土或沙壤土。

2.1.4 水、电及交通等

1）水

水量和水质也是园艺设施选址时必须考虑的因素。虽然室内的地面蒸发和作物的叶面蒸腾比露地要小得多，然而用于灌溉、水培、供热、降温等用水的水量、水质都必须得到保证，特别是对大型设施群，这一点更为重要。要避免将园艺设施置于污染水源的下游，同时，要有排、灌方便的水利设施。

2)电

对于大型园艺设施而言，灌溉设备和照明设备都需要用电。特别对于有采暖、降温、人工光照、营养液循环系统的大型温室，应有可靠、稳定的电源，以保证不间断供电。

园艺设施常用 220 V 电压，但有些卷膜电机用 380 V 电压，还要考虑临时加温用电，甚至包括生产人员的生活用电等用电负荷，确保用电的可靠性和安全性。

3)交通

设施生产的产品如果能及时运送到消费地，便可保证产品的新鲜，减少保鲜管理的费用；也便于工作人员进行生产管理。因此，园艺设施应选择在交通便利的地方，通向设施区的主干道宽度至少应达到 6 m；但应避开交通要道，以防车来人往，尘土污染覆盖材料。

4)其他

园艺设施群的场地最好能靠近有大量有机肥供应的场所，如养鸡场、养猪场、养牛场等，便于设施生产中的肥料供应。

任务 2.2　园艺设施主体规划

活动情景　选择好园艺设施的场地后，首先应对整个场地中的主体，即园艺设施群进行科学、合理的规划，为后期的主体设施的施工，特别是园艺设施建成后的内部环境奠定良好的基础。本任务旨在学习园艺设施规划中主体设施群的科学规划。

工作过程设计

工作任务	任务 2.2　园艺设施主体规划	教学时间	
任务要求	1.清楚园艺设施场地规划中建筑组成与主次 2.初步掌握园艺设施的主体规划要求		
工作内容	1.参观园艺设施基地或园区，了解其主体设施的规划 2.教师给定条件，引导学生完成园艺设施的主体规划		
学习方法	以课堂讲授和自学完成相关理论知识学习，以田间项目教学法和任务驱动法，使学生掌握园艺设施主体规划的要求		
学习条件	多媒体设备、资料室、互联网、园艺设施基地等		

续表

工作任务	任务 2.2 园艺设施主体规划	教学时间	
工作步骤	资讯:教师由园艺设施的施工引出任务内容,进行相关知识点的讲解,并下达工作任务; 计划:学生在熟悉相关知识点的基础上,查阅资料收集信息,进行工作任务构思,师生针对工作任务有关问题及解决方法进行答疑、交流,明确思路; 决策:学生在教师讲解和收集信息的基础上,划分工作小组,制订任务实施计划,并准备完成任务所需的工具与材料,避免盲目性; 实施:学生在教师辅导下,按照计划分步实施,进行知识和技能训练; 检查:为保证工作任务保质保量地完成,在任务的实施过程中要进行学生自查、学生互查、教师检查; 评估:学生自评、互评,教师点评		
考核评价	课堂表现、学习态度、任务完成情况、作业报告完成情况		

工作任务单

工作任务单					
课程名称	园艺设施		学习项目	项目 2 园艺设施规划设计	
工作任务	任务 2.2 园艺设施主体规划		学 时		
班 级		姓 名		工作日期	
工作内容与目标	1.参观园艺设施基地或园区,熟悉园艺设施的主体规划 2.按照给定条件,完成园艺设施主体的科学规划				
技能训练	1.参观园艺设施园区或基地,熟悉其主体规划 2.教师限定条件,要求学生完成园艺设施的主体规划				
工作成果	完成工作任务、作业、报告				
考核要点(知识、能力、素质)	知道园艺设施主体规划的一般要求; 能完成园艺设施主体的科学规划; 独立思考,团结协作,创新吃苦,按时完成作业报告				
工作评价	自我评价	本人签名: 年 月 日			
	小组评价	组长签名: 年 月 日			
	教师评价	教师签名: 年 月 日			

任务相关知识点

随着园艺产品商品化生产的发展,园艺设施已逐步由单户小面积向大规模集中连片的设施群发展。建设单个设施,只要方位正确,不必考虑场地规划;如果需要建设设施群,特别是需要结合生产实际建造不同类型设施结合的设施群时,就必须合理地进行园艺设施的整体规划,以优化设施的内部环境、减少占地、提高土地利用率、降低设施建成后的运行成本,最大程序地改善设施生产环境,提高生产效益。

2.2.1 设施组成和方位

园艺设施生产一般采用集中管理、各种类型结合的经营方式。小规模的设施群应考虑各个设施之间,及设施与外界之间的联系,进行合理布局。大规模的设施群还应考虑锅炉房、堆煤场、仓库、车库等附属建筑和办公室、休息室等非生产用房的布局。

在设施群总平面布置中,合理选择设施的建筑方位也是很重要的,设施的建筑方位通常与设施造价没有关系,但是它同设施形成的光照环境的优劣以及总的经济效益都有非常密切的关系。按照设施组成的不同,主体规划也不同。一般多种类型设施的设施群,为了减少设施间的相互遮光影响,充分利用土地,规划时要求按设施规格大小,从南向北依次安排。场地的最南边安排小型设施,向北逐渐安排中型设施,最北边安排大型设施。单一类型的设施群,对设施的排列没有特别的要求。

主体设施应安排在场地的最佳区域,且整体整齐、美观大方,便于管理。园艺设施群的布局首先应考虑设施的方位。所谓设施的建筑方位就是设施屋脊的走向。日光温室和阳畦等设施的方位要求坐北朝南。北纬40°以北地区,方位可适当偏西;北纬40°以南地区,方位可适当偏东,以协调温度与光照的关系。

其他各类设施的方位选择较为灵活。由于随着温室所在地理位置的不同,纬度增高则E—W(东—西)方位温室的日平均透光率比N—S(南—北)方位的日平均透光率将增大。因此,对于以冬季生产为主的设施,以北纬40°为界,大于40°地区,以E—W方位建造为佳;相反,在小于40°地区则一般以N—S方位建造为宜。对于E—W方位的设施,为了增加上午的光照,以利于植物在光合作用强度较高的时段的需要,建议将朝向略向东偏转5°~10°为宜。

2.2.2 设施间距

在设施方位明确的基础上,再考虑园区道路的设置和相邻设施的间隔距离等。园区内的道路应便于产品的运输和机械通行,主干道路宽约6 m,允许两辆汽车通过,设施间的支路宽最好约3 m。

大型连栋温室或日光温室群应规划为若干小区,每个小区形成一个独立体系,安排不同园艺植物种类或品种的生产。所有公共设施,如管理服务部门的办公室、仓库、料场、机井、水塔等应集中设置,集中管理。为减少占地、提高土地利用率,前后排相邻设施的南北间距不宜过大,但必须保证在最不利情况下,前排设施不影响后排设施的采光。丘陵地区可以采用阶梯式建造,以缩短设施间距;平原地区应保证上午10时阳光能照射到设施的南沿。即设施在光照最弱的时候至少要保证4 h以上的连续有效光照。

一般以冬至日中午12时前排设施的阴影不影响后排采光为计算标准。纬度越高,前后排间距就越大。

设施的间距因设施类型不同,有很大差异。一般相邻两栋温室的东西间距为 4~6 m,作为南北通道;相邻两栋大棚的东西间距为 1.5~2 m,南北棚头间距为 3~4 m,便于运输和修灌水渠道。

2.2.3 设施长度

为了便于操作和经济利用土地,一般大型园艺设施的长度多设计在 50~60 m,较长时可以达到 90~100 m。过长容易造成通风困难,灌水也很难均匀,管理不便。小型园艺设施的长度宜设计在 8~15 m。设施长度的设计可以结合场地内道路的规划进行。

2.2.4 设施缓冲间

温室在主体规划中,还应考虑缓冲间的规划。缓冲间主要是防止冷空气直接侵入温室,起缓冲气流的作用;可以存放生产工具和生产资料;还可以直到外观装饰的作用。日光温室的缓冲间应设在温室一端山墙门口处,其高度不能超过温室高度,大小应结合用途进行设计。若采用钢筋混凝土屋面板作屋面,其设计应符合建筑设计模数,一般为 3 或 4 的倍数。最小缓冲间尺寸为 3.0×2.7 m,一般为 3.0×3.6 m。若缓冲间与管理人员,甚至家庭的卧室合并在一起,则其设计尺寸可以根据生产者的要求设计。

任务 2.3 园艺设施配套设施及规划

在完成园艺设施的主体规划后,下一步就是对整个场地中应建造的附属配套设施进行较为合理的规划,为即将进行的施工做好准备,并为园艺设施建成后的正常运行和方便管理奠定基础。本任务旨在学习园艺设施配套设施的科学规划。

工作过程设计

工作任务	任务 2.3 园艺设施配套设施及规划	教学时间	
任务要求	1.清楚园艺设施场地中的应具备的配套设施 2.清楚园艺设施配套设施规划的一般要求		
工作内容	1.参观园艺设施基地或园区 2.教师给定条件,引导学生完成园艺设施的主体规划		
学习方法	以课堂讲授和自学完成相关理论知识学习,以田间项目教学法和任务驱动法,使学生掌握园艺设施主体规划的要求		
学习条件	多媒体设备、资料室、互联网、园艺设施基地等		

续表

工作任务	任务 2.3　园艺设施配套设施及规划	教学时间	
工作步骤	资讯:教师由园艺设施的施工引出任务内容,进行相关知识点的讲解,并下达工作任务; 计划:学生在熟悉相关知识点的基础上,查阅资料收集信息,进行工作任务构思,师生针对工作任务有关问题及解决方法进行答疑、交流,明确思路; 决策:学生在教师讲解和收集信息的基础上,划分工作小组,制订任务实施计划,并准备完成任务所需的工具与材料,避免盲目性; 实施:学生在教师辅导下,按照计划分步实施,进行知识和技能训练; 检查:为保证工作任务保质保量地完成,在任务的实施过程中要进行学生自查、学生互查、教师检查; 评估:学生自评、互评,教师点评		
考核评价	课堂表现、学习态度、任务完成情况、作业报告完成情况		

工作任务单

工作任务单					
课程名称	园艺设施		学习项目	项目 2　园艺设施规划设计	
工作任务	任务 2.2　园艺设施主体规划		学　时		
班　级		姓　名		工作日期	
工作内容与目标	1.参观园艺设施基地或园区,熟悉园艺设施的主体规划 2.按照给定条件,完成园艺设施主体的科学规划				
技能训练	1.参观现代农业园区或设施生产基地,熟悉其配套设施的规划 2.教师限定条件,指导学生完成园艺设施配套设施的科学规划				
工作成果	完成工作任务、作业、报告				
考核要点(知识、能力、素质)	知道园艺设施配套设施规划的一般要求; 能完成园艺设施配套设施的科学规划; 独立思考,团结协作,创新吃苦,按时完成作业报告				
工作评价	自我评价	本人签名:		年　月　日	
	小组评价	组长签名:		年　月　日	
	教师评价	教师签名:		年　月　日	

任务相关知识点

建设设施,除了完成园艺设施的主体规划设计外,还必须合理地进行其辅助设备系统的布置,以利于改善设施的环境,方便设施的运行管理、减少占地、减少污染、降低生产和管理成本。

2.3.1 建筑组成

一定规模的设施群,除了设施种植区外,还必须有相应的辅助设备系统,才能保证设施的正常、安全生产。这些辅助设备系统主要有水电暖设备、控制室、加工室、保鲜室、消毒室、仓库以及办公休息室等,生产中可根据需要酌情选取。

2.3.2 建筑布局

在进行总体布置时,应优先考虑种植区的设施群,使其处于场地的采光、通风等的最佳位置。

辅助设备系统的仓库、锅炉房、水塔等应建在设施群的北面,以免遮阳;烟囱应布置在其主导风向的下方,以免大量烟尘飘落于覆盖材料上,影响采光;加工、保鲜室及仓库等既要保证与种植区的联系,又要便于交通运输。

2.3.3 田间道路规划

根据地块的大小以及园艺设施群内设施的长度和排列方式,确定田间道路的规划。一般在设施群内东西两列设施间应留 3~4 m 的通道,同时附设排灌沟渠。若需要在设施一侧修建缓冲间,应根据缓冲间宽度适当加大东西两列设施的间距。东西每隔 3~4 列设施设一条南北向的交通干道;南北每隔 10 排设施设一条东西向的交通干道。干道宽 5~8 m,以便大型运输车辆通行。为了节约用地,节约用水,在经济发达的地区,灌水渠道应全部采用地下防渗管道。

项目小结

园艺设施规划的内容包括设施场地的选择、设施群主体的规划以及配套设施的规划等工作。园艺设施场地的选择应最大限度地满足设施的生产管理和植物生长需要。园艺设施群主体规划的核心是保证前排设施不对后排设施产生明显的遮光;其配套设施规划应该以主体设施为中心,以有利于生产管理和产品运输等为原则。

思考练习

1.简述园艺设施场地选择的基本原则。

2.完成一份园艺设施主体规划的平面设计图。

3.完成一份园艺设施配套设施规划的平面设计图。

实训6:园艺设施的规划设计调查

1)实训目的

了解不同的设施园艺生产园区的规划设计情况,学习园艺设施规划设计的基本要求。

2) 实训材料与用具

皮尺、比例尺、铅笔、橡皮、专用绘图工具和纸张等。

3) 实训内容

(1) 组织学生参观学校附近的大型农业园区,分组调查以下内容,并填写记录表 2.1:

①调查了解园区场地的选择情况,分析其场地环境条件的优势和不足之处。

②调查了解园区园艺设施的规划与设计的具体情况,结合所学知识,分析其规划设计的优势和不足之处。

③调查了解园区内配套设施的规划情况,分析其规划的优势和不足之处。

表 2.1　园艺设施的规划设计调查表

项　目	优　势	不　足
园区场地选择		
园艺设施规划设计		
配套设施的规划		

(2) 描述园艺设施规划设计特点和不足

根据上表记录的调查结果,分组交流分析并描述所调查农业园区园艺设施设计的特点与不足。

4) 实训作业

整理交流结果,每人书写一份园区的规划设计调查报告。

实训 7:园艺设施规划设计方案的制作

1) 实训目的

学会对园艺设施生产基地进行总体规划和布局,并能绘制出其平面图。

2) 实训材料与用具

皮尺、直尺、量角器、比例尺、铅笔、橡皮、专用绘图工具和绘图纸等。

3) 实训内容

(1) 绘制园区总体规划平面示意图

根据给定园区面积(1 000 亩),先进行总体规划,除考虑园艺设施布局外,还应考虑道路、附属用房及相关设施、园艺设施间距等,合理安排,不能顾此失彼。绘制园区总体规划平面示意图,并用文字说明主要内容,使建筑施工方能看清读懂。

(2) 绘制园艺设施的平面图和侧剖面图

根据给定园区面积(1 000 亩),利用所学的采光设计和保温设计方法选择适宜的园艺设施类型,并进一步确定园艺设施的结构参数和规格尺寸。绘制园艺设施的平面图和侧剖面图,注明相关参数。

(3)列出园艺设施建材用量表

内容包括建材种类、规格和数量。

(4)点评设计成果

选 5~10 名学生展示自己的设计图和用料表,由教师和其他同学进行提问和点评。

4)实训作业

根据课堂点评结果,学生修改设计图纸和材料表。

园艺设施材料及配套设施

项目描述 园艺设施建造施工前，应根据设施结构设计的方案和具体要求，准备各种设施建材、设施环境调控系统、设施生产管理机械以及设施整体环境的智能化控制系统等，为设施的施工和系统安装做好充分的准备。本项目是在园艺设施规划设计的基础上，针对设施施工需要的材料与设备而提出的，旨在明确园艺设施施工前，需要事先准备与购置的环境控制系统、设备、机械及相关材料。

学习目标 熟悉园艺设施建造中需要的围固支撑材料类型与选用要求；清楚园艺设施内环境控制系统的设施、设备类型；熟悉园艺设施中施肥和植保等园艺机械的类型。

能力目标 能够科学选购、使用园艺设施的围固、支撑材料；能选购与维护园艺设施内的各种环境控制系统与设备；能够选用并科学管理园艺设施中常用的施肥和植保机械。

项目任务

专业领域：园艺技术 **学习领域：园艺设施**

项目名称	项目3　园艺设施材料及配套设施
工作任务	任务3.1　围固支撑材料和选择
	任务3.2　采光补光材料
	任务3.3　温度调控系统
	任务3.4　气体调控系统
	任务3.5　灌溉施肥系统
	任务3.6　植保系统
	任务3.7　智能化系统
项目任务要求	能顺利完成园艺设施的规划与设计方案。

任务 3.1　围固支撑材料和选择

活动情景　按照园艺设施的规划设计，在现场完成园艺设施的整体规划后，应选择主体设施的围固材料和支撑材料，为主体设施的施工做准备。本任务主要是了解各类设施的围固支撑材料，并学会其科学的选用。

工作过程设计

工作任务	任务 3.1　围固支撑材料和选择	教学时间	
任务要求	1.熟悉园艺设施的围固材料和支撑材料类型 2.能够进行园艺设施围固材料和支撑材料的科学选择		
工作内容	1.参观正在施工或完成施工的园艺设施基地或园区，认识各种设施围固支撑材料 2.结合给定条件，选择合适的园艺设施围固支撑材料		
学习方法	以课堂讲授和自学完成相关理论知识学习，以田间项目教学法和任务驱动法，使学生掌握园艺设施围固支撑材料选用的基本要求		
学习条件	多媒体设备、资料室、互联网、园艺设施基地等		
工作步骤	资讯：教师由园艺设施的规划设计引出任务内容，进行相关知识点的讲解，并下达工作任务； 计划：学生在熟悉相关知识点的基础上，查阅资料收集信息，进行工作任务构思，师生针对工作任务有关问题及解决方法进行答疑、交流，明确思路； 决策：学生在教师讲解和收集信息的基础上，划分工作小组，制订任务实施计划，并准备完成任务所需的工具与材料，避免盲目性； 实施：学生在教师辅导下，按照计划分步实施，进行知识和技能训练； 检查：为保证工作任务保质保量地完成，在任务的实施过程中要进行学生自查、学生互查、教师检查； 评估：学生自评、互评，教师点评		
考核评价	课堂表现、学习态度、任务完成情况、作业报告完成情况		

工作任务单

工作任务单			
课程名称	园艺设施	学习项目	项目3　园艺设施材料及配套设施
工作任务	任务 3.1　围固支撑材料和选择	学　时	

续表

<table>
<tr><td colspan="6">工作任务单</td></tr>
<tr><td>班　级</td><td></td><td>姓　名</td><td></td><td>工作日期</td><td></td></tr>
<tr><td>工作内容与目标</td><td colspan="5">1.参观园艺设施基地或园区,熟悉常见设施围固支撑材料的种类和特征
2.按照给定条件,合理选择园艺设施的围固支撑材料</td></tr>
<tr><td>技能训练</td><td colspan="5">1.现场参观设施生产园区,认识园艺设施的围固支撑材料
2.教师限定条件,要求学生科学选取某种园艺设施的围固支撑材料</td></tr>
<tr><td>工作成果</td><td colspan="5">完成工作任务、作业、报告</td></tr>
<tr><td>考核要点（知识、能力、素质）</td><td colspan="5">清楚常用的园艺设施围固支撑的类型和特点；
能科学进行园艺设施围固支撑材料的选择；
独立思考,团结协作,创新吃苦,按时完成作业报告</td></tr>
<tr><td rowspan="3">工作评价</td><td>自我评价</td><td colspan="4">本人签名：　　　　　　年　　月　　日</td></tr>
<tr><td>小组评价</td><td colspan="4">组长签名：　　　　　　年　　月　　日</td></tr>
<tr><td>教师评价</td><td colspan="4">教师签名：　　　　　　年　　月　　日</td></tr>
</table>

任务相关知识点

各种园艺设施都有各自独特的结构和规格,形成了独立于外界的自然环境的小气候环境,以满足植物生长发育的需要。而设施的结构必须以围固和支撑材料为基础,覆盖采光材料形成一定的生产空间。

3.1.1　围固材料

园艺设施的类型很多,其围固材料也各不相同。常见的围固材料包括墙体材料、不透光屋面材料以及用于设施覆盖材料固定的材料等。

1) 地基

地基为支承基础的土体或岩体。地基深度要求与当地冻土层相等,宽度要求比墙体略宽。园艺设施中常用的地基有桩地基、无筋扩展地基、扩展地基和复合地基等。

桩地基由设置于岩土中的桩和连接于桩顶端的承重台组成。无筋扩展地基是由砖毛石混凝土或毛石混凝土和三合土等材料组成重台组成的,不需要配置钢筋的墙下条形基础或柱下独立基础。扩展地基是将上部传来的荷载,向侧边扩展成一定的底面积,使作用于基底的应力等于或小于地基土的允许承载力,而基础内部的应力满足材料本身的强度要求,这种起到压力扩散作用的地基为扩展地基。复合地基是部分土体被增强或被置换而形成的由地基土和增强体共同承担荷载的人工地基。

为了提高地基土的承载力,改善其变形性质或渗透性质,可以采取的人工处理方法进行地基处理。

2）基础

大型园艺设施，如塑料大棚、日光温室和智能温室等，其结构的组成中均有基础。这是连接设施骨架与地基的构件，其作用是把风载、雪载、植物吊重、构件自重等安全地传递到地基。

基础的材料一般为预埋件和混凝土，基础是由预埋件和混凝土浇筑而成的。较为简单的是塑料大棚、日光温室和塑料薄膜智能温室的基础，而玻璃温室由于荷载很大，其基础较复杂，且必须浇注边墙和端墙的地固梁。

温室中常用的基础有条形基础、独立基础和混合基础。一般条形基础用于侧墙和内隔墙，独立基础用于内柱和边柱，侧墙基础也可用独立基础和条形基础混合使用的方式，两类基础底面可以位于同一标高处，也可根据地基承载能力设置在不同标高处。独立基础主要承担柱传来的荷载，条形基础只承担温室分隔构件的部分荷载。

3）墙体

智能温室四周有高约 1 m 的墙体，用于保温，并提高其对上部结构的支撑作用。日光温室有独特的结构，其北侧和东西两侧均有墙体，用于减少设施的散热量，提高设施的保温能力。另外，一些寒冷地区的塑料拱棚的两端也设置为墙体，以降低设施的昼夜温差，提高其保温能力。墙体一般用砖或土打制而成。

（1）砖墙

用砖砌墙体，美观大方，占地面积小，使用寿命长；但砖的成本高，保温性也较差。因此，资金充足时，通常采用砖墙。为了提高其保温性能，设施的砖墙多采用空心墙或夹层墙。内墙砌筑二四墙，外墙砌筑一二墙。两道墙的距离因地区纬度不同而不同，如北纬 40°地区墙体总厚度 1 m，则内外墙距离应为 64 cm。根据需要，日光温室可以在北墙上设置通风口，一般可以预留通风口或提前做成预制板装入通风口位置。砖墙的外侧勾缝，内侧抹灰，内外墙间可以填充干炉灰渣、锯末、珍珠岩等隔热材料，也可留成空心，墙顶用预制板封严，防止雨水漏入。日光温室的北墙应在预制板上沿外墙筑 50~60 cm 高的墙体。山墙按屋面形状砌筑，其他与一般墙体相同，也用预制板封顶。

（2）土墙

目前，很多地区日光温室的用土筑墙，且多为夯土墙。夯土墙是用 5 cm 的木板夹在墙体两侧，向木板间填土，边填边夯，不断抬高木板，直到夯到要求高度为止。近年来，一些大规模的温室基地，也采用大型挖掘机夯土。北墙顶部外侧应高于内侧 40 cm，使北墙与后屋面连接紧密。墙体最好做成上窄下宽的梯形。

此外，日光温室在建造后屋面时，还需要作物秸秆、草泥或隔热板等材料进行密封、保温；它和薄膜拱棚等设施的采光面上还需要压膜绳等材料固定薄膜。

3.1.2 支撑材料

支撑材料是用于建造园艺设施的框架，起支撑设施覆盖材料作用的材料，又称骨架材料。主要包括设施的拱架（拱杆）、纵梁（拉杆）、立柱等材料。

1）立柱

立柱是大型设施的主要支柱，承载设施骨架、覆盖材料的重量以及雨、雪荷载，并受到风压的作用。一般选用钢材、钢筋水泥混凝土柱、木柱、竹竿等材料,材料不必太粗。立柱要垂直,或倾向于引力;基部应设柱脚石,以防设施下沉或被拔起。

2)拱架

拱架是支撑设施覆盖物(玻璃、薄膜、塑料板材等)的结构部分,可横向固定在立柱上,两端插入地下,或与墙体、柱顶连接,呈自然拱形或屋脊形。一般大型园艺设施多选用钢材、钢管等材料焊接而成。小型设施(如小拱棚等)上多直接采用竹片、竹竿等。

3)纵梁

纵梁纵向连接拱架和立柱,使设施骨架成为一个整体。一般用钢材、较粗的竹竿、木杆等材料。距立柱顶端30~40 cm,固定在立柱上,长度与设施等长。

任务3.2 采光补光材料

活动情景 园艺设施结构中最为重要的材料是采光材料,大型园艺设施内常常还需要配置补光材料。本任务主要学习园艺设施中常用的不同采光材料,并进一步学习温室中各种补光系统的科学设置与应用。

工作过程设计

工作任务	任务3.2 采光补光材料	教学时间	
任务要求	1.能够正确认识与选用各类园艺设施的采光材料 2.能够科学选用大型园艺设施的补光设备		
工作内容	1.参观园艺设施基地、园区或设施材料专营店 2.教师给定条件,引导学生正确认识园艺设施的采光或补光材料		
学习方法	以课堂讲授和自学完成相关理论知识学习,以田间项目教学法和任务驱动法,使学生掌握园艺设施采光和补光材料的选用要求		
学习条件	多媒体设备、资料室、互联网、园艺设施基地或设施材料专营店等		
工作步骤	资讯:教师由园艺设施的光照环境引入任务内容,进行相关知识点的讲解,并下达工作任务; 计划:学生在熟悉相关知识点的基础上,查阅资料收集信息,进行工作任务构思,师生针对工作任务有关问题及解决方法进行答疑、交流,明确思路; 决策:学生在教师讲解和收集信息的基础上,划分工作小组,制订任务实施计划,并准备完成任务所需的工具与材料,避免盲目性; 实施:学生在教师辅导下,按照计划分步实施,进行知识和技能训练; 检查:为保证工作任务保质保量地完成,在任务的实施过程中要进行学生自查、学生互查、教师检查; 评估:学生自评、互评,教师点评		
考核评价	课堂表现、学习态度、任务完成情况、作业报告完成情况		

工作任务单

<table>
<tr><td colspan="6">工作任务单</td></tr>
<tr><td>课程名称</td><td colspan="2">园艺设施</td><td>学习项目</td><td colspan="2">项目3　园艺设施材料及配套设施</td></tr>
<tr><td>工作任务</td><td colspan="2">任务3.2　采光补光材料</td><td>学　时</td><td colspan="2"></td></tr>
<tr><td>班　级</td><td></td><td>姓　名</td><td></td><td>工作日期</td><td></td></tr>
<tr><td>工作内容与目标</td><td colspan="5">1.走访园艺设施基地、园区或设施材料专营店，熟悉园艺设施采光、补光材料的种类和特点
2.按照给定条件，引导学生完成园艺设施采光补光材料的科学选用</td></tr>
<tr><td>技能训练</td><td colspan="5">1.参观园艺设施基地，认识园艺设施的采光材料及其性能特点
2.参观园艺设施基地，认识园艺设施的补光系统及其应用</td></tr>
<tr><td>工作成果</td><td colspan="5">完成工作任务、作业、报告</td></tr>
<tr><td>考核要点（知识、能力、素质）</td><td colspan="5">知道园艺设施采光补光材料的类型与特征；
能完成园艺设施采光补光材料的科学选用；
独立思考，团结协作，创新吃苦，按时完成作业报告</td></tr>
<tr><td rowspan="3">工作评价</td><td>自我评价</td><td colspan="4">本人签名：　　　　　　　　年　　月　　日</td></tr>
<tr><td>小组评价</td><td colspan="4">组长签名：　　　　　　　　年　　月　　日</td></tr>
<tr><td>教师评价</td><td colspan="4">教师签名：　　　　　　　　年　　月　　日</td></tr>
</table>

任务相关知识点

绝大多数园艺设施都必须有采光覆盖材料，用以满足植物自身的光合作用，同时产生强烈的温室效应，使设施内的温度迅速升高，进行植物的反季节生产。温室等大型园艺设施中，还应该有补光系统，用于需要增加光照强度时或需要延长光照时间时，满足植株生长发育的需要。

3.2.1　采光材料

园艺设施的采光覆盖材料将植物与外界环境隔离，使植物处于一个相对封闭的更适于生长的可控环境条件之中。通过采光覆盖材料，植物生长的室内环境与外界环境之间不断进行着能量（光、热）和物质（水、气、肥等）的流动与交换，两者相互影响，相互作用。因此采光覆盖材料是园艺设施中最重要的材料之一，其特性直接影响着植物的生长。理想的采光材料应该透光性好、保温性好，坚固耐用，质量轻，便于安装，价格便宜等。目前，园艺设施中常用的采光覆盖材料主要有以下几类：

1)地膜

园艺生产中普遍应用的地膜大多为聚乙烯树脂。地膜的种类很多，按照其性质和功能，可以分为普通地膜、有色地膜和特殊功能性地膜。

(1)普通地膜

普通地膜指无色透明的聚乙烯薄膜。透光率高，增温效果好。按照其母料的差异，可以进一步分为高压膜(高压低密度聚乙烯膜/LDPE)、高密度膜(低压高密度聚乙烯膜/HDPE)和线型膜(线型低密度聚乙烯膜/LLDPE)三种。

(2)有色地膜

有色地膜指在聚乙烯树脂中，加入有色物质后制成的各种不同颜色的地膜，主要有以下几种：

①黑色膜　在聚乙烯树脂中加入2%~3%的炭黑制成，透光率仅10%，膜下杂草因光弱而黄化死亡。增温效果较差，能使土温升高1~3 ℃，适于夏季高温季节应用。

②银灰色膜　把银灰粉的薄层粘接在聚乙烯或聚氯乙烯的表面，制成夹层膜，或在聚乙烯树脂中掺入2%~3%的铝粉制成含铝膜，或将聚酯膜进行真空镀铝；具有隔热和反光作用，保温性好，并能提高株间的光照强度；还可以驱避蚜虫，控制病毒病的发生；增温效果较差，常用于夏季高温季节。在透明或黑色地膜的栽培部位，纵向均匀地印刷6~8条宽2 cm的银灰色条带，也可起到避蚜、防病毒病的作用。

此外，有色地膜还有绿色膜、双面膜和双色膜等。

(3)特殊功能性地膜

①除草膜　在聚乙烯树脂中加入适量的除草剂制成。覆盖后除草剂会析出，溶于地膜内表面的水珠中，水珠落入土壤杀死杂草。降低了除草投入，因存在地膜保护，药效持续期长。由于不同药剂适用于不同的杂草，使用时应注意各种除草膜的适用范围，以免产生药害。

②降解膜　在聚乙烯树脂中添加光敏剂制成光降解地膜，或在聚乙烯树脂是添加高分子有机物制成生物降解地膜，或在聚乙烯树脂中添加光敏剂和高分子有机物制成光生可控双降解地膜。地膜覆盖后，由于光的照射，薄膜自然崩裂成小碎片，被微生物吸收利用，对土壤、基质和植物均无不良影响。

此外，特殊功能性地膜还有耐老化长寿地膜、有孔膜及切口膜、红外膜和保温膜等多种。

2)塑料薄膜

塑料薄膜价格低廉，质轻，易于安装，是园艺设施中最常用的采光覆盖材料，按照其基础母料和功能的不同，可以分为聚乙烯(PE)薄膜、聚氯乙烯(PVC)薄膜和乙烯-醋酸乙烯(EVA)多功能复合膜等类型。

(1)聚乙烯塑料薄膜

这是一类以聚乙烯为母料吹塑而成的塑料薄膜。按照其功能不同，可以进一步分为以下几种：

①普通聚乙烯薄膜　由低密度聚乙烯(LDPE)树脂或线型低密度聚乙烯(LLDPE)树脂吹塑而成。透光性好,吸尘性弱,密度轻;耐低温性能强,但保温性能差,不耐高温;雾滴重,耐候性差,使用寿命4~5个月;不易黏合,并幅时只能热合。普遍应用于长江中下游地区,作春季提早和秋季延后覆盖生产;不适于高温季节的覆盖生产。

②聚乙烯长寿膜　以聚乙烯为基础树脂,加入紫外线吸收剂、防老化剂和抗氧化剂后吹塑而成。耐候性较好,使用寿命1.5~2年。一次性投资较大,但较普通PE膜经济。近年来应用面积迅速扩大。

③聚乙烯无滴长寿膜　以聚乙烯为基础树脂,加入防老化剂和防雾剂后吹塑而成。耐候性良好,使用寿命1.5~2年以上。薄膜具有流滴性,提高了透光率,无结露现象,无滴持效期可以达至5个月以上。适应各种棚型,也可以在大棚和温室内作二道幕覆盖应用。

④聚乙烯多功能复合膜　以聚乙烯为基础树脂,添加多种助剂,如无滴剂、保温剂、耐老化剂等,具有无滴、长寿、保温等多种功能。使用寿命在1年以上;保温性能优于聚乙烯膜,接近于聚氯乙烯膜;流滴持效期3~4个月,透光性好。适于各种塑料拱棚的覆盖和园艺设施的二道幕应用。

⑤薄型多功能聚乙烯膜　以聚乙烯树脂为基础母料,加入光氧化和热氧化稳定剂、红外线和紫外线阻隔剂。其厚度仅0.05 mm。覆盖后设施内部上、下层光照均匀;保温性能好;耐老化性优于普通PE膜;合且能抑制设施内病害发展。

(2)聚氯乙烯塑料薄膜

这是一类以聚氯乙烯为母料压延而成的塑料薄膜。按照其功能,可以分为以下几种:

①普通聚氯乙烯薄膜　由聚氯乙烯树脂添加增塑剂,经过高温压延而成。耐高温,不耐低温;保温性好;新膜雾滴较轻,透光性较好;吸尘性强,难以清洗;密度较大;使用寿命6个月左右。适于风沙小、尘土少的地区,特别适于需要夜间保温的北方地区。

②聚氯乙烯长寿无滴膜　在聚氯乙烯树脂中,添加增塑剂,光稳定剂或紫外线吸收剂等防老化助剂和防雾助剂压延而成。透光性好;防雾性好,流滴均匀性好且持久,流滴持效期可达4~6个月;使用寿命8~10个月。多用于日光温室果菜类蔬菜的越冬生产。

③聚氯乙烯长寿无滴防尘膜　在聚氯乙烯长寿无滴膜的基础上,在薄膜外表面涂敷一层均匀的有机涂料,阻止增塑剂、防雾剂向外析出。透光率高,防尘性好,无滴持效期较长,耐老化。

(3)乙烯-醋酸乙烯多功能复合膜

它是以乙烯-醋酸乙烯共聚物(EVA)树脂为主体的三层复合功能性薄膜。厚度0.10~0.12 mm。透光性较好,初始透光率不低于PVC膜;保温性高于PE膜并低于PVC膜,耐低温,耐冲击,不易开裂;无滴持效期8个月以上;耐候性强,强度高于PE膜并低于PVC膜,使用寿命1.5~2年。目前,这种薄膜是较理想的PE膜和PVC膜的更新换代材料。

此外,还有具有调光功能的薄膜,如漫反射膜、转光膜、紫色膜、蓝色膜、R/FR转换薄膜等。

(4)聚烯烃薄膜——PO 膜

PO 是英文单词 polyolefin 的简称,用中文表述就是聚烯烃。通常指乙烯、丙烯或高级烯烃的聚合物。其中以乙烯(PE)及丙烯(PP)最为重要。PO 膜是由日本、韩国采用高级烯烃的原材料及其他助剂,采用外喷涂烘干工艺而产出的一种新型农膜。其与市场上传统 PE 膜及 EVA 膜比较优势突出。2010 年之前,PO 膜尚未实现国产,多从日本、韩国等进口,虽性能优异,但价格极高,使用极少。近年来,PO 膜国产化速度极快,2017 年产量已经超过 7 万吨,迅速取代其他种类棚膜,价格逐步下落,已被多数地区认可,成为山东(寿光、青州)、河南(濮阳、安阳)等地的主要农膜品种。PO 膜发展前景广阔,从性能、环保、节能、经济等角度考虑将是替代现有薄膜,成为我国薄膜生产和应用的主流品种之一。

①PO 膜的性能优势　一是透光率最高。PE 膜的透光率是 90%,EVA 膜的透光率是 85%,而 PO 膜的透光率可达 95%以上。二是消雾流滴性极佳。PO 膜通过特殊工艺处理的消雾流滴技术可以长久保持,一直到棚膜撤换,可以说伴随农膜终生。三是物理性能更好。PO 膜材质最为柔软,EVA 稍硬,PE 膜明显硬。PO 膜抗拉能力强,不容易穿透,不容易变形。尤其是在高温条件下,PO 膜性质更为稳定。普通的 PE 膜和 EVA 膜熔点只有 120 ℃,用开水烫一下性状就会明显变化,迅速变软。而 PO 膜熔点则在 180 ℃,开水烫过后性状变化不大。四是使用寿命更长。不管厚度如何,其他种类的棚膜多数都是一年一换,而同样厚度的 PO 膜,因为其更好的透光率、消雾流滴性,可以 3 年甚至 5 年更换一次。五是防静电、不粘尘。表面防静电处理。无析出物,不易吸附灰尘,达到长久保持高透光的效果。

②PO 膜的效果　一是增产增收、提早上市。透光性能好,光合作用旺盛,温度高,产量自然就高,可提高 10%~25%。作物生长快,一般可提早上市 5~10 天。二是作物色泽鲜艳,口感好,品质高。普通薄膜的紫外线透过率很低, PO 膜适度的紫外线透过,使棚内近似大田种植环境。种植的作物果实着色鲜艳、均匀、口感好、品质优越。三是减少病虫害,适合无公害蔬菜生产。PO 膜使棚内光线充足,提温快,放风早,相对湿度减小,病虫害就轻。紫外线透过多,杀菌性能好,可减少用药次数 30%以上。非常适合绿色环保蔬菜种植。

3)硬质塑料板材

硬质塑料板材即聚碳酸酯树脂板(PC 板),其厚度在 0.2 mm 以上。考虑到温度变化引起的采光材料收缩及散光性等,园艺设施上多用双层中空平板(又称阳光板、PC 中空板)和瓦楞状的波纹板。阳光板的厚度为 6~10 mm,波纹板的厚度为 0.8~1.1 mm。

PC 板表面有防老化的涂层,对光稳定,耐候性强,使用寿命达 15 年以上;耐冲击性优良;有良好的耐热性和耐低温性;阻燃性好,属自熄性材料;透气性小,保温性能好。其缺点是抗疲劳强度差,容易产生开裂,抗溶剂性差,耐磨性欠佳;不耐紫外光。适于用园艺设施中的连栋温室的采光覆盖材料。目前最为常用的是阳光板。阳光板主要有以下特性:

(1)质轻

阳光板的质量是相同厚度的玻璃重量的 1/15 至 1/12;安全不破碎,易于搬运、安装,可降低园艺设施的自重,简化结构设计,节约运输、安装费用,降低成本。

(2)耐冲击

PC 是热塑性塑料中抗冲击性最强的一种,且能在相当宽的温度范围内(-40~120 ℃),长时间保持良好的抗冲击性能,以免在运输,安装和使用过程中破碎。

(3)抗紫外线、抗老化

阳光板的表面经防紫外线特殊工艺处理,保证了产品对紫外线辐射的稳定性,防止板材因分解而褪色以及透光率下降,对人体和植物有害的紫外线几乎不能透过(透光率约为万分之一)。另外,人体或植物产生的远红外线亦不易透过,与玻璃相比,温室效应更明显。

(4)透光性

阳光板的透光率较高,且透光性不会衰减,可以减少热量聚集,获得适宜的室内温度;且能阻挡太阳光中最强的部分,使透过的光线柔和。

(5)耐热、耐寒性

阳光板的耐温差性极好,能适应从严寒到高温的各种恶劣天气变化。

(6)保温性

阳光板为特殊的中空结构,与普通玻璃和其他塑料相比有更低的导热率(K),从而使热量损失大大降低,如表3.1所示。

表3.1 不同材料的热损失值

材　料	K值/($W \cdot m^{-2} \cdot ℃$)
4 mm 玻璃	5.8
4 mm 双层玻璃	3.0
4 mm 实心有机玻璃	5.3
1.2 mm 波纹纤维板	6.4
6 mm 阳光板	3.7
8 mm 阳光板	3.6
10 mm 阳光板	3.4

(7)阻燃性

阳光板的自燃温度为630 ℃(木材为220 ℃)。另外,阳光板在强烈火焰燃烧时,不会熔化滴落,不会助长火势的蔓延,燃烧过程中不会产生如氰化物、丙烯醛、氯化氢、二氧化硫等毒性气体,且离火后自动熄灭。

(8)防结露性

空气中的水分遇上低于其露点温度的表面时会发生凝结现象,凝结的水滴会降低采光覆盖材料的透光率。同时,水滴会对下面的植物或一些仪器设备造成损伤。阳光板不易发生水分凝结现象,如玻璃在室外温度为0 ℃,室内温度为23 ℃,相对湿度为40%时,内表面会结露,而阳光板则要达到相对湿度80%时内表面才会结露。

(9)抗化学性

阳光板具有良好的抗化学性,在室温下能耐各种稀有机酸、无机酸、植物油、中性盐溶液、脂肪烃以及酒精的侵蚀。

4)玻璃

玻璃的主要成分是二氧化硅,其保温性和透光性均好,是最早使用的园艺设施采光覆盖材料。在塑料薄膜问世前,玻璃几乎是唯一的园艺设施采光覆盖材料。目前,玻璃常用于玻璃温室的采光覆盖。园艺设施中常用的玻璃有平板玻璃、钢化玻璃和红外线吸收(热吸收)玻璃。

玻璃的厚度一般为 3 mm 和 4 mm,对透光率的影响不大,随厚度的增加透光率略有下降。玻璃的透光率与光线入射角有很大关系。入射角<45°时,透光率变化不大;入射角>45°时,透光率明显下降;入射角>60°时,透光率急剧下降。玻璃的增温性能强;而红外线吸收玻璃增温能力较弱,有利于降低夏季温室内的温度。由于玻璃对热辐射(即远红外辐射)的透过率极低,因此具有较强的保温能力。

另外,玻璃是所有采光覆盖材料中防尘性、耐腐蚀性、耐候性最强的材料,使用寿命可以达到 40 年。其透光率很少随时间变化;玻璃的亲水性也很好;热膨胀系数较小,安装后很少因热胀冷缩损坏。

但是玻璃的质量重,要求园艺设施的支架粗大;且玻璃不耐冲击,易破损,破损后易伤害操作人员和植物。因此,在容易发生冰雹的地区,可以采用钢化玻璃,钢化玻璃破碎时呈小碎块,不易伤及人和植物,但造价高,且易老化,透光率衰减快,不能修补。

3.2.2 补光系统

大型园艺设施,如日光温室和智能温室中,通常应设置补光系统。其主要目的是补充光照强度、延长光照时间,所以要选择光谱性能好、发光效率高、光照强度大的光源,同时应考虑选用价格便宜、使用寿命较长的光源。其中光谱性能好是指其光源能量分布符合植物生长的需用光谱。根据植物对光谱的吸收性能分析,蔬菜植物的光合作用主要是在 400~500 nm 蓝紫光区和 600~700 nm 的红光区,所以要求光源有丰富的红色光和蓝紫光。另外,对于覆盖聚氯乙烯薄膜的日光温室,透过紫外线不足,还要求光源光谱中包含有 300~400 nm 的紫外光谱。发光效率指单位电功率发出的光量大小。光源的发光效率越高,单位电功率发出的光量越大,相同的照度水平所消耗的电能就越小,因此,应选择发光效率高的光源。

目前,温室中的常用人工光源有白炽灯、荧光灯、高压水银灯、金属卤化物灯和氙灯等。白炽灯是热辐射,红外线比例较大,发光效率低,但价格便宜,主要应用于调节植物光周期的照明光源。荧光灯的发光效率高、光色好、寿命较长、价格低,但单灯功率较小,通常用于育苗温室。高压水银灯的功率大、寿命长、光色好,适于对温室的光照强度的补充。金属卤化物灯具有光效高、光色好、寿命长和功率大的特点,为当前最理想的人工补光光源。

为使补光系统产生的光谱能够模拟太阳光谱,可以将发出连续光谱的白炽灯和发出间断光谱的日光灯搭配使用。一般按每 3.3 $m^2$120 W 左右的用量确定光源的数量。光源应距离植株和采光材料各约 50 cm 远,以免灼伤植株、烤化薄膜。

3.2.3 LED 补光灯

光照是影响植物生长发育的首要因素,因此,深入研究农业照明对光的需求特性、规律和光控基准,创新性地开发适宜于农业照明的智能控制补光系统,为农业照明提供高效的光照环境是一项重要工作。

在农作物生长过程中，光照条件对农作物的生长速度、产量以及品质都具有重要的影响。现阶段我国大部分设施农业仍依靠白炽灯、卤钨灯、高压水银荧光灯、高压钠灯等作为光源对植物进行补光，这些传统的补光方法存在着光谱匹配不理想、光能利用率低、未考虑其他环境因素的影响等缺点，其能耗过高导致难以在实际生产中形成较高投入产出比。

随着半导体技术的发展，采用LED冷光源作为补光灯光源的方案也已被提出，可在一定程度解决上述补光光源的问题。但由于大部分研发方案和产品仍采用定光强、定光质的补光方式，未考虑不同植物不同阶段需光量的差异，造成补光不足和补光过度并存的现象，仍未能真正意义上解决低能耗精准化补光的问题。

2012年日本Mitsubishi公司就开始销售LED照明植物工厂系统，俄罗斯圣彼得堡市Mir Upakovki公司购买了其首套设备。2014年Philips携手美国芝加哥农业企业Green Sense Farms（GSF）建立了全球最大室内LED补光应用农场，针对不同植物品种建立LR（Light recipes，LR）数据库，通过LR的应用完善了数据库，使农场植物在1年中会有20~25次采收。另外，SHARP在迪拜建设并运行的草莓植物工厂实验楼，引进先进电子技术，使用包括LED补光控制技术以及基于等离子簇技术的空气管理技术等，针对草莓在沙漠等地方的农业生产进行研究，试验成功后考虑将业务拓展至中东及其他地区。

我国也在积极策划拟建成一座新型植物工厂，并打造成为具有代表性的全国农业生产示范基地。建设无土栽培、墙式栽培、多层水培、空中栽培和鱼菜共生等一系列具有特色的园区，集观光游览、技术展示、科普教育于一体的现代高科技农业精品主题植物生产教育基地。无论从促进现代化农业发展角度，还是节能环保的角度，大力推广LED及其智能控制技术在农业照明领域的应用都具有重要意义，而农业地位以及其发展需求也为LED照明业提供了发展机遇。

LED补光灯的作用主要有三个方面，一是温室补光目前用于温室人工补光的光源有钠灯、金卤灯和荧光灯等，其红外和绿光光谱成分较多，而农作物光合作用所需的红蓝光成分相对较少，使其光能利用率低下且运行成本较高。LED灯因其结构紧凑、转换效率高、节能和寿命长，被认为是植物工厂最理想的光源，有人称之为“人造太阳”。提高了设施抵御阴雨天光照不足造成减产的能力。二是根据植物生长需求对LED灯的定时、开关、调光和调色等进行远程集中管理，并通过光配方对植物的生长和开花周期进行调控。三是应用于植物工厂的光源，LED将补光调控技术用于农业栽培，可提高作物光合作用效率，促进生长并减少农药使用，利于发展高效无污染的现代农业。利用LED点光源及定向照射的特点，将其设计成灯带穿插于植株间进行侧面照射，并通过LR可控与智能控制技术及自动化手段的结合应用，在户外温室利用太阳光和人工光互补，提高光利用率并满足农作物生长需求，使植物在的最佳模式下生长。

无论从促进现代化农业发展角度，还是节能环保的角度，大力推广LED及其智能控制技术在农业照明领域的应用都具有重要意义，而农业地位以及其发展需求也为LED照明业提供了发展机遇。LED补光灯发展应用前景比较广阔。

任务3.3 温度调控系统

活动情景 温度是园艺设施内非常重要的环境因子。园艺设施生产中，应根据园艺植物的生长发育要求和栽培目的，对设施内的温度进行调控管理，这就需要在设施结构设计中，考虑温度调控系统的设备、安装与操作等问题。本任务旨在了解园艺设施内温度调控系统的类型，清楚主要温度调控系统的结构组成与应用。

工作过程设计

工作任务	任务3.3 温度调控系统	教学时间	
任务要求	1.清楚园艺设施的主要温度调控系统 2.熟悉园艺设施温度调控系统的设备组成及操作应用		
工作内容	1.参观大型园艺设施基地或园区，调查不同的温度控制系统 2.清楚园艺设施温度调控系统的结构组成与操作技术		
学习方法	以课堂讲授和自学完成相关理论知识学习，以田间项目教学法和任务驱动法，使学生清楚园艺设施温度调控系统的基本类型与设备		
学习条件	多媒体设备、资料室、互联网、大型园艺设施基地等		
工作步骤	资讯：教师由园艺设施内的温度环境引入任务内容，进行相关知识点的讲解，并下达工作任务； 计划：学生在熟悉相关知识点的基础上，查阅资料收集信息，进行工作任务构思，师生针对工作任务有关问题及解决方法进行答疑、交流，明确思路； 决策：学生在教师讲解和收集信息的基础上，划分工作小组，制订任务实施计划，并准备完成任务所需的工具与材料，避免盲目性； 实施：学生在教师辅导下，按照计划分步实施，进行知识和技能训练； 检查：为保证工作任务保质保量地完成，在任务的实施过程中要进行学生自查、学生互查、教师检查； 评估：学生自评、互评，教师点评		
考核评价	课堂表现、学习态度、任务完成情况、作业报告完成情况		

工作任务单

工作任务单			
课程名称	园艺设施	学习项目	项目3 园艺设施材料及配套设施
工作任务	任务3.3 温度调控系统	学 时	

续表

<table>
<tr><td colspan="6">工作任务单</td></tr>
<tr><td>班 级</td><td></td><td>姓 名</td><td></td><td>工作日期</td><td></td></tr>
<tr><td>工作内容与目标</td><td colspan="5">1.走访大型园艺设施基地或园区,熟悉园艺设施的温度调控系统
2.学习园艺设施温度调控系统的结构组成与温度控制</td></tr>
<tr><td>技能训练</td><td colspan="5">1.到园艺设施生产园区参观设施内部,认识园艺设施的不同温度调控系统
2.组织学生了解温度控制系统设备组成与操作技术</td></tr>
<tr><td>工作成果</td><td colspan="5">完成工作任务、作业、报告</td></tr>
<tr><td>考核要点(知识、能力、素质)</td><td colspan="5">知道园艺设施温度调控系统的类型;
能利用温度调控系统进行园艺设施的温度调控;
独立思考,团结协作,创新吃苦,按时完成作业报告</td></tr>
<tr><td rowspan="3">工作评价</td><td>自我评价</td><td colspan="4">本人签名: 年 月 日</td></tr>
<tr><td>小组评价</td><td colspan="4">组长签名: 年 月 日</td></tr>
<tr><td>教师评价</td><td colspan="4">教师签名: 年 月 日</td></tr>
</table>

任务相关知识点

自然环境中的温度随季节的变化发生着相应的变化,园艺设施内的温度环境尽管不同于外界自然环境,但是也会随着外界温度的变化而变化,甚至出现超越植物适应温度范围的高温或低温情况。这就要求园艺设施应具有调控温度的设备系统。例如,夏季高温季节的降温设备,以降低园艺设施内的温度;冬季低温季节的加温设备,用于园艺设施的增温。这样,才能尽可能满足植物生长发育对温度的需要,提升园艺设施的生产效果。

3.3.1 加温系统

加温是冬季温室内温度环境调控的最有效手段,但会造成能源的消耗和生产成本的增加。因此,园艺设施的配套设备设计中,必须选择合适的加温方式,合理配置加温设备,在满足植物生长需要的同时,尽可能节省能源,降低设施的运行成本。

温室的加温方式有热风、热水、蒸汽加温,还有电热加温、辐射加温、太阳能蓄热加温等多种。我国农村还广泛采用炉灶煤火简易的加温设备。

1)热风加温系统

用带孔的送风管道将热风送入设施内,主要用于连栋温室、日光温室或连栋塑料大棚中。热风加温的热媒为空气,优点是使用灵活,热风直接加热温室内的空气,热风温度通常可以比室温高 20~40 ℃,加温迅速,温度上升快。热风加温系统的设备较简单,成本低,按设备折旧计算的每年费用,只有热水加温系统的 1/5 左右。另外,热风加温设备还具有安装和移到使用方便的优点。其主要缺点是由于空气热容量小,温度变幅较大、不很稳定。

热风加温系统的主要设备是燃油暖风机或燃煤热风炉，以及将热风均匀输送分配至温室内各个部位的送风管道。由于燃料燃烧产生的烟气中常含有二氧化硫、一氧化碳和氮氧化物等有害气体，因此热风设备中是利用热交换装置将洁净空气加热成热风送出，再将烟气排出室外。

DRG-38-1型温室热风加温系统（图3.1），主要由热风炉、送风机、送风管道和调节装置等组成。其工作原理是，热风炉加热后的空气由送风机经送风管道送入温室，在温室内循环，热风温度下降释放热量，补充室内的热量消耗，起到加温的作用。加温系统是一个机械循环系统，回风使用温室内的空气，靠送风机的作用，使温室内的空气经回风筒、风机出口进入热风炉被重新加热后，再送入温室。送风道和回风道均设有阀门，用于调节风量，当停止送风时，阻止空气进入风道和热风炉。回风口处设置有新风门，用于补充新鲜空气，使回风量下降，回风速度减小，缩小回风口处的负压。

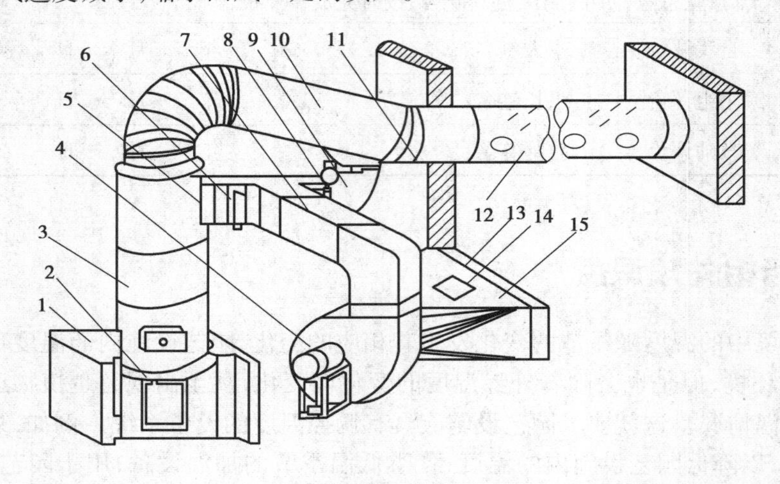

图3.1　DRG-38-1型温室热风供暖系统

1—炉座；2—热风炉避风门；3—热风炉；4—送风机；5—进风筒；6—热风炉风量调节阀；
7—风机出风道；8—冷风调节阀门；9—冷风风道；10—热风输送管道；
11—送风调节阀门；12—送风管道；13—回风调节阀；14—新风门；15—回风筒

此热风炉为燃烧式，间接加热介质使进入温室的热空气清洁无污染。炉体的设计为二回程，燃烧后的煤气通过二回程后排出，降低了排烟温度。进入热风炉的空气首先与外烟循环交换热量，再进入主换热区与炉膛壁换热，可以充分换热、节省能源、提高出口空气的温度。

热风加温系统的暖风设备布置方式有暖风环流和管道送风两种。暖风环流式是直接吹送热风，靠热风出口射流完成热风的分布和扩散。为了使热风分布均匀，需要采用一定数量的风机，形成接力，使温室内空气循环流动（图3.2）。暖风机送风距离约为15 m，端部冷风机一般距墙3 m左右。此种方式室内均匀性较差，适宜在小型温室内采用。管道送风可以实现热风均匀配送，需要合理布置管道。热风通过沿管道长度分布的若干送风孔口送入温室（图3.3），管道、孔口大小和间距按正压等量送风管道进行设计。温室面积较大时，需要设置多道风管，使热风均匀分布。

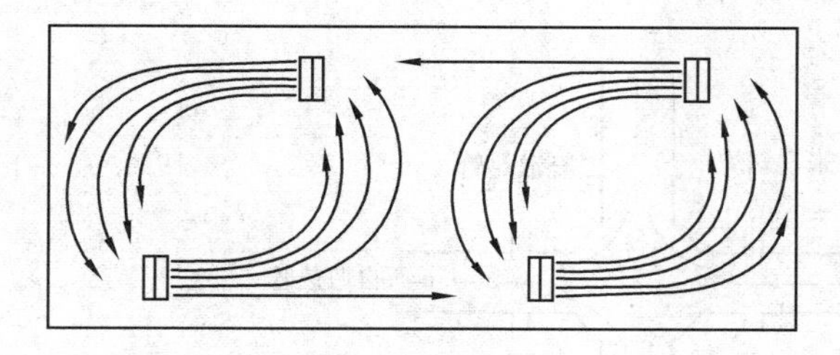

图 3.2 循环布置方式暖风机布置

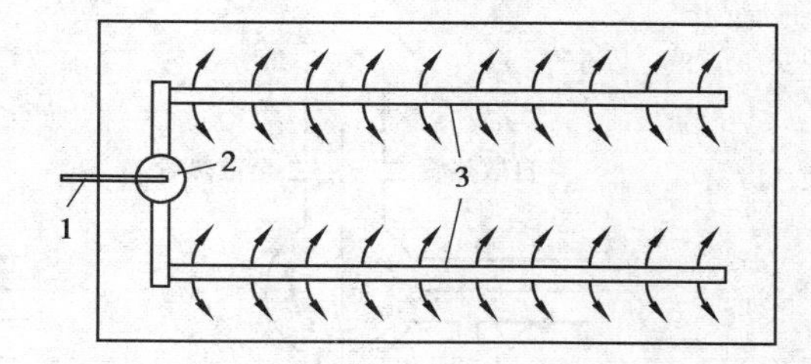

图 3.3 管道送风的热区送暖布置

1—排烟管;2—暖风机;3—塑料热风管

2)热水循环加温系统

用散热片散发热量,加温均匀性好,但费用较高,主要用于玻璃温室以及其他大型温室和连栋塑料大棚中。热水循环加温系统由锅炉、输水管、主调节组、分调节组和轨道式散热管等组成(图 3.4)。在加温调节和控制中,调节组是最为关键的环节。主调节组和分调节组分别对主输水管道、分输水管道的供水温度进行一级和二级调节。主调节组和分调节组中分别安装有三通和四通电动调节阀(图 3.5)。电动调节阀是调节组中最关键的执行部件,可以按照计算机系统的指令调节阀门叶片的角度,进而调节输送到散热管道中的热水温度。叶片的转动范围有两种类型:一种叶片的转动范围是 0°~90°;另一种是 0°~120°。同时设有工作特性因子,其取值不同,调节阀的工作特性也不同。当特性因子为 5 时,输入信号同叶片的旋转角度为线性正比例关系(图 3.6)。另外,为了更好地利用调节阀的工作特性,叶片旋转角度的起止范围可以界定,起始角度为 0°~60°,终止角度为 60°~120°。

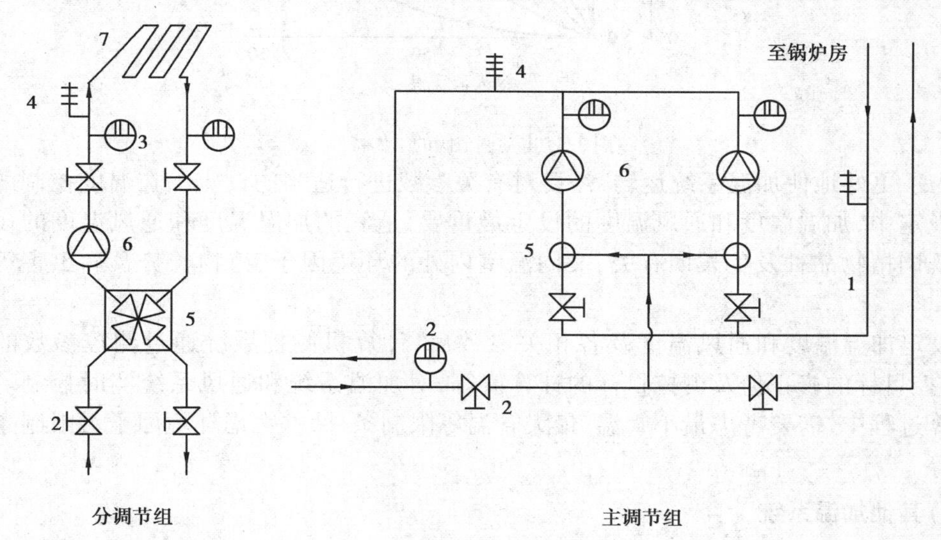

图 3.4 加热系统的组成

1—输水管;2—阀;3—温度表;4—排气阀;5—比例调节阀;6—循环泵;7—轨道式散热管道

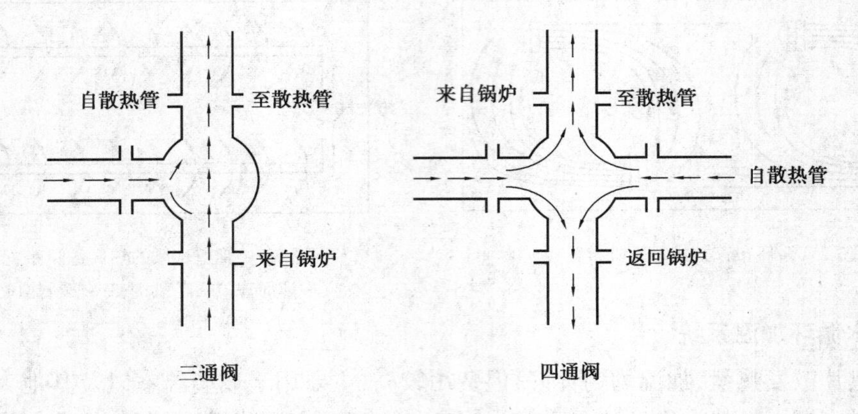

图 3.5　电动调节阀

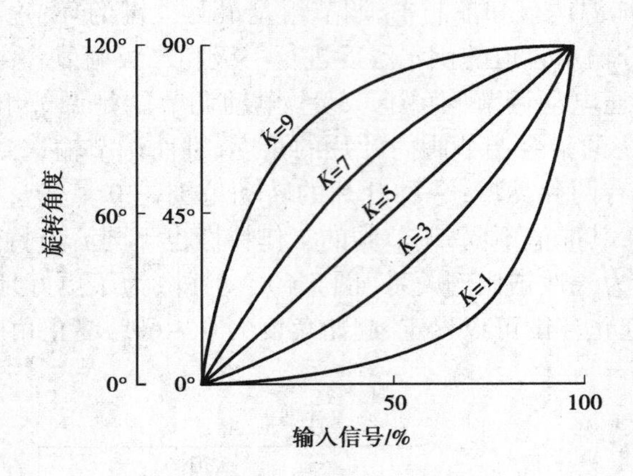

图 3.6　电动调节阀的工作特性

为了更好地使加温系统运转,需要对有关参数进行适当的设定。在温度控制的所有参数设定中,加温温度和通风温度的设定最重要,适宜的加温温度和通风温度的设定和调整既同植物品种及生长期有关,又同温室内外的环境因子、植物长势及病虫害等因素有关。

设定加温温度和通风温度及各相关参数后,计算机测控系统通过测控参数的实测值、测控目标的修正值及测控目标的计算值等,对加温系统和通风系统实时控制。在实时计算过程中,需要考虑最小管温、最大管温等限制条件,并考虑环境因子对限制条件的修正等。

3)其他加温系统

①火炉加温　用炉筒或烟道散热,将烟排出设施外。该法多见于简易温室及小型加温温室。

②明火加温　在设施内直接点燃干木材、树枝等易于燃烧且生烟少的燃料进行加温。加温成本低,升温也比较快,但容易发生烟害。该法对燃烧材料以及燃烧时间的要求比较严格,主要作为临时应急加温措施,用于日光温室以及普通大棚中。

③火盆加温　用火盆盛烧透了的木炭、煤炭等,将火盆均匀排入设施内或来回移动火盆进行加温。方法简单,容易操作,并且生烟少,不易发生烟害,但加温能力有限,主要用于

育苗床以及小型温室或大棚的临时性加温。

④电加温　主要使用电炉、电暖器以及电热线等，利用电能对设施进行加温，具有加温快，无污染且温度易于控制等优点，但也存在着加温成本高、受电源限制较大以及漏电等一系列问题，主要用于小型设施的临时性加温。

知识拓展

保温系统

1）多层覆盖

多层覆盖材料主要有塑料薄膜、草苫、纸被、无纺布等。

（1）塑料薄膜

塑料薄膜主要用于临时覆盖。覆盖形式主要有地面覆盖、小拱棚、保温幕以及覆盖在棚膜或草苫上的浮膜等。一般覆盖一层薄膜可提高温度2～3 ℃。

（2）草苫

覆盖一层草苫通常能提高温度5～6 ℃。生产上多覆盖单层草苫，较少覆盖双层草苫。必须增加草苫时，也多采取加厚草苫法来代替双层草苫。不覆盖双层草苫的主要原因是便于草苫管理。草苫数量越多，管理越不方便，特别是不利于自动卷放草苫。

（3）纸被

纸被多用作临时保温覆盖或辅助覆盖，覆盖在棚膜上或草苫下。一般覆盖一层纸被能提高温度3～5 ℃。

（4）无纺布

无纺布主要用作保温幕或直接覆盖在棚膜上或草苫下。

2）设置防寒沟

在设施的四周挖深50 cm左右、宽30 cm左右的沟，内填干草，上用塑料薄膜封盖，减少设施内的土壤热量散失，可使设施内四周5 cm地温增加4 ℃左右。

3）夹设风障

夹设风障一般多于设施的北部和西北部夹设风障，以多风地区夹设风障的保温效果较为明显。

3.3.2　通风降温系统

在高温季节，由于外界太阳辐射较强，园艺设施内的气温往往高达40 ℃以上，远远高于植物生长发育的适宜温度。因此，园艺设施的环境调控设备设计中需要有降温系统的设计，使设施内的环境温度能够满足植物生长的需要。

1）通风降温

大型园艺设施内的通风设备包括自然通风系统和机械通风系统两种。

（1）自然通风系统

自然通风系统的设置，要求有足够的通风能力，同时室内气流应合理分布，通风系统操

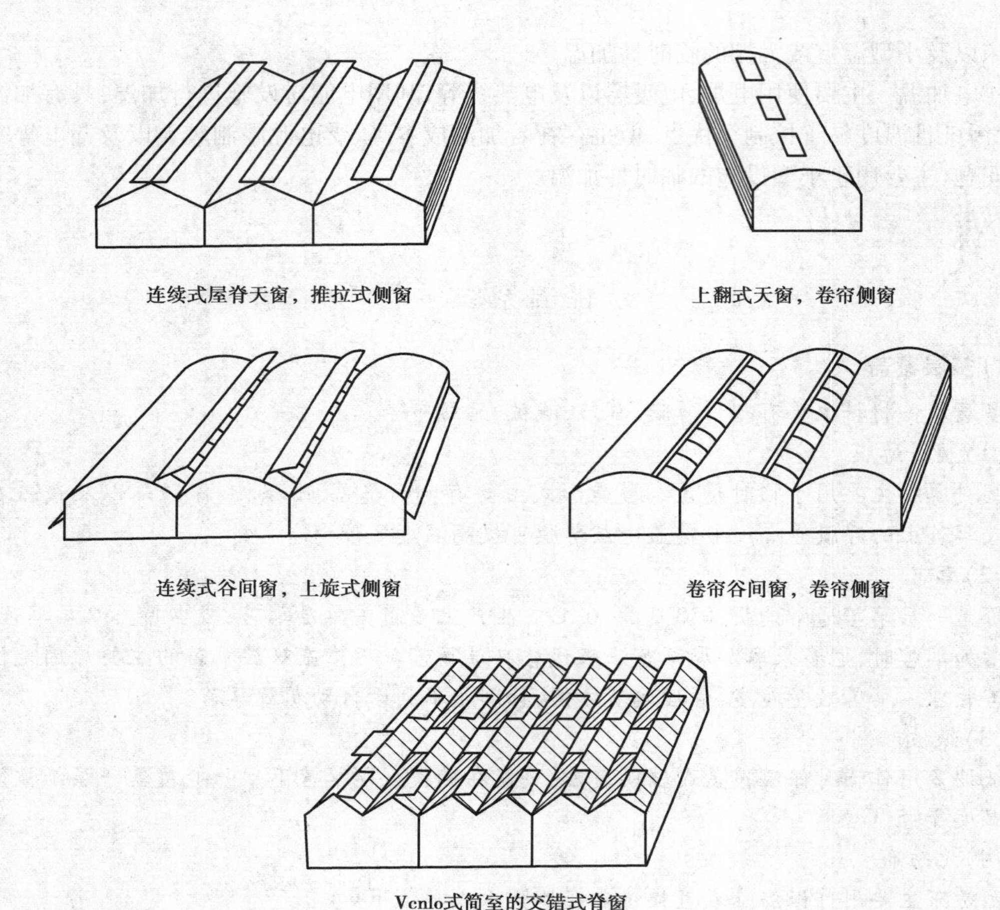

图 3.7　几种通风窗的设置形式

作控制应比较方便。常见的自然通风系统设置如图 3.7 所示。为了保证热压通风的良好效果，通风的进、排风口的高度差应较大，通常在侧墙下部设置进风口，在屋面上设置排风口。天窗设置在屋脊处时，可以获得最高的排风口位置。但是在覆盖塑料薄膜的设施中，通常将天窗设置在谷间，以减少屋面覆盖薄膜的接缝，并方便开窗机构的布置。

为了在有风时利用风压增大自然通风量，通风窗口的设置常常使风压通风和热压通风的气流方向一致。天窗排风的方向一般在当地主导风向的下风方向，以免风从天窗处倒灌。屋脊天窗可以对两侧天窗的开关分别控制，以适应不同的风向。

塑料大棚和日光温室主要采用自然通风方式。较为简便的通风方法是在覆盖的塑料薄膜上"扒缝"，或揭开部分薄膜。扒缝通风时，在外界气温较低的时期，扒缝高度应在离地 1 m 处或棚顶，以防外界冷空气直接吹向植物。日光温室也可以在北墙上设置通风窗。

(2)机械通风系统

温室的机械通风一般有进气通风系统、排气通风系统和进排气通风系统三种。

①进气通风系统(正压通风系统)　采用风机将室外新鲜空气强制送入室内，使室内空气压力形成高于室外的正压，迫使室内空气从排气口排出。其优点是对设施的密闭性要求不高，而且便于在需要对进风进行加温处理时，在风机进风口加装加温设备(暖风机)。

缺点是风机出风口朝向室内，风速较高，大风量时易造成吹向植物的风速过高，室内气流分布不均，因此难以采用较大通风量。为了使气流在室内均匀分布，通常在风机出风口连接塑料薄膜风管，通过风管上的小孔将气流均匀地分配输送到室内（图 3.8(a)）。

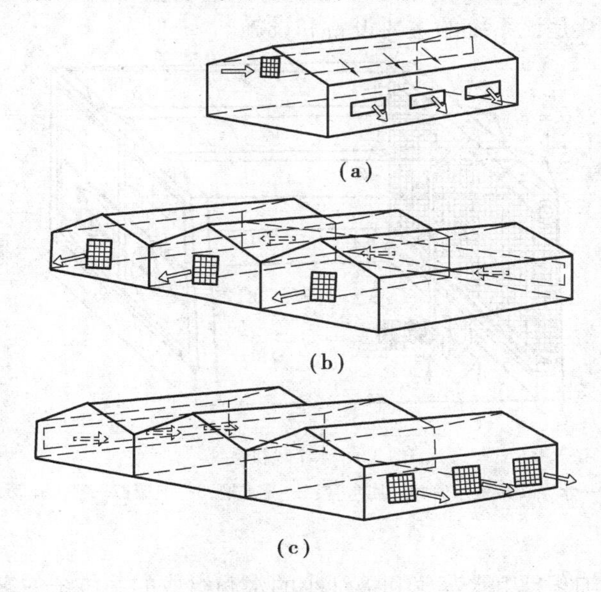

图 3.8　机械通风的几种形式

②排气通风系统（负压通风系统）　将风机布置在排风中，通过风机向室外排风，使室内空气压力形成低于室外压力的负压，室外空气从温室的进风口被吸入室内。其优点是便于实现大风量的通风，因气流速度较高的风机出风口一侧是室外，不会产生吹向植物的过大风速。适当设置风机和进风口的位置，能使室内气流达到比较均匀地分布，而且在温室需要安装降温设备时，便于在进风口安装湿帘等设备。因此，此系统在目前温室中使用最为普遍。但系统运行时要求温室有较好的密闭性，特别是在靠近风机处，不能有较大的漏风，防止气流“短路”，保证室外空气从设置的进风口进入，流经全室，使室内气流按要求分布合理，以免室内出现气流的死角。

排气通风系统一般将风机安装在温室的一面侧墙或山墙上，将进气口设置在远离的相对墙面上（图 3.8(b)、(c)）。风机安装在山墙与安装在侧墙的情况相比，因室内气流平行于屋面方向，通风断面固定，通风阻力小，室内气流分布均匀，因此较多采用这种设置方式。另外，应当使室内气流平行于室内植物种植行的方向，以减小植物对通风气流的阻力。排气通风系统的风机和进风口间距离一般应为 30~70 m，过小则不能充分发挥其通风效率，过大则从进风口至排风口的室内空气温升增大过多。

2）湿帘—风机降温

一些园艺植物，特别是花卉，它们要求的室温低于 28 ℃，当外界气温超过 35 ℃时，这种情况下无论自然通风或强制通风均不能满足要求。此时，应利用湿帘—风机降温系统进行降温。

当风机工作时，室内形成负压，造成室内外的压差。于是外界压力较高、含水量较低的空气便从多孔、湿润的湿帘穿过，此时湿帘中的吸水物质（如牛皮纸、棕绳、杨木丝等）表面的液态水与未饱和的空气接触过程中蒸发为水蒸气，同时从空气中吸收大量的热量。因此，进入室内的空气温度下降了。系统连续运行，就可以使温室的温度降低到园艺植物生长需要的水平。图 3.9 是该系统的主要设备和设施。

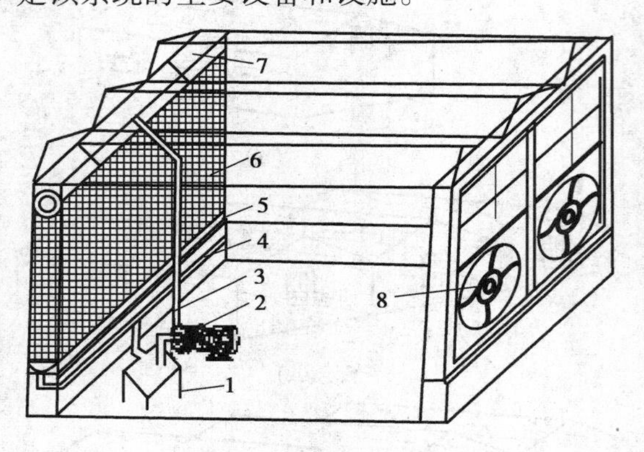

图 3.9 水帘风机系统

1—水池；2—水泵；3—输水管；4—回水管；5—集水槽；6—湿墙；7—喷水孔管；8—风机

3）喷雾降温

喷雾系统喷出的细雾是由水蒸气和极细小的水滴组成的。传统的雾气产生方式是水经过高压过程通过极小的洞（喷嘴）而产生的。细雾悬浮在空气中，并维持一段时间，可以完全蒸发。另外，雾气的产生也可以通过超声波振荡或旋转离心的方式产生。因此，按照雾化原理不同，喷雾降温可以分为高压雾化系统、低压射流雾化系统和加湿降温喷雾机等几种。

（1）高压雾化系统

温室降温其最佳的雾粒直径为 0.17 mm，造成的微雾浓度适中，还有一定的遮光效果。另外，这种微雾在蒸发前弥漫于植物附近，可以大幅度地降低植物对灌溉的需求。夏季温室采用喷雾降温，需要风机配合使用，以满足夏季降温必需的通风量，并确保植物需要的温度和湿度。

（2）低压射流雾化系统

其雾化原理为气力雾化，系统不需要高压水泵，水系统的工作压力仅 0.2~0.4 MPa，系统需要增加压缩空气。目前，这种雾化设备只有少数生产厂家能够提供，园艺设施中应用较少。

（3）加湿降温喷雾机

利用高速离心机和轴流风机的复合作用，将水变成水雾喷射出来，再利用喷出的水雾蒸发，从而使周围环境中的温度下降、湿度增加。同时，由于风机的作用使空气产生对流，还能起到环流风机的作用。喷雾机可以固定安装；也可以单独移动，这比较适合于面积较小的温室、使用灵活的场合。

图 3.10 为常用的加湿降温喷雾机，由水池、水泵、输水管、喷头、喷雾室和风机组成。在喷雾室和风机间设置折式挡水板，以防悬浮雾滴随气流进入温室导致湿度增高。通常将喷雾室和风机固定在墙上，也可以安装在移动架上，配置输水软管，由自来水供水，构成移动式喷雾降温风机。

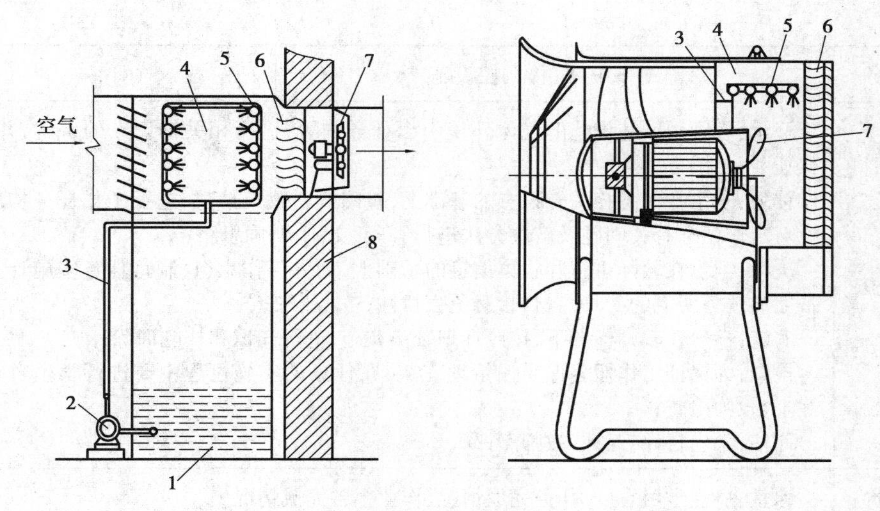

图 3.10 喷雾蒸发式降温设备示意图

1—水池;2—水泵;3—输水管;4—喷雾室;5—喷头;6—挡水板;7—风机;8—墙体

任务 3.4 气体调控设施

园艺设施内的气体环境与外界不同,在园艺设施的结构设计中,需要按照设施环境的需要,安装气体调控设备及其系统。本任务旨在学习园艺设施内的主要气体调控系统及设备,为设施生产中的气体环境调控作好准备。

工作过程设计

工作任务	任务 3.4 气体调控设施	教学时间	
任务要求	1.熟悉园艺设施内的气体调控设备系统 2.了解园艺设施气体调控设备的结构组成与应用		
工作内容	1.调查不同园艺设施的气体调控设备 2.了解园艺设施气体调控系统的类型与结构组成		
学习方法	以课堂讲授和自学完成相关理论知识学习,以田间项目教学法和任务驱动法,使学生学会园艺设施气体调控系统的操作管理		
学习条件	多媒体设备、资料室、互联网、各类园艺设施等		

续表

工作任务	任务 3.4　气体调控设施	教学时间	
工作步骤	资讯:教师由园艺设施的气体环境引出任务内容,进行相关知识点的讲解,并下达工作任务; 计划:学生在熟悉相关知识点的基础上,查阅资料收集信息,进行工作任务构思,师生针对工作任务有关问题及解决方法进行答疑、交流,明确思路; 决策:学生在教师讲解和收集信息的基础上,划分工作小组,制订任务实施计划,并准备完成任务所需的工具与材料,避免盲目性; 实施:学生在教师辅导下,按照计划分步实施,进行知识和技能训练; 检查:为保证工作任务保质保量地完成,在任务的实施过程中要进行学生自查、学生互查、教师检查; 评估:学生自评、互评,教师点评		
考核评价	课堂表现、学习态度、任务完成情况、作业报告完成情况		

工作任务单

工作任务单					
课程名称	园艺设施		学习项目	项目 3　园艺设施材料及配套设施	
工作任务	任务 3.4　气体调控设施		学　时		
班　级		姓　名		工作日期	
工作内容与目标	1.调查各类园艺设施,熟悉园艺设施的主要气体调控设备 2.清楚不同的园艺设施气体调控系统的结构组成				
技能训练	1.调查各类园艺设施,认识园艺设施的气体调控设备及其系统 2.了解园艺设施气体调控设备的系统组成				
工作成果	完成工作任务、作业、报告				
考核要点(知识、能力、素质)	知道园艺设施气体调控设施的不同类型; 能认识各种园艺设施的气体调控系统的设备,清楚其操作技术; 独立思考,团结协作,创新吃苦,按时完成作业报告				
工作评价	自我评价	本人签名:		年　　月　　日	
	小组评价	组长签名:		年　　月　　日	
	教师评价	教师签名:		年　　月　　日	

任务相关知识点

CO_2是植物光合作用的主要原料,自然条件下它主要来自植物周围的空气和植物呼吸

作用释放出的 CO_2。在其他条件不受限制时，植物生长环境中的 CO_2 与光合作用的关系是从 CO_2 补偿点开始（一般为 50~150 mg/m^3），随着 CO_2 浓度的增加，光合作用加强；但是，当 CO_2 的浓度增大到一程度时，光合作用便维持在某一水平，光合强度不再增加，此时的 CO_2 浓度为 CO_2 饱和点。

森林、草原和农村等自然条件下，夜间和凌晨近地面附近大气中的 CO_2 浓度可以达到 500~600 mg/m^3，中午因光合作用的吸收其浓度可降至 200~300 mg/m^3。植物生长期内 CO_2 浓度的每日变化大致如此。但是，在园艺设施中，由于这些设施属于全封闭或半封闭的环境，空气中被植物吸收的多，但补充的量很少，常常会出现设施内 CO_2 浓度偏低的现象，进而影响植物光合产物的合成。试验表明，一些蔬菜植物（如萝卜等），当将其生长环境中的 CO_2 浓度从 550 mg/m^3 提高到 950 mg/m^3 时，产量可以增加 1~2 倍。这种措施可以增产和改善植物的品质，并适宜于所有的园艺植物，因此，通常把提高园艺设施内 CO_2 浓度的措施，称为 CO_2 施肥。

3.4.1 CO_2 发生装置

CO_2 气体的生成有多种方式，在园艺设施内比较适用的有以下方法：

1）化学反应法

利用碳酸盐与硫酸、盐酸、硝酸等进行反应，产生 CO_2 气体。反应原理如下：

$$2NH_4HCO_3+H_2SO_4(\text{稀})=\!=\!=(NH_4)_2SO_4+2H_2O+2CO_2\uparrow$$

$$2NaHCO_3+H_2SO_4(\text{稀})=\!=\!=Na_2SO_4+2H_2O+2CO_2\uparrow$$

$$CaCO_3+2HCl=\!=\!=CaCl_2+H_2O+CO_2\uparrow$$

其中，应用比较普遍的是硫酸与碳酸氢铵反应。该法是通过控制碳酸氢铵的用量来控制 CO_2 的释放量。碳酸氢铵的参考用量为：栽培面积 667 m^2 的塑料大棚或温室，冬季每次用碳酸氢铵 2 500 g 左右，春季 3 500 g 左右。碳酸氢铵与浓硫酸的用量比例为 1∶0.62。

施肥方法分为简易施肥法和成套装置法两种。简易施肥法是用小塑料桶盛装稀硫酸（稀释 3 倍），每 40~50 m^2 地面一个桶，均匀吊挂到离地面 1 m 以上高处。按桶数将碳酸氢铵分包装入塑料袋内，在袋上扎几个孔后，投入桶内，与硫酸进行反应；可以看到有气泡缓慢地产生，即释放出 CO_2 气体；等桶内不再产生气泡时，将桶内杂质用于施肥即可。此法多用于小型温室。成套装置法是在一个大塑料桶内集中进行反应，产生的气体经过滤后，用带孔塑料管送入设施内。成套施肥装置的基本结构见图 3.11。

2）空气分离法

将空气在低温下液化，再逐一蒸发。在 CO_2 汽化点时收集 CO_2 气体，再液化后装入钢瓶内。在此装置上连接输出控制电磁阀，可以实现 CO_2 施肥的自动控制。

为使 CO_2 均匀分散于园艺设施内，一般在塑料管上按 3 m 间距扎孔，靠近钢瓶一端的扎孔要小一些，远离钢瓶一端扎孔要大一些。钢瓶出口的压力保持在 1.0~1.2 kg/cm^2，每天放 6~12 min。液化 CO_2 使用方便，浓度容易控制，而且 CO_2 扩散均匀，价格比固体 CO_2 便宜。但由于需要钢瓶送回工厂装气，也受气源的限制，应用范围有限。另外，如果液化 CO_2 是来自化工厂和酿酒厂的副产品，气体里则常混有乙烯等对作物有害的气体，因此使用液

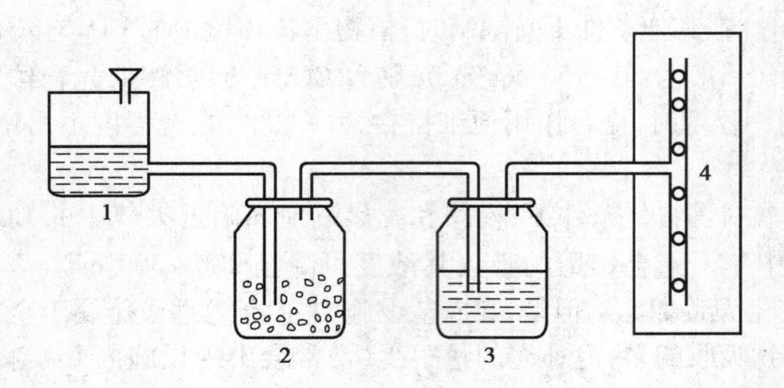

图 3.11　二氧化碳发生成套装置
1—盛酸桶；2—反应桶；3—过滤桶；4—散气管

化 CO_2时，一定要注意所用 CO_2的纯度，一般要求应在 99%以上。

3）碳氢化合物燃烧法

在园艺设施内利用 CO_2发生器，通过燃烧煤油、石蜡、天然气、液化石油气等产生 CO_2气体，再由鼓风机把 CO_2吹入棚室内。此法在产生 CO_2的同时，还释放热量，能提高设施内的温度，适用于加温设备不完备的小型设施。一般燃烧 1 L 煤油（0.82 kg）约可产生2.5 kg，即 1.27 m^3的 CO_2。

燃烧法的缺点是容易产生有害气体。因此，所用燃料要求燃烧后不会造成环境污染，不对植物和工作人员造成毒害，特别要求其含硫量不得高于 0.05%。价格也应低廉才方便于使用。

燃料燃烧时必须在 CO_2发生器内进行。对 CO_2发生器的要求是故障少、耐用、简便、易修、不产生有毒害的气体，并且有强力的通风装置，以便 CO_2在设施内扩散，并防止发生器周围气温过高，伤害植物。

近年来我国已经生产出了多种型号的 CO_2发生器，下面以 TF-80Z 型 CO_2发生器为例说明其工作原理。TF-80Z 型 CO_2发生器可以自动点火、自动定时停机，可以安全控制并远距离操纵。整机由铝材骨架、百叶板、外壳、鼓风导流罩、供气窗、金属网式红外线炉具、鼓风机、供气电磁阀、点火继电器、高压线圈、控制变压器、空气延时继电器等部件组成，如图 3.12所示。

整机工作过程是通过自动控制系统，如图 3.13 所示，按以下顺序进行工作的。首先按下开机点火开关后，电磁阀通过吸合点火继电器，接通火花间隙，放电点火；这时红外线炉具点燃液化气，点火完成后，风扇延时 1 s 启动；这时炉具烧红，液化气完全燃烧供给 CO_2，供应时间可以通过定时开关在 1~60 min 内调节。

液化石油气不完全燃烧时也会产生 CO，这主要取决于燃烧炉具的结构和燃烧时的条件。对比结果表明，红外线炉具的燃烧效果较为理想。图 3.14 是与 CO_2发生器配套使用的金属网型侧引射红外线炉具的结构图。此种炉具能够使燃气和空气充分混合均匀，燃烧面积大，燃烧充分，不易产生 CO 气体。因其燃烧强度低，以红外光向外辐射热量，因此燃烧部位的温度不太高，炉具本身积累的热量也较少，能有效地防止生成氮氧化物，保证 CO_2的纯度。

若采用 CO_2发生器供应 CO_2气体，可以直接将发生器悬挂在钢架结构上。若采用贮气罐或贮液罐，需要配备相应的设备系统将 CO_2气体输送到温室中。这些设备包括电磁阀、

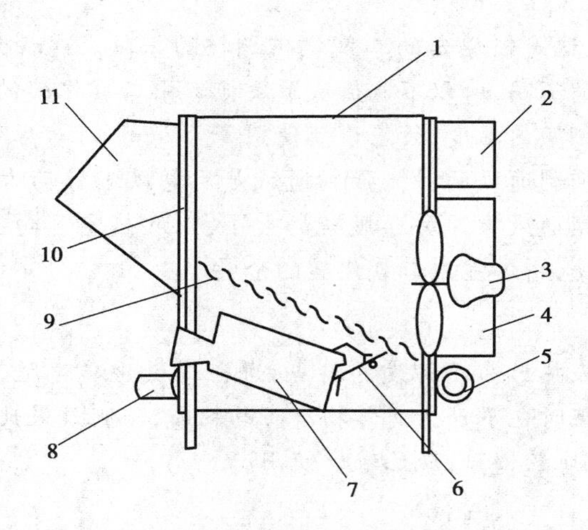

图 3.12 TF-80Z 型 CO_2 发生器整机结构

1—外壳;2—控制部分;3—鼓风机;4—导流罩;5—高压线圈;6—镍点火间隙;

7—红外线炉具;8—电磁阀;9—百叶板;10—异性铝材;11—供气窗

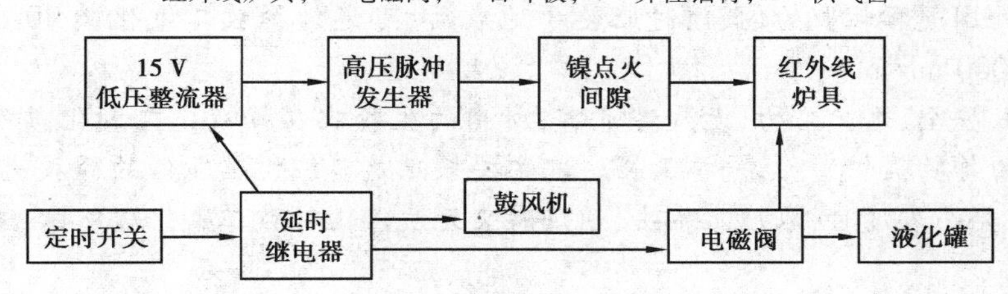

图 3.13 CO_2 发生装置的自控系统示意图

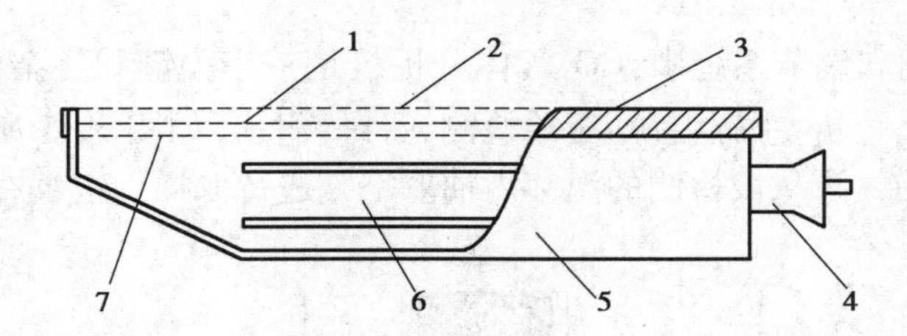

图 3.14 红外线炉具结构

1—内网;2—外网;3—边框;4—发射器;5—外壳;6—混合器;7—下托网

鼓风机和输送管道等。输送管道的布置有两种方式,较简单的方式是直接将输送软管的出气端口安放在循环风扇附近,同时启动 CO_2 输送设备和循环风扇,使被输送的 CO_2 能够均匀地分布在整个设施内部的空间;较复杂的方式是在每一行或几行植物的根区附近,放置一根多孔塑料管,所有塑料管的一端与输送管道连接,其使用效果比第一种好。

知识拓展

CO_2 的其他施肥方法

1) 通风法

国内大部分栽培设施调节二氧化碳浓度的措施是通风,使外界空气中的二氧化碳进入设施内，以提高其浓度。这是较原始的二氧化碳调控的手段。这种方法简单，无成本。但是大气中二氧化碳的含量不高，所以不能彻底解决棚室中二氧化碳的不足的问题。同时在寒冷季节通风又会降低棚室内温度，故应谨慎使用。

通风分自然通风与强制通风两种。强制通风是用电风扇作动力通风的，其效果较好，但需要一定的设备。自然通风靠开关通风窗的大小，以及热空气向上排出，冷空气从下面进入的原理导入新鲜空气，增加室内二氧化碳的含量。

2）干冰法

利用干冰在常温下吸热后易于挥发的特点，进行二氧化碳施肥。该法操作简单，浓度易于控制，施肥均匀，施肥时也不产生对作物有害的物质，施肥效果比较好。但施肥成本比较高，干冰运输和贮存也比较困难，现已较少使用。

3）生物法

利用生物肥料的生理生化作用，生产二氧化碳气体。一般将二氧化碳颗粒肥施入1~2 cm深的土层内，在土壤温度和湿度适宜时，可连续释放二氧化碳气体。以山东省农业科学院所研制的固气颗粒肥为例，该种肥施于地表后，可连续释放二氧化碳40 d左右，供气浓度500~1 000 ml/m^3。

该法高效安全，省工省力，无残渣危害，所用的生物肥在释放完二氧化碳气体后，还可作为有机肥为作物提供营养，一举两得。其主要缺点是二氧化碳气体的释放速度和释放量无法控制，需要高浓度时，浓度上不去，通风时又无法停止释放二氧化碳气体，造成浪费。

3.4.2 CO_2气体分析仪

在整个CO_2检测和调节系统中，CO_2气体分析仪是一个关键和复杂的组成部分。本仪器由取样管、泵和阀、分析室、辐射源、压差检测元件等组成，如图3.15所示。系统工作时，安装在分析器室内的气泵从被检测的温室内抽取空气进行取样。空气在进入分析室之前，

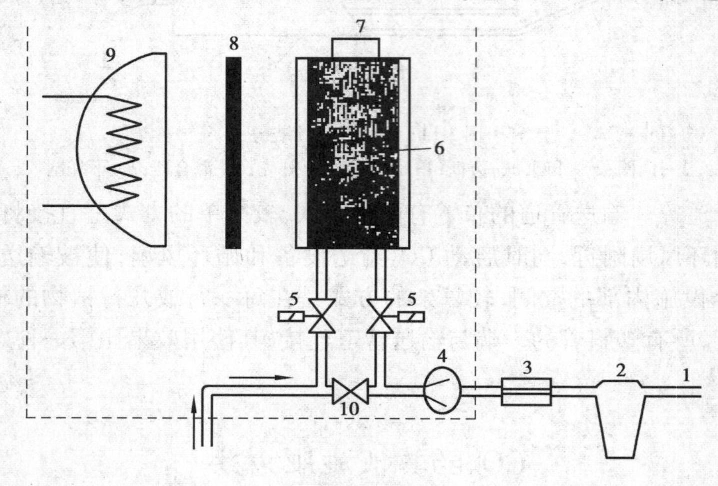

图3.15 CO_2 气体分析仪组成

1—取样管；2—去湿杯；3—过滤器；4—泵；5—阀；6—分析室；
7—压差检测元件；8—滤光器；9—辐射源

先经过去湿杯和过滤器。分析室附近有一红外光源，发出的辐射光穿过滤光器，进入分析室。空气中的气体只有 CO_2 吸收红外光辐射，并在分析室形成压力变化。CO_2 浓度越大，压差变化越大。CO_2 分析仪将测得的压差信号转换成电信号，再传到计算机。根据实测值、设定值和其他相关条件，计算机发出相应的指令，打开或关闭 CO_2 的输送装置。

任务 3.5 灌溉施肥系统

绝大多数园艺设施建成后，都得不到外界的自然降水；另外，园艺设施中通常采用水肥并用，以提高肥料的利用率，并减少工作强度。故在园艺设施的结构设计中，务必考虑灌溉施肥系统的选用与安装等。本任务旨在学习园艺设施的主要灌溉施肥系统及其设备，并学习其安装、使用规范。

工作过程设计

工作任务	任务 3.5 灌溉施肥系统	教学时间	
任务要求	1.清楚园艺设施的主要灌溉施肥系统 2.熟悉园艺设施灌溉施肥系统的基本组成设备及其安装、操作技术要求		
工作内容	1.调查各类园艺设施中的灌水施肥系统 2.引导学生认识微灌系统的组成，并学会其操作技术规范		
学习方法	以课堂讲授和自学完成相关理论知识学习，以田间项目教学法和任务驱动法，使学生熟悉主要园艺设施灌水系统的操作管理		
学习条件	多媒体设备、资料室、互联网、各类园艺设施等		
工作步骤	资讯：教师由园艺设施内的水分和养分环境引出任务内容，进行相关知识点的讲解，并下达工作任务； 计划：学生在熟悉相关知识点的基础上，查阅资料收集信息，进行工作任务构思，师生针对工作任务有关问题及解决方法进行答疑、交流，明确思路； 决策：学生在教师讲解和收集信息的基础上，划分工作小组，制订任务实施计划，并准备完成任务所需的工具与材料，避免盲目性； 实施：学生在教师辅导下，按照计划分步实施，进行知识和技能训练； 检查：为保证工作任务保质保量地完成，在任务的实施过程中要进行学生自查、学生互查、教师检查； 评估：学生自评、互评，教师点评		
考核评价	课堂表现、学习态度、任务完成情况、作业报告完成情况		

工作任务单

工作任务单					
课程名称	园艺设施		学习项目	项目3　园艺设施材料及配套设施	
工作任务	任务3.5　灌溉施肥系统		学　时		
班　级		姓　名		工作日期	
工作内容与目标	1.调查各类园艺设施,熟悉不同园艺设施的灌溉施肥系统 2.通过调查,清楚微灌系统的基本组成与管理维护				
技能训练	1.调查各类园艺设施,认识园艺设施的灌溉施肥系统的类型与基本组成 2.组织学生参观微灌系统的组成部分和类型,并学会微灌技术的操作管理				
工作成果	完成工作任务、作业、报告				
考核要点(知识、能力、素质)	知道园艺设施灌溉施肥系统的主要类型; 能进行园艺设施微灌系统的科学管理; 独立思考,团结协作,创新吃苦,按时完成作业报告				
工作评价	自我评价	本人签名:		年　月　日	
	小组评价	组长签名:		年　月　日	
	教师评价	教师签名:		年　月　日	

任务相关知识点

自然环境中的湿度随着降水、蒸发和植物的蒸腾作用发生着不断的变化。绝大多数园艺设施处于密闭或半密闭型的状态,内部得不到外界的自然降水,但与外界露地一样,进行着土壤水分的蒸发和植物的蒸腾。因此,园艺设施内的水分环境不同于露地的水分环境。园艺设施内的水分几乎全部来自灌溉,尤其是全年使用的大型设施,植物生长期间的所有水分都来自灌水。与露地生产一样,设施生产中也需要营养的供应,一般把肥料溶解于水中,通过灌溉系统进行施肥。另外,园艺设施内的湿度环境和营养环境应根据植物生长发育的需求进行调控,这就要求设施内具有调控湿度的设备系统。目前,园艺设施中较为常用的灌溉系统为滴灌系统和喷灌系统。

3.5.1　滴灌系统

滴灌是滴水灌溉的简称,是利用低压管道系统,将水直接输送到植物生长区域,再经过安装在毛管上的滴头、孔口或渗灌管等灌水器,将水一滴一滴均匀、缓慢地滴入植物根区,使根区保持最适宜的水分环境。滴灌的基本灌溉方式为:将水加压、过滤,也可以与可溶性化肥(或农药)一起,通过管道输送至滴头,以水滴的方式,适时适量地向植物根区提供水分、养分等。滴灌不会破坏土壤结构,根际土壤的水、肥、气、热能经常保持适宜于植物生长的良好状态,水分蒸发损失很小,是一种节水灌溉方法。其灌水的特点是水分只部分湿润根区,这部分土壤或基质的水分处于饱和状态,植物行间保持干燥,土壤或基质的水分处于非饱和状态。通过缓慢、不断地浸润根区,使植物的主要根区经常保持在最佳含水量状态;采用低压管路输水、配水,系统运行压力低。缺点是滴头出流孔口小,流速低,容易出现堵塞问题;成本较高。因此,滴灌适用于经济价值较高的园艺植物。近年来,随着设施园艺和节水农业的迅速发展,滴灌技术的发展速度很快。

1)滴灌系统的组成

滴灌系统是将灌溉水通过滴灌设备输送到植物生长区域,定时、定量地供给植物所需水分的整个水利设备系统。其完整的系统工程组成(图3.16)如下:

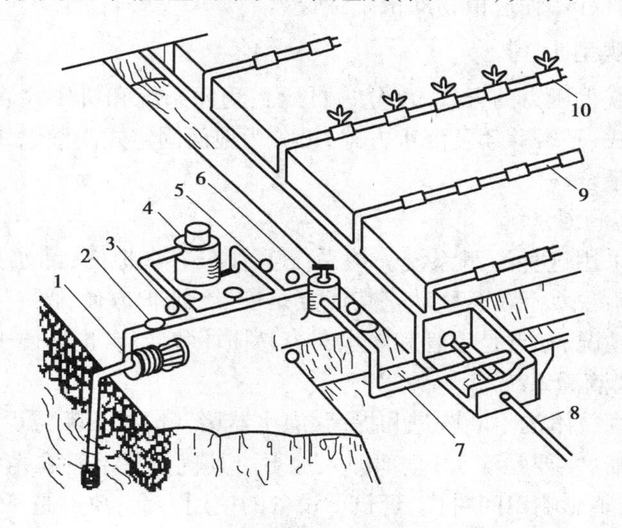

图3.16　滴灌系统的组成

1—水泵机组;2—流量表;3—压力表;4—化肥罐;5—闸阀;

6—过滤器;7—干管;8—支管;9—毛管;10—滴头

(1)水源

滴灌用水量较小,河流、水库、机井甚至小水泉、渗水地区的积水等均可以作为滴灌水源;但滴灌对水质要求较高,选择水源时应对水质进行化学分析,了解水源的悬浮物状况和氯、钾、镁、钙离子的含量和pH大小,必要时应对水质采取适当的过滤措施,防止系统堵塞。

(2)首部枢纽

首部枢纽由水泵动力机组、化肥罐、过滤器和各种控制和量测设备(如压力调节阀门、流量控制阀门、分流阀门、水表等)组成。其作用是对水流加压,注入水溶性肥料,经过滤后,及时、定量地把水肥溶液送到输水管道。首部枢纽应安装在控制室或井室内,可以手工控制或安装电脑自动控制滴灌系统的操作。

(3)输水配水管道

输水管道包括干管、支管、毛管及流量压力调节设备,如压力表、控制阀、流量调节器等。干、支管通常应埋入冻土层以下50~80 cm,毛管可以根据实际情况置于地面或埋入地下。例如,设施蔬菜生产中,毛管放置于地面,便于移动和检修。

干管是输水系统,干管连接着支管,并向各支管分配水量。支管是控水系统(配水系统),可以调节水压、控制流量;同时支管交毛管要求的压力和流量供给毛管首端。毛管是直接向植物根区滴水的管道,毛管上的各出水口流量必须达到设计的流量的均匀度。毛管有带孔的单壁管、带孔的双壁管、滴头加毛管的滴管和渗灌管四种类型。

(4)滴头和滴管

滴头是滴灌系统的重要设备之一,其作用是使毛管中的压力水流经过滴头的狭长流道或微孔减压,变成一滴一滴的水滴或小细流,进行灌溉。水从滴头流入根区后,在重力和毛细管的作用下,湿润根区,促进植物的根系生长。

2)滴灌系统的类型

滴灌系统按其获得压力的方式,可分为自压式滴灌系统和机压式滴灌系统;按滴灌工作中毛管的布置方式、是否移动及灌水方式,可分为地面固定式滴灌系统、地下固定式滴灌系统和移动式滴灌系统。

(1)地面固定式滴灌系统

园艺设施中多采用这种灌溉系统。该系统毛管布置在地面,灌水期间毛管和灌水器(包括各种滴头和滴灌管、带)不移动。其优点是安装、维护方便,便于检查根区湿润情况和滴头流量的变化情况;缺点是毛管和灌水器容易损坏和老化,也不便于田间耕作。

(2)地下固定式滴灌系统

随着近年来滴灌技术的不断改进和提高,灌水器堵塞情况不断减少,但应用面积尚小。该系统毛管和灌水器(主要是滴头)全部埋入地下。其优点是毛管在植物种植和收获前后的安装和拆卸工作,不影响田间耕作,延长了设备的使用寿命;缺点是不能检查根区湿润情况和滴头流量变化,出现问题后维修很困难。

(3)移动式滴灌系统

此系统应用较少。该系统在灌水期间,毛管和灌水器在灌溉完成后可能由一个位置移至另一个位置。其优点是提高了设备的利用率,降低了成本,用于灌溉次数较少的植物;缺点是操作管理较麻烦,管理运行费用较高,适于经济条件较差的地区。

3)滴灌系统的规划设计

(1)设计用水率的确定

只要滴灌系统能够满足植物高峰需水的要求,就可以满足植物全生育期的灌水需求。因此,用高峰用水量作为设计用水率。滴灌条件下的高峰用水量,以地面灌或喷灌最高耗水量估算。

$$W = K_r mA$$

式中 W——滴灌设计用水率,(L/d);

m——地面灌或喷灌最高耗水率,(mm/d);

A——计算面积,(m^2);

K_r——覆盖影响系数，根据表 3.2 选用。

表 3.2 覆盖影响系数 K_r 的推荐值

覆盖率	10%	20%	30%	40%	50%	60%	70%	80%	90%	100%
K_r	0.20	0.30	0.40	0.50	0.60	0.70	0.80	0.90	1.00	1.00

（2）选择滴头

①确定滴头流量。

$$q = \frac{WT}{t\eta n}$$

式中 q——滴头流量，点源滴头，(L/h)，线源滴头[L/(h · m)]；

W——设计用水率，点源滴头[L/(d · 株)]，线源滴头[L/(d · 条)]；

T——灌水周期，(d)；

t——每次灌水历时，(h)；

η——滴灌水利用率，取 0.9~0.95；

n——点源滴头每株所配滴头数(个)，线源滴头为其长度，(m)。

②选择滴头结构形式。

a.根据植物情况选择。蔬菜等条播种植植物，沿种植行布设滴头，应选用线源滴头，即各种形式的滴灌带；果树和较大型花卉植物，特别是中等间距或大间距植物，应选择点源滴头。

b.根据植物根区环境状况选择。轻质土壤或基质，水分扩散范围较大，可选用流量较大的滴头，使用期间控制其滴水时间；重质土壤或基质，渗透性较差，应选用较小流量的滴头。

c.根据经济方面选择。尽量选用小流量滴头，并适当增加灌水历时，以减少水泵动力机组的投资。

（3）布置灌溉系统

滴灌系统的布置包括首部枢纽、输水配水管网、管网辅助部件以及毛管和滴头的布置。

首部枢纽是滴灌系统的操作控制中心，通常布置在水源处，最好布置于灌区中央，以缩短输水距离，节省管材和动力。干、支管的布置尽量双向控制，以节省管材。

辅助部件包括排气阀、进气阀、闸阀、调压阀和流量调节器等部件。进、排气阀应安装在较高处的干、支管上；干、支管进口处应安装闸阀；流量调节器安装在支管进口处。

毛管和滴头的布置很关键，应考虑很多因素，如植物特性、土壤或基质的质地、水质和生产技术等，同时应充分重视生产者的实践经验。以下以园艺设施中的主要植物介绍毛管和滴头的布置：

①蔬菜 一般选择工作可靠、价格低廉的塑料薄膜滴灌带。为了便于生产管理，滴灌带应铺设于地表，地膜覆盖生产时应铺设于膜下，并与植物栽植的行向保持一致。为了降低成本，应尽量增大行距，缩小株距，减少滴灌带用量，通常尽量采取宽窄行栽植，滴灌带铺设于窄行，每条滴灌带供应两行植物生长的水分，如图 3.17 所示。

②果树等大型园艺植物 老果园，开始采用滴灌系统时应进行试验，宜选用点源滴头；

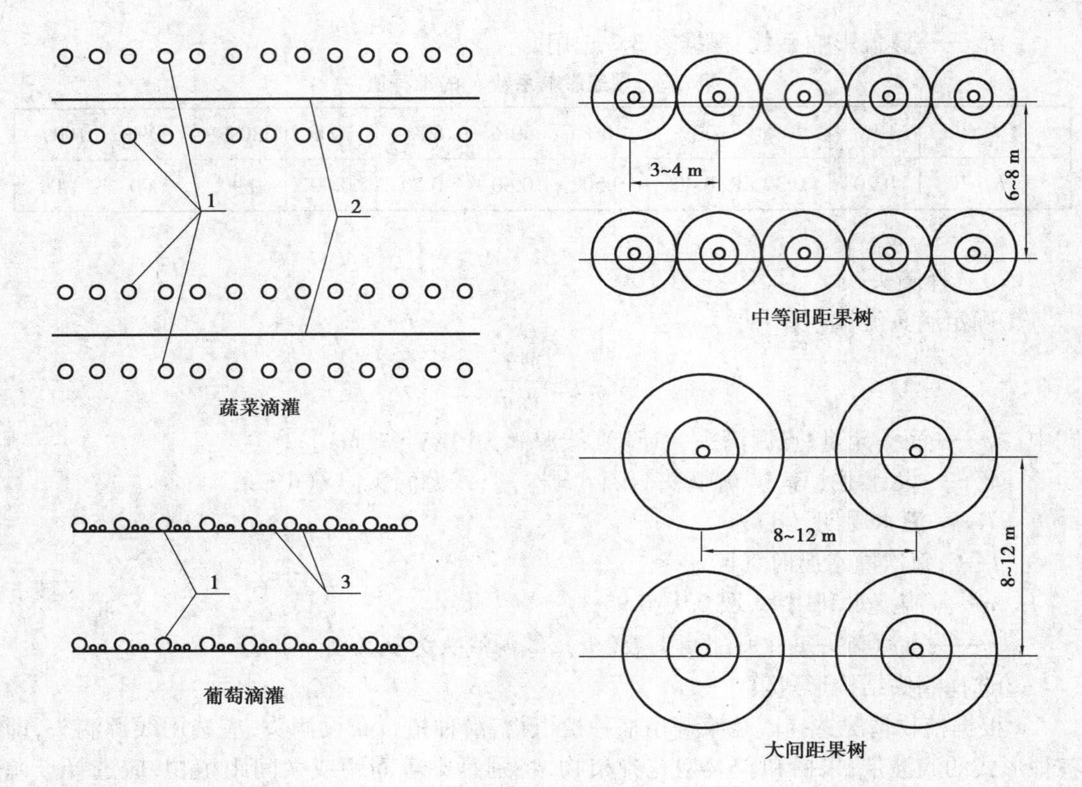

图 3.17　滴灌布置形式

1—植株;2—薄膜滴灌管;3—滴头

小间距果园,可以采用较厚管壁的塑料滴灌带。滴灌系统必须与栽植间距和生产技术相适应。从滴灌系统的设计考虑,按照栽植间距,可以将果树分为小间距果树(株距 3 m 以内)、中等间距果树(株距 3~6 m)和宽间距果树(株距 6 m 以上)。

a.小间距果树,如葡萄。应沿植物行铺设 1 根毛管,滴头在植株两边对称布置,距植株 0.2~0.5 m。

b.中等间距果树,如苹果、梨、桃、杏等新果园。其滴灌系统布置如下:顺栽植行埋设 1 条支管,支管上安装绕树毛管,滴头绕树环形排列,距树干 1 m。土质黏重时,每棵树至少需要 4 个滴头;中等土质,每棵树需要 5~6 个滴头。

c.大间距果树,如香梨、核桃等。毛管和滴头布置是:每行树埋设 1 条支管,支管上安装绕树毛管,呈环形,半径为 1.2~1.5 m,每棵树需要 8~10 个滴头。滴头位置应保持不变,防止根系的发育发生变化。

3.5.2　喷灌系统

喷洒灌溉简称喷灌,是利用专门的设备(水泵)加压或利用水的自然落差,通过管网将水输送到灌溉地段,利用喷洒器(喷头)喷射到空中,分散成细小水滴后,均匀地洒落在田间进行灌溉的一种方法。它是一种先进的节水灌溉技术,在世界各地得到了普遍推广。

1）喷灌系统的组成

一般喷灌系统由水源工程、水泵和动力机组、输水配水管道系统、喷头及附属设备、附属工程组成。

（1）水源工程

河流、湖泊、水库、池塘、泉水、井水或渠道水均可作为喷灌系统的水源。注意水源就是要满足灌水量和水质的要求。

（2）水泵和动力机组

除自来水头外，喷灌系统的工作压力均由水泵提供。喷灌系统常用离心泵和自吸离心泵，也可选用潜水电泵、深井泵等。带动水泵的动力机尽量采用电动机，无供电区可采用柴油机。轻小型喷灌机组为了移动方便，一般常用喷灌专用自吸泵，用柴油机或汽油机带动。井灌区建设的小型喷灌工程通常用水泵一次完成提水和加压工作；大型喷灌工程，应对水泵的运行进行调节，常用增减水泵台数、配备压力罐进行水泵工作时间调节等方式。

（3）管道系统

管道系统包括管道及与其配套的管件，作用是把加压的水输送到喷头。管道系统是多数喷灌系统的重要组成部分，通常占设备投资的50%以上。本系统要求能承受一定的工作压力并通过一定的流量，经久耐用，耐腐蚀。另外，由于本系统需要经常拆装搬移，故还应轻便、耐撞击、耐磨损。

（4）喷头

喷头是喷灌系统的专门设备，形式多样。其作用是将管道内的水流喷射到空中，分散成细小水滴，洒落后进行灌溉。喷头要求能使连续水变为细小水滴（雾化）；能使水滴均匀地喷洒到地面上的一定范围内，即水量的合理分布；单位时间内喷洒到地面的水量能适应土壤或基质的入渗能力，不产生径流，即适宜的灌溉强度。因单喷头喷洒范围有限，水量分布难以均匀，生产中常常是多喷头作业（喷头组合）。工作时喷头边喷边移动，即行走式喷洒，简称行喷；工作时喷头不移动，为定点喷洒，简称定喷。

（5）附属设备和附属工程

喷灌工程中还有一些附属设备和附属工程。如，从河流、湖泊、渠道取水时，要有拦污设施；为了保护喷灌系统安全运行，要设排气阀、调压阀、减压阀、安全阀、泄水阀等；为了观察喷灌系统的运行状况，在水泵进出管路上要设真空表、压力表和水表，管道系统上要设闸阀；用喷灌系统施用肥料和农药时，要设配制的注入设备等。

2）喷灌系统的类型

喷灌系统按获得工作压力的不同，可分为机压式喷灌系统和自压式喷灌系统；按喷头是否移动，可分为定喷式喷灌系统和行喷式喷灌系统。应用较普遍的分类是按其主要组成部分的可移动程度，可分为固定式喷灌系统、移动式喷灌系统和半固定式喷灌系统。

（1）固定式喷灌系统

除喷头外，其他设备均固定安装。水泵动力机组安装在固定泵房内；干管和支管埋入地下；竖管安装在支管上并高出地面；喷头固定或依次安装在支管上定点喷洒。本系统操作简便，生产率高，可以实现自控，方便与施肥和喷药结合，占地少；但设备投资大，竖管影响机耕。适用于灌水期长且灌水频率高的园艺植物。

(2)移动式喷灌系统

该系统的全部设备均可移动，只需在田间设置水源。本系统的设备能在不同地点轮流使用，设备利用率高，投资少；但移动工作量大，路渠占地多。按喷头的数目可分为：

①单喷头移动喷灌系统　由水泵动力机组、1 根输水软管和 1 个喷头组成移动式机组。在田间按一定间距布设水源（塘、井或明渠），水源旁机组移动做定点单喷头喷洒。按机组的移动方式又可以分为手抬式、推车式、拖拉机牵引式和悬挂式等。

②多喷头管道式移动喷灌系统　由水泵动力机组、1 根或多根管道和安装在管道上的多个喷头组成机组。在田间布设水源（水塘或水渠），水源旁机组移动做定点多喷头喷洒。与单喷头相比，其优点是可以采用低压小喷头，能耗较低，雾化良好，喷灌质量高。

(3)半固定式喷灌系统

半固定式喷灌系统对前两种取长补短，将水泵动力机组和干管固定安装，只移动装有喷头的支管，干管上每隔一定距离设有给水栓为支管供水。支管和喷头反复使用，减少了管材和喷头的用量，降低了成本。但在喷灌后的泥泞中移动支管，劳动强度很大，可采取以下措施：选用轻便管材和附件；每个系统多配备几组支管；使支管可以自走。支管能自走的半固定式喷灌系统有时针式、滚移式和绞盘式等多种。这种系统通常用于大面积的喷灌。

3)喷灌系统的选型和规划

喷灌系统规划设计的一般步骤是：

(1)选择喷灌系统的类型

根据园艺设施内的植物种类、经济和设备条件，结合各种喷灌系统的特点，选择合适的喷灌系统。在喷灌次数多、经济价值高的植物种植区可采用固定式喷灌系统；在有自然水头的地区，尽可能选用自压喷灌系统，以降低动力设备的投资和运行费用。

(2)确定喷洒方式和喷头组合方式

喷洒方式有全圆喷洒和扇形喷洒两种。通常在管道式喷灌系统中，除地边、地角的喷头做扇形喷洒外，其余均采用全圆喷洒。全圆喷洒允许有较大的间距，且喷灌强度较低。单喷头移动式机组，通常做扇形喷洒，以便给机组或移动管道留出一条干燥的道路，方便移出。

喷头的组合方式（布置方式）是指喷灌系统中喷头间的相对位置。全圆喷洒中，有正方形、正三角形、矩形和等腰三角形四种组合方式（图 3.18）。喷头组合的原则是保证喷洒不留空白，且有较高的均匀度。喷头布置过稀，会造成喷洒不均匀，或留下漏喷的空白处；喷头布置过密，喷头管道用量增大，成本增加，且组合喷灌强度过大。因此，正确选择喷头组合间距是喷灌系统规划设计中的重要问题。根据图 3.18，能够计算出喷头间距 a 支管间距 b 和喷头有效控制面积（图 3.18 中阴影面积），见表 3.3。除以上几种组合外，还可以采用设计射程法。设计射程由喷头射程乘以一定的系数求得，即 $R_{设}=KR$。系数 K 是根据喷灌形式、风速、各动力可靠程度确定的，通常为 0.7~0.9。

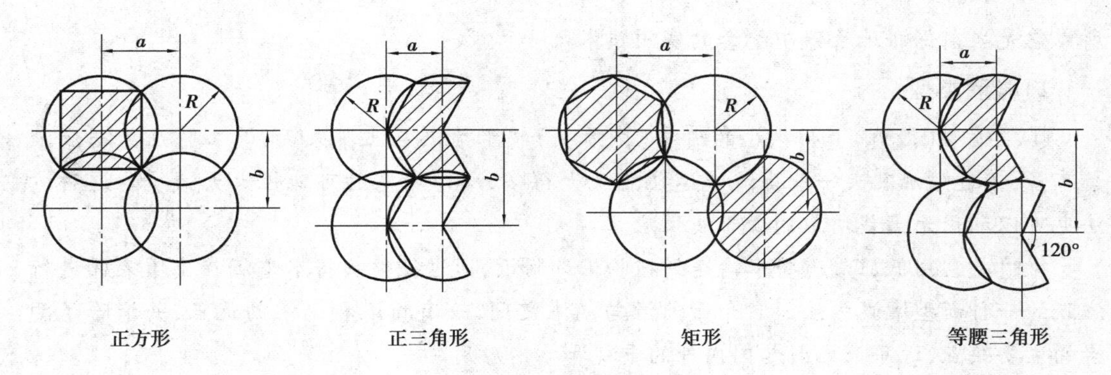

图 3.18 喷头组合形式

表 3.3 不同喷灌方式喷头组合的相关参数

喷洒方式	喷头组合形式	支管间距 b	喷头间距 a	有效控制面积
全圆	正方形	$1.42R_{设}$	$1.42R_{设}$	$2.0R_{设}^2$
	正三角形	$1.5R_{设}$	$1.73R_{设}$	$2.6R_{设}^2$
扇形	矩形	$1.73R_{设}$	$1.0R_{设}$	$1.73R_{设}^2$
	等腰三角形	$1.856R_{设}$	$1.0R_{设}$	$1.865R_{设}^2$

(3)选择喷头与工作压力

工作压力是喷灌系统的重要参数,直接决定喷头的射程,还关系到设备投资、运行成本、喷灌质量和工程占地等。采用高工作压力,喷头射程远,固定式系统的管道用量少,移动式系统占地少;但运行成本高,喷出的水滴粗,因喷得高,受风力影响大,喷灌质量得不到保证。采用中低工作压力,水滴细,喷灌质量高,运行成本低;但固定式系统的管道用量大、成本高,移动式系统占地多,且移动频繁,工作强度大。因此,选择工作压力时,应根据生产要求、设备状况和喷头型号综合考虑确定。

(4)布置管道系统

管道系统应根据地形、水源等情况提出几种可能的布置方案,经技术经济比较,择优选定。布置管道系统一般应遵循以下原则:

①管道布置应使管道总长度短,成本低。

②管道布置应考虑各用水设施的需要,管理方便,有利于组织轮灌和迅速分散流量。

③支管布置一般应与植物种植方向一致。

④管线的纵剖面应力求平顺,减少弯折。

⑤支管上各喷头的工作压力要接近一致,或在允许差值范围内。

⑥抽水站应尽量布置在整个喷灌系统的中心位置,以减少输水的水头损失。

高级技术

其他微灌技术

微灌具有灌水量小、灌溉面积小、节水省力、降低湿度、防止病害、增产增效益的特点,所以它是当前保护地生产中配套的实用技术之一。

1)微灌类型

①微喷灌(微喷)　用很小的喷头(微喷头)将水喷洒在土壤表面,其工作压力与滴灌差不多,不过喷洒孔大一些出流流速比滴头大得多,所以堵塞的可能性大大减少。这种方法也可以利用无土栽培中的营养液供应。

微喷是利用低压管道将水输送到植物根部附近,通过微喷头将水喷洒在土壤表面进行灌溉的一种新型灌溉方法。它介于喷灌与滴灌之间,兼有喷灌和滴灌的优点,并消除了两者的主要缺点,近年来已引起国内外的重视和推广应用。

喷灌是全面灌溉,湿润整个灌溉面积,而微喷一般只湿润植物周围的土壤,以满足植物的需水要求,主要用于局部灌溉。微喷与滴灌的主要区别在于滴灌以水滴状湿润局部土壤,而微喷以雨滴喷洒湿润局部土壤,不仅可湿润土壤,还能提高田间空气湿度,调节田间小气候环境。另外,微喷头的孔径较大,比滴灌抗堵塞的能力强,主要用于栽培时需同时补充土壤水分和增加田间湿度的植物,如茶叶、花卉、苗木等。旋转式微喷头射程远、雨滴较大,可全面灌溉或局部灌溉,多用于果树、草坪等灌溉,当前应用面积在逐年增加。

②地表下渗灌(又称土表下灌溉)　通过埋在土壤表面以下的滴头或渗水孔将水滴在土壤中,这种方法不妨碍耕作与其他农事操作,土壤蒸发小,缺点是一旦滴头堵塞,不容易发现。

渗灌是利用埋在地下的渗水管,将压力水通过渗水管管壁上肉眼看不见的微孔,像出汗一样渗流出来湿润其周围土壤的灌溉方法。渗灌管是利用废旧橡胶轮胎粉末、PVC塑料粉及发泡剂等掺和料混合后,经发泡、抗紫外线和防虫咬等特殊工艺处理挤压成型的具有大量微孔的渗水管。

灌溉时,水流通过输水管进入埋在地下的渗水管,经管壁上密布的微孔隙缓慢流出渗入附近的土壤,再借助毛细管作用将水分扩散到整个根系层供植物吸收利用。渗灌是目前所有灌溉技术中最节水的,也便于田间耕作和栽培管理,管材抗老化性增强。

③涌灌(又称为涌泉灌溉)　通过置于作物根部附近的开口的水管向上涌出小水流或小涌泉,将水灌到土壤表面。其特点是工作压力较低,与低压管输水地面灌溉相近,出流孔较大,不易堵塞。

④雾灌(又称为弥雾灌溉)　与微喷相似,也是用微喷头喷水,只是工作压力较高(可达200~400 kPa)因此,从微喷头喷出的水滴极细而形成水雾,主要目的在于调节田间空气湿度。

2)微灌系统

(1)系统组成

由水源工程、首部枢纽、输配水管网和灌水器四大部分构成。

①水源　河流、湖泊、池塘、沟渠、井泉等,要求水质符合微灌要求、杂质少、位置近,以降低灌溉系统中净化处理设备和输配水设备的投资。含沙量大的水源应修建沉淀池。利

用这些水源进行灌溉，需要修建引水、蓄水和提水工程及相应的输配电工程，统称为水源工程。

②首部枢纽　由多种水处理设备，如水泵及动力机、控制阀门、水质净化装置、施肥（加药）装置、计量和保护设备等组成，是全系统的控制调度中心，担负着整个系统的驱动、检测和调控任务，即用于将水源中的水处理成符合田间灌溉系统要求的灌溉用水，并将灌溉用水送入供水管网中。

水泵有管道泵、潜水泵、离心泵、深井泵等，动力机为电动机、柴油机、汽油机等；净化过滤设备有拦污网、网式过滤器、叠片式过滤器等；施肥设备有压差式施肥罐、文丘里施肥器、电动施肥泵、水动施肥泵、高位施肥桶等；计量和保护设备水表、压力表、进排气阀、安全阀、单向阀等；控制阀门有闸阀、球阀、蝶阀等。

③输配水管网　由干管、支管、毛管组成。干管和支管一般应埋入地面以下一定深度方便田间作业。

干管起着向全灌区输水的作用，承受的压力较大，必须采用承压管材。微灌系统怕堵塞，严禁使用金属管道和混凝土管道。一般选用塑料管材，如聚氯乙烯（PVC）管和聚乙烯（PE）管。

支管起着承上启下的配水作用。其上常装有许多毛管旁通以便向毛管配水。一般选用聚乙烯（PE）半软管料。

毛管起灌水作用，其上装有不同型式的灌水器，如滴灌带、滴头、微喷头等。有些毛管，如滴灌带，既是毛管又是灌水器，水沿毛管上的许多小孔滴入土壤。灌水器是决定灌溉系统性能和价格的关键，也是区分不同灌溉系统的依据，如管道灌溉系统、滴灌系统、微喷灌系统、喷雾系统、喷淋系统等。

④灌水器　大多用塑料制成，有滴头、微喷头和滴灌带等多种，置于地表或埋入地下。因灌水器的结构有异，水流出的形式不同，有滴水式、慢射式、喷水式等。

灌水器的选择标准：表面光洁无缺陷，无飞边毛刺等；制造精度高；水力性能好。制造精度可用制作偏差 Cv 值衡量，Cv 值越小精度越高，出水均匀度也越高。水力性能以灌水器的出流流态指数 X 值衡量，$X=1\sim0.6$ 时为层流型，$X=0.6\sim0.5$ 时为紊流型，$X=0.2\sim0$ 时为补偿型。补偿型的灌水器对毛管内压力变化有一定的补偿作用，出水量均匀稳定，不受压力变化的影响，但结构较复杂，价格较高。

⑤自动控制设备　现代设施灌溉系统中开始普及应用各种灌溉自动控制设备。如利用压力罐自动供水系统或变频恒压供水系统控制水泵的运行状态，使灌溉系统获得稳定压力和流量的水；采用时间控制器配合电动阀或电磁阀，能对各灌溉单元按照设定的程序，自动定时定量进行灌溉；利用土壤湿度计配合电动阀或电磁阀及其控制器，能根据土壤情况实时灌溉。

先进的自动灌溉施肥机能按照设定的灌溉程序自动定时定量灌溉，还能按设定的施肥配方自动配肥并施肥。

（2）设计施工

微灌系统在设置前要进行总体规划设计，具体分为勘测调查、规划和设计三个阶段。

勘测调查指收集多方面的相关资料,如气象、地形、土壤、水文与水文地质、农业生产、社会经济等资料。规划是提出设计方案。技术设计的内容是:供需水量分析计算(包括确定田间需水量、拟定灌溉制度、计算灌溉用水量等);水质处理设计;化学药剂注入设计;微灌系统布置方案的确定;灌水器的选用与布置;管理系统水力学计算;干、支管设计;机泵的选择和首部枢纽的布置设计等。

微灌系统规划设计的各方面紧密联系,相互牵制,需反复进行多次、多方比较,同时进行必要的试验和方案比较后,最终确定整个设计方案。微灌系统的施工安装,须严格按照设计要求,在专业技术人员的指导下进行,保证工期质量和系统的正常运行。

3)微灌应用技术

(1)调节系统内部的压力和流量

为防止微灌系统运行中出现各种故障,整个系统中安装有多个控制阀门。在首部枢纽和各配水管道首端安装控制阀门,调控进入管网的水量。机泵前安装逆止阀,防止管中水的倒流。在压力大的主干管上安装安全阀,防止突然停机时形成的水锤破坏管道。在地形不平的驼峰处安装进排气阀,防止停水时形成管内真空吸扁管道。在支、毛管尾端,安装自动冲洗阀,当管内水压小于工作压力时,冲洗阀自动开启,冲洗管内污物,可防止灌水器的堵塞。

(2)预防微灌系统的堵塞

微灌灌水器孔径细小,一般仅1 mm左右,容易被水流中的杂物堵塞。因此,微灌用水需经过各级净化处理。水中泥沙含量较多时,应经过沉淀池将大颗粒泥沙作沉淀处理,再经过各级过滤器过滤后进入微灌系统。常用的过滤器有:

①筛网过滤器　应根据灌水器孔径大小选配不同网目的过滤网,主要拦截无机杂物。

②砂过滤器　在一个压力密封缸内装填一定规格的纯砂,水流经砂层时可以滤除水中的杂质和有机物,如鱼卵、藻类等。

③离心过滤器(水沙分离器)水经过离心力作用,将水中沙子分离出去。若水中含沙粒较多时,常作为第一级过滤器,并与筛网过滤器配合使用。

④叠片过滤器　由许多刻有沟槽的塑料同心圆片组成,结构紧凑,过滤效果好。

(3)做好日常维护,保持良好的使用状态

微灌系统的使用效果好坏及使用寿命,与系统的管理与日常维护工作密切相关。管理人员必须经常检查微灌系统的水源、首部枢纽、各级管路、闸阀和田间灌水器是否保持良好的可用状态。每次灌水后要及时清洗过滤器,防止灌水器堵塞。管路损坏、闸阀漏水时及时修复。

灌水季节后,将微灌系统的毛管和灌水器及时收起,防止日晒和鼠咬。冬季结冻之前,应排除系统内的余水,做好防冻工作。

任务 3.6 植保系统

活动情景 园艺设施的配套材料准备中，还应考虑植保等园艺机械系统的选用。本任务旨在学习园艺设施中的植保系统以及其工作原理与操作技术规范。

工作过程设计

工作任务	任务 3.6 植保系统	教学时间	
任务要求	1.了解园艺设施中的植保系统类型 2.清楚园艺设施中主要植保机械的应用及其操作技术规范		
工作内容	1.调查各类园艺设施中的植保系统类型 2.学习园艺设施中常用植保系统的应用与操作		
学习方法	以课堂讲授和自学完成相关理论知识学习，以田间项目教学法和任务驱动法，使学生学会园艺设施中常用植保系统的正确使用		
学习条件	多媒体设备、资料室、互联网、各类园艺设施等		
工作步骤	资讯：教师由园艺设施的植保工作引出任务内容，进行相关知识点的讲解，并下达工作任务； 计划：学生在熟悉相关知识点的基础上，查阅资料收集信息，进行工作任务构思，师生针对工作任务有关问题及解决方法进行答疑、交流，明确思路； 决策：学生在教师讲解和收集信息的基础上，划分工作小组，制订任务实施计划，并准备完成任务所需的工具与材料，避免盲目性； 实施：学生在教师辅导下，按照计划分步实施，进行知识和技能训练； 检查：为保证工作任务保质保量地完成，在任务的实施过程中要进行学生自查、学生互查、教师检查； 评估：学生自评、互评，教师点评		
考核评价	课堂表现、学习态度、任务完成情况、作业报告完成情况		

工作任务单

工作任务单					
课程名称	园艺设施		学习项目	项目 3 园艺材料及配套设施	
工作任务	任务 3.6 植保系统		学 时		
班 级		姓 名		工作日期	

续表

工作任务单		
工作内容与目标	1.调查各类园艺设施,熟悉其植保系统的类型 2.针对园艺设施中常用的植保系统,指导学生学会其正确的操作使用方法	
技能训练	1.调查各类园艺设施,认识其中不同的植保系统 2.学习常用植保机械的操作技术	
工作成果	完成工作任务、作业、报告	
考核要点(知识、能力、素质)	知道园艺设施中植保系统的主要类型与应用; 会正确进行园艺设施中植保系统的操作使用; 独立思考,团结协作,创新吃苦,按时完成作业报告	
工作评价	自我评价	本人签名:　　　　年　月　日
	小组评价	组长签名:　　　　年　月　日
	教师评价	教师签名:　　　　年　月　日

任务相关知识点

园艺植物的病虫害防治机械包括施药剂的机械和应用物理因素(热能、太阳能、光能、电流和射线等)与机械作用的机具和装置。目前我国普遍使用的数量最多的是施药器械,主要用于喷洒杀菌剂或杀虫剂,防治园艺植物的病害、虫害和草害。因此,通常将使用化学药剂防治植物病虫草害的器械称为植保器械,这些器械统称为植保系统。

3.6.1 植保系统的类型

园艺设施的植保系统包括设施中各种用于防治园艺植物病虫草害的植保器械。植保机械可分为人力、电动和机动等,一般把手动的植保机械称为"器",如喷雾(粉)器;把机动的植保机械称为"机",如喷雾(粉)机。常用的植保机械主要有以下类型:

1)喷雾机(喷雾器)

喷雾机使药液在一定的压力下通过喷头或喷枪,雾化为直径150~300 μm的雾滴,喷洒到植物枝叶上。按照其雾化和喷洒方式的不同,可以分为液力式、气力式和离心式三种。

(1)液力式喷雾机

液力式喷雾机有手动和机动两种,手动喷雾器多用于中等容量的作业,机动喷雾机还可用于大容量喷雾。液力式喷雾机通常由药箱、压力泵、空气室、喷头和安全调压装置等构成(图3.19)。工作时,压力泵将药箱内的药液吸出,通过压力压至空气室,具有一定压力的药液从空气室流出,经过管道输送到喷头并高速喷出,与空气撞击、摩擦,被粉碎成细小的雾滴,均匀地喷洒并粘附在植株上。

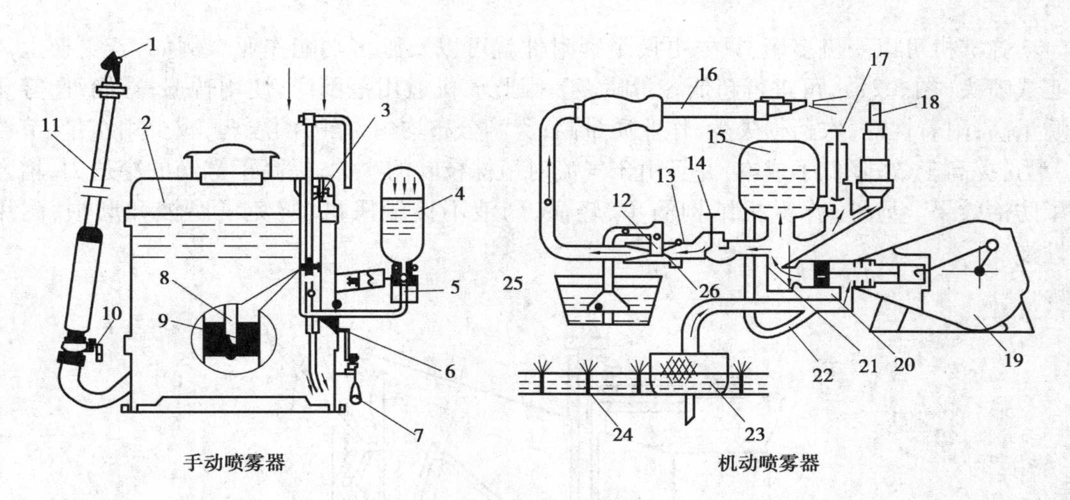

图 3.19 液力式喷雾机

1—喷头；2—药箱；3—泵筒；4—空气室；5—出液球阀；6—进液球阀；7—手柄；8—塞杆；9—皮碗；10—开关；11—喷杆；12—混合室；13—混药器；14—截止阀；15—空气室；16—喷枪；17—调压阀；18—压力表；19—泵体；20—活塞；21—出水阀；22—回水阀；23—过滤网；24—水；25—药桶（母灌箱）；26—射嘴

（2）气力式喷雾机（弥雾机）

弥雾机是低容量喷雾机，是利用高速气流，将雾滴进一步雾化成直径为100~150 μm的细雾，并吹送到较远处。它有背负式、担架式等多种，主要由药箱、风机和喷头三部分组成（图3.20）。工作时，动力机驱动风机高速旋转产生高速气流，大量气流经过喷管被气力式喷头吹出，少量气流经过进气阀到达药箱液面上部的空间，对液面施加压力；药液在气压的作用下，经过输液管到达气力式喷头，从喷嘴周围的小孔喷出，喷出的粗液滴被强大的气流撞击，细散成雾滴，由气流运载到远方，在运载途中，雾滴进一步弥散，沉降在植株上。

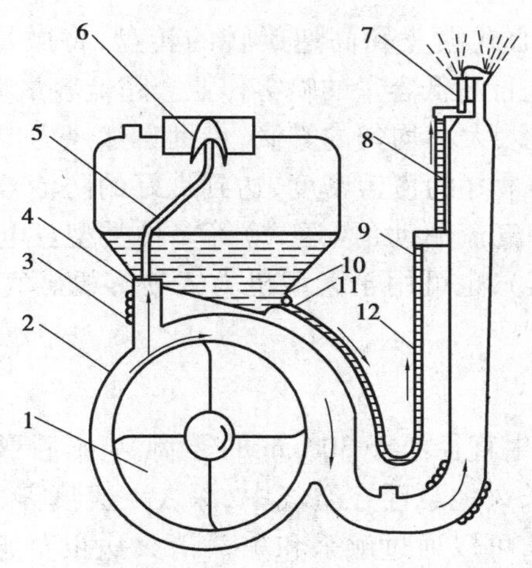

图 3.20 背负式弥雾机工作原理

1—叶轮；2—风机壳；3—进气阀；4—进气塞；5—进气管；6—滤网；7—喷头；8—喷管；9—开关；10—粉门；11—出水塞接头；12—输液管

弥雾机可以一机多用，只要更换个别附件就可以实施多功能作业。例如，若更换上离心式喷头（图 3.21），可进行超低容量喷雾。因此该机适用范围广，使用普遍；雾滴细，雾化质量高；附着性好，农药损失少，作业质量高；雾滴分布均匀，能喷洒原药，减少用水量，节约劳力，提高工效，降低了成本；并且由于气流对植株枝叶的吹动，提高了雾滴的穿透力，增强了防治效果。另外，弥雾机结构简单、轻便、药液不接触风机、避免了腐蚀和磨损、耐用性强。

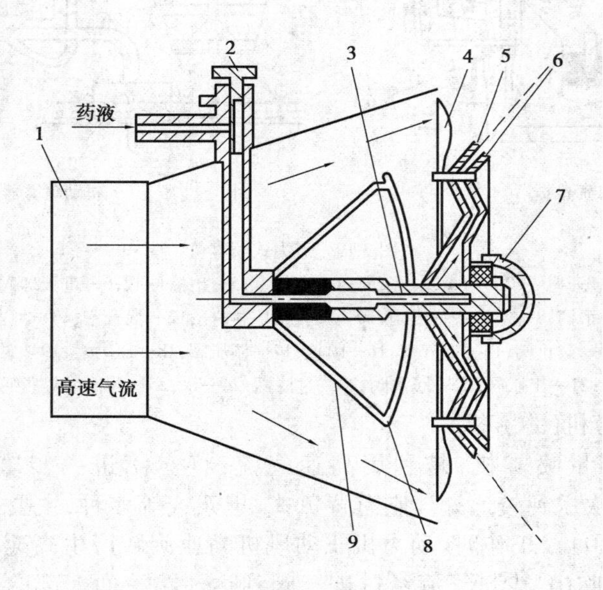

图 3.21　风送离心式喷头

1—喷口；2—流量开关；3—空心轴；4—驱动叶轮；5—后齿盘；
6—前齿盘；7—轴承；8—分流锥盘；9—分流锥体

（3）离心式喷雾机

离心式喷雾机采用离心式喷头和高速旋转的转盘，将微量原药溶液甩出，形成直径 20~100 μm 的细微雾滴，进行超低容量的喷雾作业。超低容量喷雾是将少量农药原液或高浓度的油剂分散成数量极多、大小均匀的雾滴，借助自然风力或风机产生的风吹送、飘移、穿透和沉降到植株上，获得最好的覆盖密度，达到良好的防治效果。按照其雾化盘的驱动方式，可以分为电机驱动和气流驱动（风送式）等多种类型。电机驱动常用于手持式超低量电动喷雾器（微量喷雾器），也可用于大型机力式喷雾机。气流驱动常用于背负式机动超低量喷雾机。

2）烟雾机

烟雾机可以使药液产生直径小于 30 μm 的雾滴，喷出后形成烟雾。其烟雾可以充满在一定的空间内，可以较长久地悬浮在空气中，深入一般喷雾、喷粉不能达到的空隙。长时间悬浮在空气中的烟雾，可以通过触杀和熏蒸消灭病虫草害。因此，烟雾机特别适于消灭飞动的害虫。因烟雾机不用水或少用水，受地区条件的限制小，适于高竿植物的病虫草害防治，特别适于园艺设施等封闭场所的消毒。根据雾化温度的不同，烟雾机可以分为：

(1)常温烟雾机

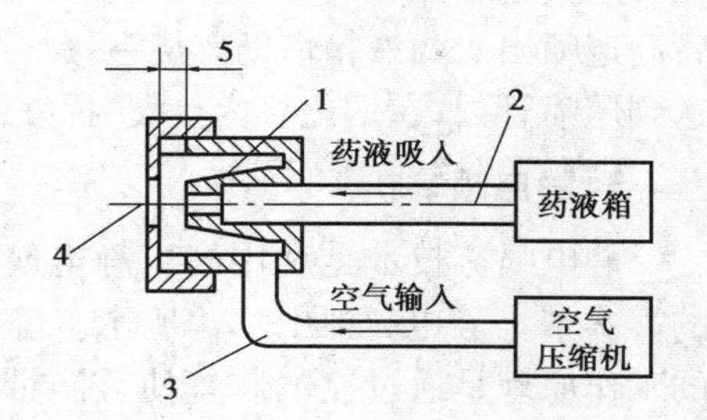

图 3.22 常温烟雾机的基本原理
1—涡流室;2—输药管路;
3—输气管路;4—混合室

常温烟雾机是一种新型、高效、快速防治病虫草害的化学药物施药机械,在常温下使药剂雾化,农药有效成分不被分解,而且水剂、乳剂、油剂和可湿性粉剂等均可使用,不需要加扩散剂;具有雾化完全、环境污染少、电机工作效率高等优点。目前国内的常温烟雾机的工作过程是:由空气压缩机输出一定压力的空气,经过输气管路切向进入涡流室(图 3.22);空气在其中边高速旋转边轴向前进;高速旋转的气流,在混合室中心形成一定的真空度;药液被吸入混合室与高速旋转的空气混合,气液混合物高速喷出,形成烟雾。改变其气液比,可以调节雾滴直径的大小,达到理想的烟雾状。其中,3YC-50 型常温烟雾机非常适合在园艺设施中应用。

(2)热烟雾机

热烟雾机是利用燃料燃烧产生的高温气流,使液态药剂蒸发和热裂成直径为 5~50 μm 的极细小微粒的烟雾,再被风机或喷气式发动机产生的高速气流冲击扩散喷出。热烟雾机一般由燃烧系统、冷却系统、燃油系统、启动系统和药剂系统等组成,如图 3.23 所示。

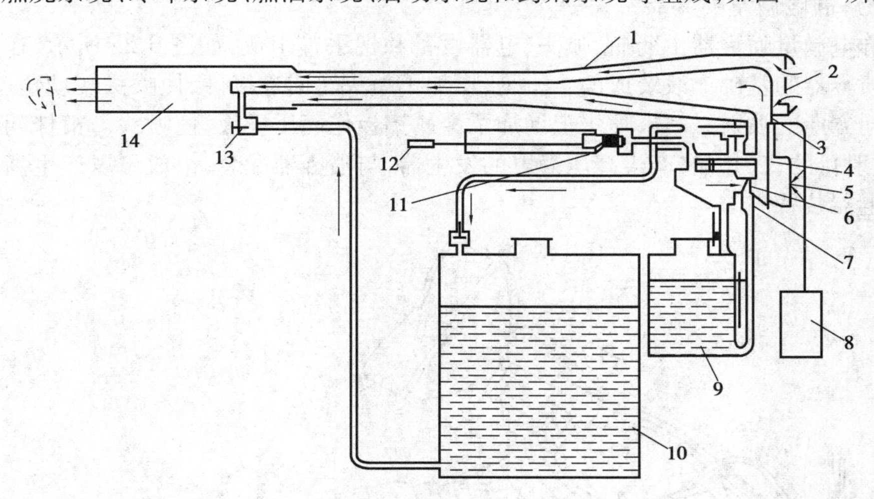

图 3.23 热烟雾机工作原理
1—冷却管;2—冷却空气入口;3—火花塞;4—喷雾杆;5—进气筒;
6—喷嘴;7—油嘴;8—点火系统;9—汽油;10—烟剂;11—唇阀;
12—打气筒手把;13—开关;14—烟化管

工作时,用打气筒将压缩空气通过唇阀送到分气接头。再分成两路,一部分进入储气室,在此又分两部分,一部分经下部输气管传到汽油箱,把汽油压到雾化嘴的存油槽;另一部分通过储气室端部的管道在喷嘴管处由于突然缩小产生高速气流,使该处压力下降形成压差,将进入存油槽的汽油吸入,在高速气流作用下形成细小的汽油雾滴,被吸入进气管。另一路压缩空气经输气管直接通进气管,进气阀由于压缩空气进入产生压力而关闭,使空气和汽油的雾状气体只能通过进气管进入燃烧室,在进气管中的喷雾杆作用下,使雾状汽油和空气继续充分混合，由火花塞点燃后在燃烧室内爆炸燃烧，产生高温高压燃气，从尾喷管高速喷出。药液箱借助燃烧室爆炸产生的压力通过唇阀充气增压，使油溶性药剂受压输送到尾喷管处，在烟化管内热裂，挥发成烟雾喷出。

3）静电喷雾机

静电喷雾技术是利用高压静电使喷洒出来的雾滴带上静电，如图3.24所示。静电喷雾机的工作原理是通过充电装置使雾滴带上极性电荷，目标物将产生与喷嘴极性相反的电荷，在二者间形成静电场。带电雾滴受喷嘴同性电荷的排斥，同时受目标异性电荷的吸引，使雾滴飞向目标的各个方面，包括正面和反面。试验表明，直径20 μm的雾滴在无风时（非静电力状态），其沉降速度为3.5 m/s，而微风能使它飘移100 cm，在105 V高压静电场中使该雾滴带上表面电荷时，它会以40 m/s的速度直奔目标而不会被吹走。因此，其优点在于提高了雾滴在植株上的沉积量，雾滴分布均匀，飘移量减少，节约了用药量，减少了对环境的污染，提高了防治效果。目前我国应用的主要有：

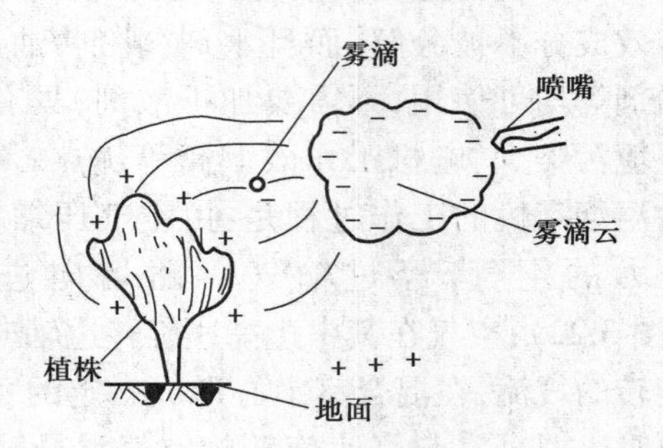

图3.24　静电喷雾原理图

（1）手持静电微量喷雾器

手持静电微量喷雾器由药瓶、喷头、电器设备和把手等组成，如图3.25所示，在手持电动离心式喷雾器的基础上改装成的。一是，增加了喷头转向连接件，使喷头转动角度增大，能满足不同方向的喷射；二是，喷头上增加了金属铝板作高压极板，使喷头与植株间产生电场，达到喷射目的；三是，有产生高压静电的发生器，与喷雾器配套，组成可以产生高压静电场的一套电器装置。

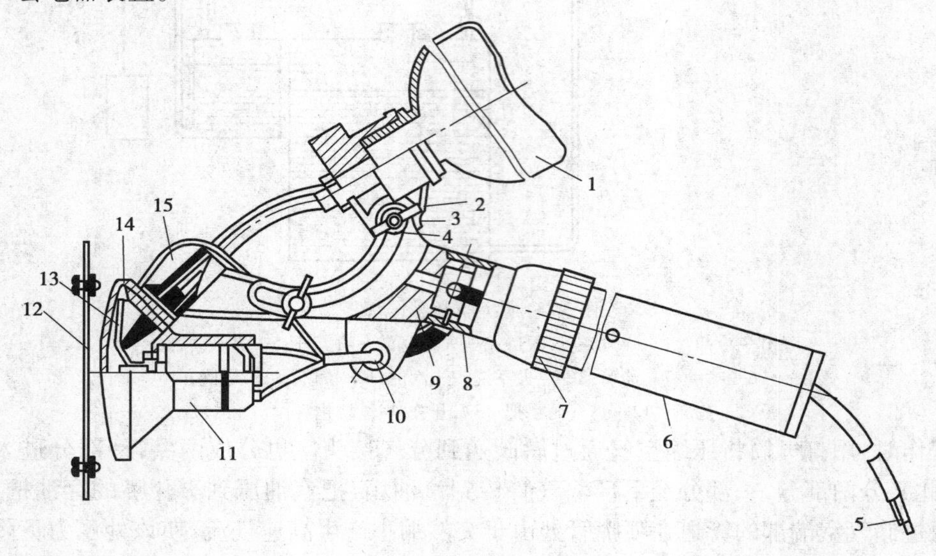

图3.25　手持静电微量喷雾器

1—药液瓶；2—螺母；3—螺钉；4—垫圈；5—高压导线；6—把手外管；7—束节；8—把手内管；9—支架；10—杆座；11—微电器；12—高压极板；13—雾化盘；14—叶轮外罩；15—流量表

工作时，接通电源开关，电机以 8 000 r/min 的速度带动叶轮旋转，高压发生器发生高压，由电缆输送至流量器的高压电极和阴极板上，在喷头和大地间形成一个高压静电场。药液按照与手持电动离心式喷雾器相同的雾化原理和方式形成 20～100 μm 的均匀雾滴。因阴极和植株间具有高压电场的电场力，雾滴迅速地飞向植株表面。

(2)静电喷雾机

静电喷雾机主要由机架、高压静电发生器、喷头总成和电源等部分组成，如图 3.26 所示。机架由大框架、桁架、主喷杆等构成；高压静电发生器由电源变换器和倍整流器等构成；喷头由微型电机、雾化盘极板、喷头体等构成。工作时，高压静电发生器产生的高压负电直接加在喷头的药液管上，药液通过时，会带上负电。因喷头的极板也带高压负电，因此在植株上产生正电位，二者间形成电场，带负电的药液直接被吸向带正电植株的各个部位。

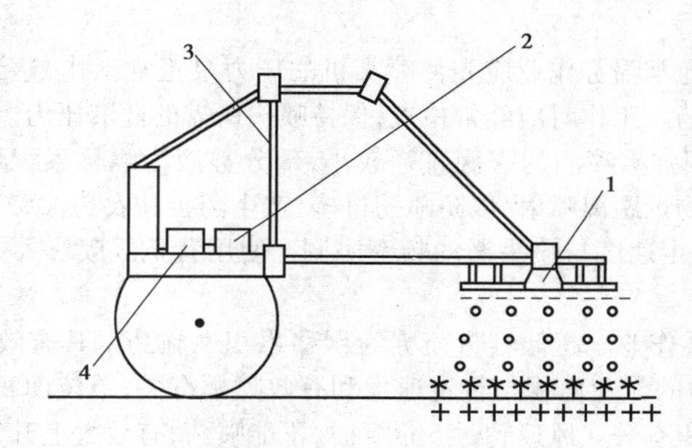

图 3.26 静电喷雾机的工作原理图

1—喷头总成；2—高压静电发生器；3—机架；4—电源

4)其他植保机械

(1)喷粉机(喷粉器)

喷粉机利用其风机产生的气流，使药粉形成直径为 6～10 μm 的细小粉粒，喷撒到植株上。

(2)拌种机

拌种机是用于将药剂和种子拌和的一种机械。

(3)土壤或基质消毒机

土壤基质消毒机是将化学药剂注入土壤或基质中，进行消毒处理的机械。

(4)果树注射器

3.6.2 植保机械的使用

园艺设施中，最为常用的植保机械是喷雾机。以下以喷雾机和常温烟雾机为例说明植保机械的使用规范。

1)喷雾机的使用

(1)机具准备

喷雾作业前应对喷雾机进行全面、认真的检查和维护,使其处于良好的工作状态。

①检查喷雾机各滤网是否完好,各连接部件是否紧固,开关是否灵活,接头是否畅通且不漏液,各运动部件是否转动灵活。

②检查压力表和安全阀是否正常。

③根据喷雾作业要求,正确选择喷雾机的类型、喷头形式和喷孔尺寸。多头喷雾机应根据植物的行距和喷雾要求配置喷头。

④向各注油点加注润滑油,并检查动力机的润滑油油面。

(2)使用方法

①试喷　喷雾作业前,用清水试喷,检查各工作部件是否正常,有无渗漏或堵塞,喷雾质量是否符合要求。

②作业方法　通常喷雾作业应先使喷雾机的压力泵正常工作,达到规定的工作压力,再打开喷药开关喷药。工作时应经常检查,保持喷头所需的药液压力。

a.弥雾作业。因弥雾喷洒的雾滴直径较小,部分雾滴为飘移累积性施药。作业时,绝对不能直接对着植物近距离喷射,以防喷药过多,产生药害和农药浪费。作业时,应使喷头来回摆动,并保持行走速度与喷头摆动频率协调。使用背负式喷雾器时,人每走一步喷头来回摆动一次。

b.超低容量喷雾作业。超低容量喷雾为飘移累积性施药。其有效喷幅面积与自然风力有关;单位时间内的作业面积与行走速度和有效喷幅有关;单位面积施药量与单位时间药液流量和作业面积有关。风速超过 5 m/s 时,不能喷药,有较大上升气流时也不能喷药。

③喷雾行走法　通常采用梭形走法,并按规定的行走速度匀速行走,以确保单位面积的用药量。

(3)检查喷雾质量

喷雾质量的检查项目,主要包括雾滴在植株上的覆盖密度、雾滴均匀度和施药量等。

雾滴覆盖密度的检查方法是:喷雾作业前,在植株上隔一定距离(包括沿喷幅和行走方向,植株的上、中、下部),夹上白纸片。在药液中掺入 0.2%印刷油墨蜡红(加入油剂农药)或红染料(加入水剂农药)。喷药后取回白纸片,检查每平方厘米的雾滴数量和雾滴分布的均匀程度。超低容量喷雾通常每平方厘米有 8~10 个雾滴,这一标准为有效喷幅边界。找到喷头最远处每平方厘米有 8~10 个雾滴的白纸片位置,此位置到喷头的距离,为有效射程(喷幅)。

(4)维护保养

①喷药后及时清洗相关部件,以防药液腐蚀。喷雾机工作结束后,应用清水喷几分钟,以洗净药液箱、压力泵、管路和喷射部件内的残存药液,并排净清水。

②按说明书的相关规定清洁、检查、润滑和更换相关部件,以保持良好的技术状态。

③长期存放机器时,应卸下三角皮带、喷雾胶管、喷射部件、混药器和进水管等部件,清洗晾干,与喷雾机一起集中存放在干燥通风的室内,橡胶制品应悬挂在墙上,避免压、折;打开喷射部件的开关,拆下药桶盖,把药桶和喷射部件倒挂在干燥通风的室内。

④注意喷雾机不能与腐蚀性农药或化肥等放在一起。

⑤除橡胶件和塑料件外，机具内外涂漆的外露零件应涂上润滑脂，以免生锈腐蚀。

(5)安全操作规则

①操作人员应戴口罩、手套，穿长袖衣服并扎紧袖口，穿长裤和鞋袜；操作中禁止吸烟和饮食；操作结束后用肥皂清洗手和面部。

②作业中，检查并保持规定的喷雾压力，开关和各接头处有无渗漏药液。发现故障时，应及时检查排除。

③喷药时应做到顺风喷、隔行喷、倒退喷、早晚喷，确保安全。

④喷药作业结束后，药箱、管道、滤网等用清水洗净、晾干。晾干后，对转动部位用润滑油润滑，并置于阴凉干燥处。

2)常温烟雾机的使用

(1)操作

①烟雾施放宜在晴天日出前或日落后进行；阴天且风速在 1 m/s 以下时，可整天喷烟。

②喷烟机停止工作时，应该先将药剂开关关闭，等待停止喷烟后，再停止发动机。

(2)维护

①喷烟作业后，应及时清洗喷烟机构、药剂管道、烟剂管道、烟剂开关、油嘴和药箱等。

②取下雾化杆，用特制的清炭工具清理喉管内壁。

③清除尾喷管的积炭。操作时，拿住清炭管(专用工具)，把清炭头插入尾喷管，沿着管壁来回拉动，可将积炭清除。

任务 3.7 智能化系统

活动情景 大型园艺设施的规划设计中，为了实现对各种环境因子的系统、科学控制，应设计并安装环境的智能化控制系统。本任务主要学习智能温室中的各种智能控制系统及其要求。

工作过程设计

工作任务	任务 3.7 智能化系统	教学时间	
任务要求	1.清楚智能温室的主要智能化控制系统类型 2.熟悉智能温室的智能化控制原理与应用要求		
工作内容	1.调查智能温室，熟悉其智能化控制系统的类型 2.指导学生认识智能化控制系统的设备组成		
学习方法	以课堂讲授和自学完成相关理论知识学习，以田间项目教学法和任务驱动法，使学生学会智能温室的智能化控制系统的规范操作		

续表

工作任务	任务 3.7　智能化系统	教学时间	
学习条件	多媒体设备、资料室、互联网、智能温室等		
工作步骤	资讯：教师由智能温室的环境智能化控制引出任务内容，进行相关知识点的讲解，并下达工作任务； 计划：学生在熟悉相关知识点的基础上，查阅资料收集信息，进行工作任务构思，师生针对工作任务有关问题及解决方法进行答疑、交流，明确思路； 决策：学生在教师讲解和收集信息的基础上，划分工作小组，制订任务实施计划，并准备完成任务所需的工具与材料，避免盲目性； 实施：学生在教师辅导下，按照计划分步实施，进行知识和技能训练； 检查：为保证工作任务保质保量地完成，在任务的实施过程中要进行学生自查、学生互查、教师检查； 评估：学生自评、互评，教师点评		
考核评价	课堂表现、学习态度、任务完成情况、作业报告完成情况		

工作任务单

工作任务单					
课程名称	园艺设施		学习项目	项目 3　园艺设施材料及配套设施	
工作任务	任务 3.7　智能化系统		学　时		
班　级		姓　名		工作日期	
工作内容与目标	1.调查智能温室的环境控制系统，熟悉其智能化控制系统的不同类型 2.指导学生认识智能温室的智能化系统的各个组成部分				
技能训练	1.调查智能温室，认识智能温室内的智能化控制系统 2.现场操作学习，熟悉智能温室的智能化控制系统的结构组成				
工作成果	完成工作任务、作业、报告				
考核要点（知识、能力、素质）	知道智能温室的智能化系统的设计要求； 能完成园艺设施主体的科学规划； 独立思考，团结协作，创新吃苦，按时完成作业报告				
工作评价	自我评价	本人签名：		年　月　日	
	小组评价	组长签名：		年　月　日	
	教师评价	教师签名：		年　月　日	

任务相关知识点

现代化温室中的各种环境控制系统和设备,必须在智能控制系统的控制下,才能正常地自动调节控制设施内各个环境因子。智能温室的环境控制系统是其最为重要的系统,对设施内的环境进行着调控和综合协调,以满足不同气候条件下不同植物的不同生长阶段对环境的不同需要,保证植物的生长发育良好。

3.7.1 温室智能控制系统的功能

智能温室中安装有各种不同的物理、化学和生物传感器,时刻检测着温室环境中各种物理量的变化,将检测到的信号经过模数转换,传递给计算机进行判断和处理,然后计算机向各种执行机构发出命令信号,执行机构动作使不同植物在不同生长时期得到其适宜的温度、湿度、光照、CO_2浓度等环境因子,使植物生长发育良好(图3.27)。智能温室的自动控制系统应当具有以下功能:

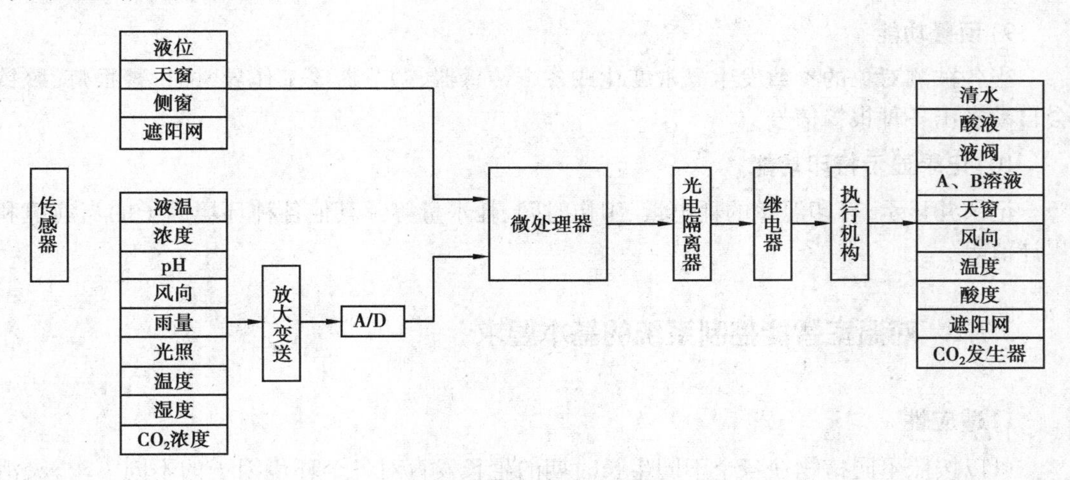

图3.27 微机总体控制系统

1)降温控制功能

被检测对象是温室内的温度,当温度超过设定值时,温室的遮阳幕帘、通风设施和湿帘见机等系统的装置会自动工作。

2)换气控制功能

被检测对象是温室内的温度和湿度,当温度和湿度高于或低于设定值时,温室会自动开启天窗、侧窗和通风扇。

3)加温功能

被检测对象是温室内的温度,当温度低于设定值时,温室会自动接通采暖设备系统。

4)遮光控制功能

被检测对象是温室内的温度、太阳辐射能,根据需要自动开启或关闭遮光幕帘。

5) CO_2浓度控制功能

被检测对象是温室内的CO_2浓度，根据温室内的CO_2浓度的数据，自动控制温室内CO_2发生器的CO_2释放量。

6) 加湿控制功能

被检测对象是温室内的湿度，当温室内的湿度超过或低于设定值时，温室内的加湿系统（如喷雾系统）会自动启动或关闭。

7) 自动灌溉功能

被检测对象是温室内的土壤或基质中的水分含量，当其水分含量超过或低于设定值时，温室内的自动灌溉系统会开启或关闭。自动灌溉系统还包括肥料、营养液，甚至农药的输送。

8) 光照补充功能

被检测对象是温室内的光照，当自然光照度或光照时间不能达到设定值时，温室内的补光系统会自动开启，进行补偿。

9) 预警功能

当各被测对象的参数发生异常变化或各个传感器、调节器等工作异常时，警报灯、警铃会自动发出各种报警信号。

10) 记录显示打印功能

记录并显示、打印温室的耗电量、工作时间、耗水量等及其他各种环境因子的当前值和累计值等。

3.7.2 对温室智能控制系统的基本要求

1) 适应性

可以按照不同植物在各个不同生长时期的生长发育对各个环境因子的不同需求，灵活方便地调整各被控对象，以满足温室植物生产的需求。

2) 可靠性

由于温室内的小气候环境是高温、高湿及存在一些酸性气体，智能控制器处于不利的环境下工作，因此要求这些仪器等应具有较高的可靠性和较高的自我保护性。

3) 自动调控精度

各个控制器要求能够满足不同植物的生长要求即可，不必要求很高的精度，防止造成成本的增加。

4) 控制计算机化程度高

智能温室环境因子的计算机控制已逐渐在国内外得到推广应用，这就要求除了有一套相应的硬件系统外，也应该有一套完善的软件系统。其软件包含系统软件和应用软件。

3.7.3 温室环境控制系统

1)开关控制

开关控制类型中,最简单的是单步长开关控制过程。例如,屋顶喷淋系统就是一个典型的单步长开关系统,但是其控制精确度较低。因此,目前强制通风系统、遮阳/保温幕帘系统均采用多步长开关控制原理。例如,在强制通风系统的降温控制过程中,可以按照设施内外温差的大小启动一组或多组风机。不论是单步长开关还是多步长开关控制,其共同特点是控制设备在目标参数设定值附近会频繁地开关,这样不仅会损坏帘幕,还会损坏传动机构的寿命。同时,一些设备的频繁开关会对设施生态环境造成不利的影响。例如,燃油或燃气热风炉每次启动,会产生因不完全燃烧生成的有害气体,导致设施的生态环境受到污染。

为将上述问题对设施生态环境和设备的寿命影响降低到最低程度,一般采用延时、盲区设置或参数测量多次进行平均等方法。延时技术是在某一控制设备启动之后,人为地设定在设备运转一定时间后方可停止。此方法适于屋顶喷淋系统、热风炉和帘幕系统的自动控制。盲区设置技术在温室设备开关控制中应用也较为普遍。它是在设定值附近规定一盲区,当实测值低于盲区时,设备停止运转;当实测值高于盲区时,设备启动。而平均值技术较适于瞬时状态急剧变化的参数测量和处理。例如,光照、风速、风向、降水等环境因子瞬时变化的情况很多。测量间隔通常为 1 次/min,采用每 5~15 min 测量的平均值作为设施生态环境控制的依据。

2)比例控制和比例加积分控制

目前的温室一般采用比例调节原理控制通风窗的开度,进而控制通风速率,以调节温室内的温度。在具体实施时,设有比例调节温区的设定参数为 P。它对应着通风窗全开位置时所超出通风温度的数值。如,设定通风温度 20 ℃,P 值设定为 10 ℃。温室内的温度超出设定温度 10 ℃时,对应通风窗开启度为 100%。在此范围内,温室内的温度每升高 1 ℃,对应顶窗的开度增幅为 10%。调节 P 值可调整通风窗开度的步长。P 值较大时,通风窗开度步长较小。园艺设施的通风速率与通风窗面积和室外风速呈线性相关。温室内的热量和水分散失在低温、强风的冬季,比高温、微风的夏季快很多。这样,在室外不同温度调节和风速调节时,应选择合适的 P 值,以达到更好的控制效果。

从控制的稳定性和精度来看,P 值要求在适宜的范围内。若 P 值过小,会造成控制过程的不稳定;若 P 值过大,会造成控制误差增大。

在以上比例过程中,对阶跃输入的响应会有稳态误差。因此,在比例控制的基础上,加上了积分控制,即构成比例加积分控制。应该注意的是,在积分控制作用消除误差的同时,可能会导致振幅缓慢地减小或渐增的振荡响应,应尽可能避免这两种情况。

在加热系统的控制中,也可采用比例加积分控制。不同之处在于,目标温度是由加热温度换算而来的管道温度,并非温室内的环境温度。同时,管道温度计算过程中也要考虑室外条件的影响。如,当室外温度下降到一定值或风速超过一定值时都应相应地提高管道水温。

开关控制、比例控制和比例加积分控制都存在以下缺点:实行控制时,测量目标值和实际值一定会有偏差;温室本身热容的存在,使实际供热的时间迟于加热过程的时间;温室本身热容量的存在,使传感器的实测值迟滞于环境空间的实际温度值。

3)最优控制和适应式控制

单一控制各个环境因子的综合效果通常不一定是最佳的,且各环境因子之间也有相互影响,因此,如何制定最佳的调控方案,使植物生长在最适宜的环境条件下,实现优质、高产和高效,成为今后园艺设施实现自动控制的发展方向。目前,国际上许多研究机构正在采用最优控制和适应式控制等现代控制方法,研究和开发设施生态环境的新型测控系统。在新型测控系统的开发中,研究和建立被控目标同许多影响因素间的关系至关重要。

植物生命过程的本质是CO_2和水在光照下进行光合作用,产生有机物质的过程。影响光合作用的因素有光照、CO_2浓度、温度和湿度等。光合作用的效率进一步影响植物的生长发育。因此,可以把光合作用效率或植物吸收CO_2的速度作为控制目标值(F);影响光合作用的各种因素,如温度T、湿度H、光照强度L和CO_2浓度C_{CO_2}作为F的变量,可以用函数表示为$F=f(T,H,L,C_{CO_2})$。这样,在计算机的帮助下改变T、H、L、C_{CO_2},以期获得最理想的F值,这一系统称为自动寻优系统。

另一控制方案是固定生长模式方案,首先把植物生长发育各个阶段需要的最佳条件作为标准输入到计算机系统,即设定值;系统运行时,把各环境因子的传感器提供的信号与设定值相比较,得出相应的偏差,命令相应的执行机构动作,调节设施内的环境因子,使其适应植物生长发育的需要。

以上两种调控方案均是以植物的生长发育最优为目标,以计算机为技术核心的。图3.2是以计算机为基础的设施综合调控系统的硬件图,包括两大部分:

(1)设施内各个环境因子状态检测部分

此部分包括各种传感器(将各种非电量转换为相应的电信号量)、测量放大器(将传感器及相关器件得到的电压信号放大到满足A/D转换器的输入模拟量的电压值)、模拟/数字转换器[A/D,将模拟量(一般为0~5 V)转换为相应的数字量]和多路开关等环节。

(2)控制部分

此部分包括核心器件——微处理器(主要包括中央处理器CPU、可编程存储器RAM和EEPROM、输入/输出接口、定时器和时钟脉冲发生器等)、输出接口电路、继电器和各种调节机构及键盘、显示、记录和保护等外部设备。

完成调控系统的硬件设计和安装后,最重要的工作就是软件设计。系统软件由主程序、数据(信号)巡回采集及处理子程序、显示子程序、键盘中断服务程序和定时器中断服务程序等构成。主程序是决定系统运行顺序的主体和关键,一般应按以下顺序执行:

①初始化:主要是定义定时器、计数器以及各接口的功能、开启中断等。

②将各设定值的上下限及最适值等参数由键盘传送至指定的RAM单元中。

③巡回检测、显示和控制温室内的各环境因子,如果超过设定值,会启动相应的设备。

由于此类系统的一般软件都是模块化设计,因此可根据植物的种类、不同的生长阶段,设定不同的参数,以期获得植物的最优生长。

对于温室群,可以将多栋温室的单独控制转变成温室群的智能化集散控制系统,可以由一台计算机作为上位机,多台计算机作为下位机;每台下位机对一栋温室进行实时调控,同时借助通信接口将各栋温室的数据报送上位机，由上位机完成数据管理、智能决策、历史资料的统计分析，并对数据进行显示、编辑、存储、打印等。因此，以计算机为基础的温室调控系统是现代化大型温室的关键技术措施，其应用也会越来越广泛，这对现代农业生产有巨大的推动作用。

项目小结

进行园艺设施的结构设计时，特别是大型园艺设施，必须充分考虑其设施建造材料、配套环境控制系统以及小型园艺机械的科学选用。设施的围固支撑材料和采光材料的选用；设施内温度、湿度、光照、气体、植物营养等环境控制系统的选用和管理；设施内植保系统的选用；以及设施内智能化控制系统的选用和环境的整体控制，都是园艺设施中非常重要的内容。

思考练习

1.园艺设施的常用围固材料有哪些？
2.常用的园艺设施采光材料有哪些？并简述其主要应用。
3.园艺设施的温度调控系统有哪些？
4.如何进行园艺设施内的CO_2气体调控？
5.简述园艺设施灌溉施肥系统的基本组成。
6.简述园艺设施植保机械的特点及应用。
7.什么是园艺设施的智能化控制系统？

实训8：园艺设施围固支撑材料的调查

1)实训目的

正确识别各种设施围固支撑材料；掌握其种类、性能和价格。

2)实训材料与用具

各种不同类型的园艺设施；皮尺、铅笔、橡皮、专用绘图工具和纸张等。

3)实训内容

(1)实地调查

将学生分成小组，通过查阅资料、参观走访等各种形式，调查了解各种不同园艺设施围固支撑材料的种类、性能和价格，填入下表。

表3.4 园艺设施围固支撑材料调查表

园艺设施类型	种 类	性 能	数 量	价 格
近地面设施				
简易设施				
薄膜拱棚				
日光温室				
智能温室				

(2)作出预算

根据查阅或调查结果,制订购买计划,如材料、性能、数量、价格等,作出初步的成本预算。

(3)交流分析

小组内对预算结果进行交流分析,并提出适宜围固支撑材料设计方案。

4)实训作业

整理交流结果,每人书写一份园艺设施围固支撑材料的调查报告。

实训9:不同采光材料的性能比较

1)实训目的

正确识别几种常见的园艺设施采光材料;了解其种类、规格型号;通过观测调查掌握其性能。

2)实训材料与用具

地膜、塑料薄膜、玻璃、塑料板材等设施采光材料;温度计、湿度计、照度计、测角仪等。

3)实训内容

(1)实地调查

将学生分成小组,通过查阅资料、参观走访等各种形式,调查了解各种园艺设施采光材料的种类、性能和价格,填入下表。

表3.5　园艺设施采光材料调查表

园艺设施类型	种　类	规　格	性　能	价　格
近地面设施				
简易设施				
薄膜拱棚				
日光温室				
智能温室				

(2)作出预算

根据查阅或调查结果,制订购买计划,如材料、规格、性能、价格等,作出初步的成本预算。

(3)观测数据

连续一周观测不同采光材料覆盖下的设施内的温度、湿度、光照度等指标,并与外界温度、湿度和光照度进行比较,列出如下数据表。

表 3.6 不同采光材料观测数据表

采光材料	温度/℃	相对湿度/%	光照强度/lx
地　膜			
塑料薄膜			
玻　璃			
塑料板材			

4)实训作业

根据不同采光材料的调查结果和观测的环境指标数据,归纳并总结比较各种采光材料的基本性能。

实训 10:园艺设施智能化系统的操作

1)实训目的

认识现代化温室的智能化控制系统;学会利用智能化系统进行设施环境控制的操作技术。

2)实训材料与用具

有智能化控制系统的现代化温室。

3)实训内容

(1)认识温室的智能化控制系统

教师介绍现代化温室中智能化控制系统的作用及其原理、组成等相关知识,学生观察认识智能化控制系统的结构组成和特征。

(2)学习温室智能化控制系统的操作

教师首先现场演示温室智能化控制系统的规范操作过程,学生在教师的指导下独立完成智能化控制系统的操作过程。

4)实训作业

(1)简述现代化温室的智能化控制系统的原理。

(2)说明现代化温室智能化控制系统的操作规范和注意事项。

园艺设施温度环境特点及调控

项目描述　温度是影响作物生长发育的主要环境因子之一。在了解园艺设施热量收支状况与温度环境变化规律的基础上，熟练园艺设施保温、加温和降温的技术措施，掌握园艺设施温度环境调控的原理与温度环境调控基本技巧是本项目的重点。

学习目标　掌握园艺设施的热量收支状况和温度环境特点。

能力目标　温度环境调控的基本技巧及园艺设施保温、加温和降温设施的操作要领与步骤。

项目任务

专业领域：园艺技术　　　　学习领域：园艺设施

项目名称	园艺设施温度环境特点及调控
工作任务	任务 4.1　园艺设施温度环境特点
	任务 4.2　园艺设施温度环境调控
项目任务要求	技能要求：园艺设施温度环境调控基本技巧 知识要求：园艺设施热量收支状况和温度环境特点 素质要求：增强责任感、使命感、事业感，提升热爱本专业的积极性

任务 4.1　园艺设施温度环境特点

活动情景　温度是影响作物生长发育的最重要的环境因子，它影响着植物体内一切生理变化，是植物生命活动最基本的要素。了解设施内热量收支状况、温度变化规律和温度环境特点是制定调控措施的重要依据。

工作过程设计

工作任务	任务 4.1 园艺设施温度环境特点	教学时间	
任务要求			
工作内容	1.查阅资料 2.看课件 3.听讲解		
学习方法	以查阅资料、课堂讲授完成相关理论知识学习		
学习条件	多媒体设备、资料室、互联网、生产工具、实训基地等		
工作步骤	资讯:教师带领学生到附近塑料大棚、温室等设施园艺生产现场,观察比较设施内外温度差异引入教学任务内容,进行相关知识点的讲解分析,并下达工作任务; 计划:学生在熟悉相关知识点的基础上,了解设施内热量收支状况,掌握设施内温度变化规律和温度环境特点; 评估:学生自评、互评,教师点评		
考核评价	课堂表现、学习态度、作业完成情况		

工作任务单

工作任务单					
课程名称	园艺设施		学习项目	项目 4 园艺设施温度环境特点及调控	
工作任务	任务 4.1 园艺设施温度环境特点		学 时		
班 级		姓 名		工作日期	
工作内容与目标	现场测定设施内外温度差异,并测定设施内昼夜温度变化,不同天气状况和不同高度及不同水平方向的温度差异,并分析原因,借助课件,查阅资料,拜访生产者,聆听讲解,分析归纳总结设施内温度变化规律和温度环境特点				
技能训练	调查统计设施内外昼夜温度变化,设施内外不同天气状况温度差异,设施内外不同高度及不同水平方向的温度差异				
工作成果	完成工作任务、作业、报告				
考核要点(知识、能力、素质)	设施内热量收支状况,温度变化规律和温度环境特点; 根据设施温度分布、变化规律,理论联系,科学制定生产措施; 增强责任感、事业感,提高热爱本专业的积极性				
工作评价	自我评价	本人签名: 年 月 日			
	小组评价	组长签名: 年 月 日			
	教师评价	教师签名: 年 月 日			

任务相关知识点

4.1.1　园艺设施热量收支状况

设施内的热量主要来自太阳辐射能和人工辅助加温两条主要途径，热量支出有辐射放热、贯流放热、通风换风放热、土壤传导失热（地中传热）、显热放热和潜热放热5条主要途径（见图4.1）。

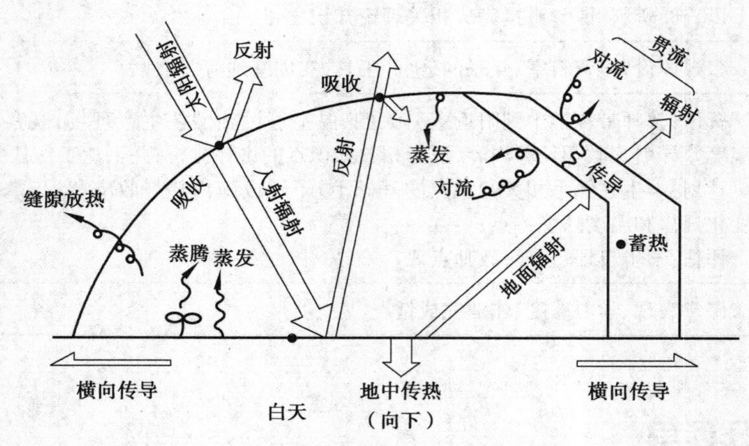

图4.1　设施内热量收支状况示意图

1）热量来源

（1）太阳辐射

晴朗的白天，当太阳光线照射到透明覆盖物表面上后，一部分光线透过覆盖物进入设施内，照射到地面、墙体、后坡及植株上，地面、墙体、后坡及植株获得太阳辐射热量，地面、墙体、后坡及植株体温升高，同时地面、墙体、后坡及植株也放出长波辐射，使气温升高。由于设施处于封闭或半封闭，设施内与外界的冷热空气交流微弱，再加上透明覆盖物对长波辐射透过率较低原因，致使大部分长波辐射保留在设施内，使设施内的气温升高。在没有人工加温的情况下，设施内获得或积累太阳辐射能，从而使设施内的气温高于外界环境气温的一种能力，称为设施的"温室效应"。太阳能是园艺设施的热量主要来源，塑料大棚和日光温室的等设施是根据温室效应原理设计建造的。太阳辐射能增温的效果，受到了许多因素的影响有：

①天气　晴天，太阳辐射较强，设施的增温幅度较高；阴天或多云天，太阳辐射较弱，设施的增温幅度较低。

②设施类型　由于设施结构、空间大小及材料的差异，辐射增温能力也不完全相同。据观测，北方地区日光温室的晴天增温能力一般为30 ℃左右，即温室内白天的最高温度比室外高30 ℃左右；塑料大棚只有15 ℃左右。一般大型设施的内部空间大，蓄能力强，升温缓慢；空间小的设施蓄热量少，升温比较快，温度高。

③透明覆盖物种类　不同透明覆盖物间，由于透光率和红外光的透过率高低等不同，增温情况也不一致。一般规律是，覆盖透光率高的透明覆盖物增温快，覆盖红外光率低的

覆盖物增温也快。

④设施方位 设施方位主要是通过影响设施的采光量多少而对增温幅度产生影响。例如东西延长塑料大棚较南北延长塑料大棚的日采光量大，升温幅度也高。

(2)加温

加温的升温幅度除了受加温设备的加温能力影响外，设施的空间大小对其的影响也很大。据试验温室的高度每增加 1 m，温度升高 1 ℃所需的能量相应增加 20%~40%。

2)热量支出

(1)辐射放热

辐射放热是设施内的热量支出主要途径之一。辐射放热主要是在夜间，以有效辐射的方式通过地面、覆盖物、作物表面有效辐射向外放热。在夜间几种放热的方式中所占的比例很大。辐射放热受设室内外的温差太小、设施表面积及地面面积大小等的影响比较大。不加温时，设施的辐射放热量计算公式为：

$$Q = F_c(S + D)/2$$

式中 Q——整个设施的辐射放热量；

F_c——放热比，计算公式为：S/D。最大值为 1；

S——设施的表面积，m^2；

D——设施内的地表面积，m^2。

(2)贯流放热

在地面得到的热中，有一部分以反射和对流的形式被传递到温室各维护面(包括墙体、屋顶及棚膜)的内表面，然后又由外表面以辐射和对流的方式把热量散失到空气中去。这样一个包括辐射+对流→传导→辐射+对流的失热过程。我们把通过覆盖材料或围护材料向外散放叫做“贯流放热”。

贯流放热的快慢受到了覆盖材料或围护材料的种类、状态(如干湿)、厚度、设施内外的温度差、设施外的风速等因素的影响。材料的贯流放热能力大小一般用热贯流率来表示。热贯流率是指材料的两面温度差为 1 ℃时，单位时间内，单位表面积上通过的热量，表示为 kJ/(m^2·h)。材料的热贯流率越大，贯流放热量也越大，保温性能越差。不同材料的热贯流率值见表 4.1。

表 4.1 几种材料的热惯流率

材料种类	规格/mm	热贯流率	材料种类	规格/mm	热贯流率
玻璃	2.5	20.9	木条	厚 5	4.6
玻璃	3~3.5	20.1	木条	厚 8	3.8
玻璃	4~5	18.8	砖墙(面抹灰)	厚 38	5.8
聚氯乙烯	单层	23.0	钢管	—	41.8-53.9
聚氯乙烯	双层	12.5	土墙	后 50	4.2
聚乙烯	单层	24.2	草沾	—	12.5
合成树脂板	FRP FRA MMA	20.9	钢筋混凝土	5	18.4
同上	双层	14.6	钢筋混凝土	10	15.9

设施外的风速大小对贯流放热的影响也很大，风速越大，贯流放热越快。如导热率为 2.84 kJ/(m^2·h·℃)的玻璃，当风速为 1 m/s 时，热贯流率为 33.44 kJ/(m^2·h·℃)，风速为 7 m/s 时，热贯率为 100.32 kJ/(m^2·h·℃)。所以，低温季节多风地区要加强设施的防风措施。

(3)通风换风放热

该部分包括由设施的自然通风、强制通风、建筑材料裂缝、覆盖物破损、门窗缝隙等渠道进行的热量散放。换气散失热量的计算公式为：

$$Q = RVF(t_r - t_o)$$

式中 Q——整个设施单位时间内的换气热量损失量；

R——换气率，即每小时的换气次数；

V——设施的体积，m^2；

F——空气比热，F=1.29 kJ/(m^2·h·℃)；

t_r-t_o——设施内外的温度差值。

风速对换气放热的影响很大，风速增大时，换气散热量增大。

(4)土壤传导失热

土壤传导失热又叫地中传热，是设施内土壤失热的主要途径。通过土壤上下层之间以及土壤的横向热传递。对温度影响大的是水平方向的热传递。据报道，土壤横向传失热量约占温室总失热量的5%~10%。土壤传导失热受土壤的质地、成分、湿度以及设室内外地温的差值大小等因素的影响。

(5)显热放热

我们把设施内由温差引起的热力传递称为显热放热，显热放热也是设施内放热的途径之一。显热放热通过设施内的局部之间温度差异造成空气流动而失热。

(6)潜热放热

我们把设施内由于水相的变化引起的热量传递称为潜热放热。潜热放热通过设施内的土壤表面水蒸发、作物蒸腾、覆盖物表面蒸发，以潜热的形式失热。潜热失热量较小，一般忽略不计。

4.1.2 园艺设施温度环境特点

1)气温

(1)与外界气温的相关性

①设施内的气温一般情况下高于外界气温　由于温室效应原理，园艺设施内温度大多时候高于外界，这是设施进行非正常季节栽培的基础和主要原因。在非常特殊情况下有时低于外界，即“逆温”现象。“逆温” 现象一般出现在阴天后、有微风、晴朗夜间，设施表面辐射散热很强，设施内气温反而比外界气温还低，我们把这种现象称作“逆温”。其原因是白天被加热了的地表面和作物体，在夜间通过覆盖物向外辐射放热，而晴朗无云有微风的夜晚放热更剧烈。另外，在微风的作用下，室外空气可以大气反辐射补充热量，而由于设施覆盖物的阻挡，室内空气却得不到这部分补充热量，造成室温比外界温度还低。一般在每年10月份至翌年3月份易发生逆“逆温” 现象，逆温一般出现在凌晨，日出后设施迅速升温，

逆温消除。有试验研究表明,“逆温”现象出现时,设施内的低温仍比外界高,所以作物不会立即发生冻害,但“逆温”现象时间过长,或温度过低就会出问题。

②与外界温度有一定的相关性　光照充足的白天,外界温度较高时,室内气温升高快,温度也高;外界温度低时,室内温度也低,但室内外温度并不呈正相关,但设施内的温度主要取决于光照强度,严寒的冬季只要晴天光照充足,即使外界温度很低,设施内温度也能很快升高,并且保持较高的温度;遇到阴天,设施外温度并不低,设施内温度虽然也接收到散射光而上升,但上升很少。

③季节变化规律　设施内温度受外界温度的季节性变化影响很大。低温季节在不加温情况下,温度往往偏低,一般当外界温度下降到-3 ℃时,塑料大棚内就不能栽培喜温性蔬菜,当温度下降到-15 ℃时,日光温室也难以正常栽培喜温性蔬菜。晚春、早秋和夏季,设施内的温度往往偏高,需要采取降温措施,防高温。

(2)气温的日变化

太阳辐射的日变化对设施的气温有着极大的影响。在一天中,设施内最低气温往往出现在揭开草苫前的短时间内,隆冬季节只有6~10 ℃。日出之后设施内气温上升,12时以后上升趋于缓慢,最高气温出现在13时,14时以后气温开始下降,15时以后下降速度加快,日落前下降最快,此时昼夜温差也较大,直到覆盖草苫时为止。盖草苫后气温稍有回升,一般1~3 ℃,以后气温平缓下降,直到第二天早晨。夜间在不进行加温的情况下,由于辐射放热、贯流放热、换气放热等原因,设施内的气温逐渐下降,只有依靠土壤、墙体中等贮存的热量辐射来保持温度,故夜间设施内的地温高于气温。

设施内夜间气温下降的速度与保温措施有关。刚盖完草苫气温回升,原因是设施内的贯流放热是不断进行的,晴天白天太阳辐射能不断透入设施内,设施的热收入大于支出,设施内温度不会下降。到了午后光照强度逐渐减弱,设施内温度开始下降,降到一定程度需要盖草苫保温,致使贯流放热量突然减少,而墙体、温室构件、土壤蓄热向空气中释放,所以这段时间内出现气温回升。

设施内的日较差大小因设施的大小、保温措施、气候等的不同而异。一般大型设施的温度变化比较缓慢,日较差较小,小型设施的空间小,热缓冲能力比较弱,温度变化剧烈,日较差也比较大。据调查,在紧闭情况下,小拱棚春天的最高气温可达50 ℃,大棚只有40 ℃左右;在外界温度10 ℃时,大棚的日较差约为30 ℃,小拱棚却高达40 ℃。晴天时气温变化显著,晴天的日较差较阴天的大。阴天不显著。夜间对设施加盖保温覆盖后,设施的日较差变小。

(3)气温在空间上的分布

设施内的气温在空间上分布是不均匀的。在垂直方向上,白天设施内的气温在垂直方向上的分布是日射型,即设施内的气温随高度的增加而上升;夜间设施内的气温在垂直方向的分布是辐射型,设施内的气温随着高度增加而降低;上午8时至10时和下午14时至16时是以上两种类型的过渡型。

南北延长的塑料大棚里,在水平方向的气温分布是上午东部高于西部,下午则相反,温差1~3 ℃。夜间,大棚四周气温比中部低,所以塑料大棚一旦出现冻害,边沿一带最先发生。

日光温室内气温在水平方向上的分布存在着明显的不均匀性。在南北方向上,中柱前1~2 m处气温最高,向北、向南递减。在高温区水平梯度不大,在前沿和后屋面下变化梯度较大。晴天的白天南部高于北部,夜间北部高于南部。温室前部昼夜温差大,对作物生长有利。东西方向上气温差异较小,只是靠东西山墙2 m左右温度较低,靠近出口一侧最低。

(4)外围护结构与温度环境的关系

外围护结构主要包括墙体、后坡、采光面透光材料3部分。设施结构不同外围护结构又有一定差异。

单屋面温室的外围护结构包括采光面覆盖物和墙体两部分。墙体兼有隔热、储热、放热3个功能。据研究土墙墙体厚度小于50 cm的,白天夜间均为吸热体,不能满足隔热、白天吸热、夜间放热的功能要求。因此,纯土质墙体建造厚度一般要求达到100~150 cm。采用总厚度为48 cm空心夹层砖墙结构的异质复合墙体(自室内向外为:砖12 cm或24 cm+填珍珠岩12 cm+砖24 cm)。白天温室升温阶段,墙体吸收热量,是吸热体,而夜间降温阶段,内侧墙体作为热源向室内释放热量,起到平衡调温作用。异质复合墙体,其内侧由吸放热能力较强的材料组成蓄热层;外侧由导热、放热能力较差的材料(如加气砖)构成保温层;中间是轻质、干燥、多孔、导热能力极差的隔热层。据计算,中间夹层为珍珠岩的墙体内侧在15点至翌日太阳出来前放热期间,放热强度为37.9 W/m^2,无填充物的后墙15点至翌日太阳出来前放热强度仅2.9 W/m^2,其储热保温能力明显降低。

采光面透光材料对温室的保温能力具有重要影响。据观测,PVC透光膜对红外线透射率仅为20%,而PE透光膜对红外线的透光率达到80%左右,而日光能量的50%为波长0.76~2.0 μm。所以在选择采光面材料时,除考虑透光性能外,其保温性能也应是一个考虑因素。

双屋面温室包括墙体、后坡、采光面透光材料3部分。其中,墙体、采光面透光材料要求基本上与单屋面温室相似,后坡建造要有特殊要求。各地建造后坡选用材料差异较大,结构也比较复杂,但总要求除具备隔热、储热、放热外,还要求具有坚固性、耐久性、水密封性要好,内层吸热性要更好,中间层隔热性能要好,外层要防水,而且耐久性好,整个后坡要坚固耐用。

连栋温室采光面采用双层塑膜结构,可大大提高温室的保温性能。双层塑膜结构的透光膜中间由风机充入空气,在两层塑膜之间形成一定厚度的气层,利用空气透光性强而导热率低的特性,白天让太阳光透过的同时,降低通过采光面向外的热流量。据研究,采用双层充气结构,采光面传热系数为4.0 $W/(m^2 \cdot K)$,单层塑膜为6.8 $W/(m^2 \cdot K)$,传导热损率降低41%,从而达到提高热能利用率的目的。

(5)覆盖材料与设施内温度环境的关系

覆盖材料主要功能是增加透光面夜间的热阻。传统的覆盖材料有草苫、蒲席、棉被、无纺布等不同类型。据调查,草帘的保温能力一般为5~6 ℃,蒲席7~10 ℃,双层草帘为14~15 ℃,棉被为7~10 ℃,草帘上加一层由四层牛皮纸复合而成的纸被,保温能力还可提高3~5 ℃。室内架设保温幕(PE膜或无纺布),具有1~3 ℃的保温能力。

由于传统覆盖保温材料具有笨重、易吸水、易污染采光面、机械化操作困难等缺点,近几年新型换代保温材料研制工作上取得了一定进展,主要由微孔泡沫塑料、毛毡、蜂窝塑膜及防水材料构成,重量仅为传统草苫的10%~30%,保温效果与草苫相当。

(6)地中热交换系统对设施温度环境的改善

无论是日光温室,还是加温温室均具有较好的密闭保温性能,即使在寒冷的冬季,也时常有因温度上升过高而需通风降温的现象,致使冬季温室宝贵的热资源因通风降温而白白浪费。为蓄积白天富余热量用于夜间温降时补充室内热量不足,可在日光温室内安装地中热交换系统。该系统在40~60 cm地下铺设通风管道,并与风机相连,白昼高温时段,风机使室内热空气从地中管道流过,向土壤层贮热;夜间温度过低时,风机使室内低温空气流过管道,由土壤加热空气,使气温升高。运行结果表明,白天贮热阶段,出风口温度较进风口温度降低6.5~7.5 ℃,夜间放热阶段,出风口较进风口温度升高4.5~5.3 ℃,从而达到有效改善温室昼夜热环境的目的。在连续阴天的情况下,运行该系统,也具有提高夜间温度的能力。

(7)微灌对改善设施温度环境的影响

目前,温室灌溉用水的主要方式仍然是传统的大水漫灌。这种灌溉方式,一方面由于灌溉用水温度较低,灌溉后引起地温大幅下降;另一方面由于用水量较大,水分蒸发消耗大量汽化热恶化温室热环境。采用滴灌等微灌技术,可有效改善这一状况。

(8)地膜覆盖对设施温度环境的改善

自然条件下的晴天地温一般高于气温,而在设施小气候条件下,经常出现地温低于气温的情况。长时的地温过低,使根系产生生理障碍,最终影响地上部分正常生长。采用地膜覆盖措施,平均提高地温2~4 ℃。而地表覆盖地膜后2~3 min,膜下就有水汽凝结,水汽凝结形成的小水珠布满地膜下表面,使地膜对太阳辐射的反射率增加,一般可达到30%~40%,这样,太阳能的透射率大大降低,从而影响其增温效果。在地膜生产中引入无滴技术,抑制地膜下表面水汽凝结成滴,提高地膜透光率,对改善地温特别是温室地温条件具有积极意义。

2)地温

设施内的地温不但是蔬菜作物生长发育的重要条件,也是设施夜间保持一定温度的热量来源,夜间设施内的热量近90%来自土壤的蓄热。

(1)热岛效应

"热岛效应"是设施内地温水平分布、垂直分布不均衡的具体体现。首先,设施内外地温温差很大,设施内的土壤并没有与外界地温隔绝,设施内外的土壤的热交换是不可避免的。由于土壤热交换,使大棚、温室四周与室外交界处地温不断下降,形成了中间温度高,四周温度低的现象,其次,在我国北方进入冬季土壤温度下降快,地表出现冻土层,纬度越高封冻越早,冻土层越深。日光温室采光、保温设计合理,室外冻土层深达1 m,室内土壤温度也能保持12 ℃以上,设施内从地表到50 cm深的地温都有明显的增温效应,但以10 cm以上的浅层增温显著,这种增温效应称之为"热岛效应"。

日光温室的地温的水平分布具有以下特点:5 cm土层温度在南北方向上变化比较明显,晴天的白天,中部温度最高,向南向北递减,后坡下低于中部,但比前沿地带高,夜间后屋面下最高,向南递减。阴天和夜间地温的变化梯度比较小。东西方向上差异不大,靠门的一侧变化较大,东西山墙内侧温度最低。

(2)地温的变化

无论白天还是夜间,塑料大棚、温室的地温中部都高于四周。设施内的地温,在垂直方向上的分布与外界明显点不同。外界自然条件下0~50 cm的地温随土壤深度的增加而增加，即越深温度越高，晴天或阴天都是一致的。设施内的情况则完全不同，晴天白天上层土壤温度高，下层土壤温度低，地表0 cm温度最高，随深度的增加而递减；阴天，特别是连阴天，下层土壤温度比上层土壤温度高，靠近地表0 cm温度越低，20 cm深处地温最高。这是因为阴天太阳辐射能少，气温下降，温室的热量主要靠土壤贮存的热量来补充。因此，连阴天时间越长，地温消耗也越多，连续7~10 d的阴天，地温只能比气温高1~2 ℃，对某些作物就要造成危害。

(3)地温与气温的关系

设施内的气温与地温变现为"互利关系"，即气温身高时，土壤从空气中吸收热量，地温升高；当气温下降时，土壤则向空气中放热来保持气温。低温期升高低温，能够弥补气温偏低的不足，一般地温升高1 ℃，对作物生长的促进作用，相当于提高2~3 ℃气温的效果。

任务4.2　园艺设施温度环境调控

活动情景　与其他环境因子比较，温度是设施栽培种相对容易调节控制，又十分重要的环境因子。农业设施内温度的调节和控制包括保温、加温和降温3个方面。设施内的温度调控要求是能达到并维持适宜于作物生育的设定温度，而且设施内的温度的空间分布均匀，变化平缓。

工作过程设计

工作任务	任务4.2　园艺设施温度环境调控	教学时间	
任务要求	熟悉各类设施温度调控效应，掌握保温、加温和降温操作技巧		
工作内容	调查统计设施保温、加温、降温、变温的温度变化与差异； 实际操作保温、加温和降温的各项技术，掌握温度调控的技巧与要领		
学习方法	查阅资料、现场调查、看课件、听讲解		
学习条件	多媒体设备、资料室、互联网、生产工具、实训基地等		
工作步骤	资讯：教师带领学生现场测定设施保温、加温和降温的各项技术实施后的温度变化、差异，并分析原因，引入教学任务内容，进行相关知识点的讲解分析，并下达工作任务。借助课件，查阅资料，拜访生产者，聆听讲解，熟悉各类设施温度调控原理、效应与主要措施，掌握保温、加温和降温操作技巧； 计划：学生在熟悉保温、加温和降温的各项技术； 评估：学生自评、互评，教师点评		
考核评价	课堂表现、学习态度、作业完成情况		

工作任务单

<table>
<tr><td colspan="6">工作任务单</td></tr>
<tr><td>课程名称</td><td colspan="2">园艺设施</td><td>学习项目</td><td colspan="2">项目 4 园艺设施温度环境特点及调控</td></tr>
<tr><td>工作任务</td><td colspan="2">任务 4.2 园艺设施温度环境调控</td><td>学 时</td><td colspan="2"></td></tr>
<tr><td>班 级</td><td></td><td>姓 名</td><td></td><td>工作日期</td><td></td></tr>
<tr><td>工作内容与目标</td><td colspan="5">熟悉各类设施温度调控原理、效应、主要措施，掌握保温、加温和降温操作技巧
掌握设施保温、加温和降温的各项技术</td></tr>
<tr><td>技能训练</td><td colspan="5">实地调查统计设施温度调控措施的实际效应
掌握设施保温、加温和降温操作技巧</td></tr>
<tr><td>工作成果</td><td colspan="5">熟练掌握每项设施温度调控的依据、要领、技巧</td></tr>
<tr><td>考核要点（知识、能力、素质）</td><td colspan="5">设施温度调控措施的实际效应；
掌握保温、加温和降温操作技巧，科学制定生产措施；
增强责任感、事业感，提高热爱本专业的积极性</td></tr>
<tr><td rowspan="3">工作评价</td><td>自我评价</td><td colspan="4">本人签名： 年 月 日</td></tr>
<tr><td>小组评价</td><td colspan="4">组长签名： 年 月 日</td></tr>
<tr><td>教师评价</td><td colspan="4">教师签名： 年 月 日</td></tr>
</table>

任务相关知识点

设施温度环境调控以其调控目的不同，表现为保温、降温、增温、变温等四种不同的调控措施。

4.2.1 保温

1）设施保温原理

有效的保温措施可以减少热损失，在节省能源的同时，保持作物正常生育所要求的环境温度。保温措施主要有改善温室结构形式和结构材质，提高自然光的透光率和采光量，选用透光率高、导热性差的透明覆盖材料；设置室外辅助保温层、内保温幕和多层覆盖技术（比单层棚膜提高 10~12 ℃），提高散热面热阻，降低向外的长波辐射率；选址适当，避免在冬季多风、风大的风口附近建造温室。设施保温原理：减少向设施内表面的对流传热和辐射传热；减少覆盖材料自身的热传导散热；减少设施外表面向大气的对流传热和辐射传热；减少覆盖面的漏风而引起的换气传热。

2)设施保温主要措施

(1)增强设施自身的保温能力

设施的保温结构要合理,场地安排、方位与布局等也要符合保温要求。

(2)用保温性能优良的材料覆盖保温

如覆盖保温性能好的塑料薄膜;覆盖草把密、干燥、疏松,并且厚度适中的草苫等。保证草苫厚度、覆盖质量,加厚后屋面,保持其干燥。

(3)减少缝隙散热

加强围护结构的保温能力,如墙体、后屋面、不透明覆盖材料、多层覆盖、适时通风换气、关闭风口、卷苫、放苫。设施密封要严实,薄膜破孔以及墙体的裂缝等要及时粘补和堵塞严实。通风口和门关闭要严,门的内、外两侧应张挂保温帘。

(4)多层覆盖

增加保温覆盖的层数,采用隔热性能好的保温覆盖材料,以提高设施的气密性。多层覆盖材料主要有塑料薄膜、草苫、纸被、无纺布等。

①塑料薄膜　主要用于临时覆盖。覆盖形式主要有地面覆盖、小拱棚、保温幕以及覆盖在棚膜或草苫上的浮膜等。一般覆盖一层薄膜可提高温度2~3 ℃。

②草苫　覆盖一层草苫通常能提高温度5~6 ℃。生产上多覆盖单层草苫,较少覆盖双层草苫,必须增加草苫时,也多采取加厚草苫法来代替双层草苫。不覆盖双层草苫的主要原因是便于草苫管理。草苫数量越多,管理越不方便,特别是不利于自动卷放草苫。

③纸被　多用作临时保温覆盖或辅助覆盖,覆盖在棚膜上或草苫下。一般覆盖一层纸被能提高温度3~5 ℃。

④无纺布　主要用作保温幕或直接覆盖在棚膜上或草苫下。

(5)保持较高地温

增加白天透光量,改善根际环境,增加地温。主要措施有:

①覆盖地膜　最好覆盖透光率较高的无滴地膜。

②合理浇水　低温期应于晴天上午浇水,不在阴雨天及下午浇水。一般当10 cm地温低于10 ℃时不得浇水,低于15 ℃要慎重浇水,只有20 ℃以上时浇水才安全。另外,低温期要尽量浇预热的温水或温度较高的地下水,不浇冷凉水;要浇小水、浇暗水,不浇大水和明水。使用滴灌、喷灌。

③挖防寒沟　在设施的四周挖深50 cm左右、宽30 cm左右的沟,内填干草,上用塑料薄膜封盖,减少设施内的土壤热量散失,可使设施内四周5 cm地温增加4 ℃左右。

(6)在设施的四周夹设风障

一般多于设施的北部和西北部夹设风障,以多风地区夹设风障的保温效果较为明显。

4.2.2 加温

1)加温原理

冬季,温室内部温度受到室外自然环境的影响而降低,可能降至作物生长温度最低基点以下,若不及时采取加温措施,将很难维持作物正常生长所要求的温度环境,因此需要加温。

我国北方传统的大棚或温室多采用炉灶煤火加温。近年来现代化大型连栋温室发展加快，由于大型连栋温室缺少单屋面温室墙体贮热及室外覆盖的保温条件，加热措施是其维持正常生产必不可少的环节。大型连栋温室和花卉温室多采用锅炉水暖加温或地热水暖加温的，也有采用热水或蒸汽转换成热风的采暖方式。塑料大棚大多没有加温设备，多用热风炉短期加温、临时加温，对提早上市提高产量和产值有明显效果。用木炭、电力等临时加温措施，对大棚或日光温室生产抵御连续阴雨雪天气等低温自然灾害的作用十分明显，在北方广大农村应用比较普遍。用液化石油气经燃烧炉的辐射加温方式，对大棚防御低温冻害也有显著效果。

2）设施加温主要措施

（1）火炉加温

用炉筒或烟道散热，将烟排除设施外。该法多见于简易温室及小型加温温室。

（2）暖水加温

用散热片散发热量，加温均匀性好，但费用较高，主要用于玻璃温室以及其他大型温室和连栋塑料大棚中。

图4.2 暖水加温

（3）热风炉加温

用带孔的送风管道将热风送入设施内，加温快，也比较均匀，主要用于连栋温室或连栋温室大棚中。

图4.3 热火炉加温

（4）明火加温

在设施内直接点燃干木材、树枝等易于燃烧且生烟少的燃料，进行加温。加温成本低，升温也比较快，但容易发生烟害。该法对燃烧材料以及燃烧时间的要求比较严格，主要作为临时应急加温措施，用于日光温室以及普通大棚中。

(5)火盆加热

用火盆盛烧透的木炭、煤炭等，将火盆均匀排入设施内或来回移动火盆进行加温。方法简单，容易操作，并且生烟少，不易发生烟害，但加温能力有限，主要用于育苗床以及小型温室或大棚的临时性加温。

(6)电加温

这种方法主要使用电炉、电暖气以及电热线等，利用电能对设施进行加温，具有加温快，无污染且温度易于控制等优点，但也存在着加温成本高、受电源限制较大以及漏电等一系列问题，主要用于小型设施的临时性加温。

4.2.3 降温

1)温室的降温原理

温室的降温在夏季尤为重要。降温主要通过减少太阳辐射，增加地面辐射，增强设施内外气体交换来降低设施内的热量，从而使设施内降温。

2)降温的主要措施

保护设施内降温最简单的途径是通风，但在温度过高，依靠自然通风不能满足作物生育的要求时，必须进行人工降温。

(1)通风散热

通风，包括自然通风和强制通风。通风是设施内降温最简单的途径，方式包括以下3种：

①带状通风　又称扒缝放风。扣膜时预留一条可以开闭的通风带，覆膜时上下两幅薄膜相互重叠30~40 cm。通风时，将上幅膜扒开，形成通风带。通风量可以通过扒缝的大小随意调整。

②筒状通风　又称烟囱式防风。在接近棚顶处开一排直径为30~40 cm的圆形孔，然后黏合一些直径比开口稍大，长50~60 cm的塑料筒，筒顶黏合上一个用8号线做成的带十字的铁丝圈，需大通风时，将筒口用竹竿支起，形成一个个烟囱状通风口；小通风时，筒口下垂；不通风时，筒口扭起。这种方法在温室冬季生产中排湿降温效果较好。

③底脚通风　多用于高温季节，将底脚围裙揭开，昼夜通风。

温室大棚通风降温需遵循的原则：

a.逐渐加大通风量。通风时，不能一次开启全部通风口，而是先开1/3或1/2，过一段时间后再开启全部风口。可将温度计挂在设施内几个不同的位置，以决定不同位置通风量大小。

b.反复多次进行。高效节能日光温室冬季晴天12时至14时之间室内最高温度可以达到32 ℃以上，此时打开通风口，由于外界气温低，温室内外温差过大，常常是通风不足半小时，气温已下降至25 ℃以下，此时应立即关闭通风口，使温室贮热增温，当室内温度再次升到 30 ℃左右时,重新防风排湿。这种通风管理应重复几次,使室内气温维持在 23~25 ℃。由于反复多次的升温、防风、排湿,可有效地排除温室内的水汽,二氧化碳气体得到多次补充,这时室内温度维持在适宜温度的下限,并能有效地控制病害的法杖和蔓延。遇多云天气,更要注意随时观察温度计,温度升高就通风,温度下降就闭风。否则,棚内作物极易受高温高湿危害。

c.早晨揭毡后不宜立即放风排湿。冬季外界气温低时,早晨揭毡后,常看到温室内有大量水雾,若此时立即打开通风口排湿,外界冷空气就会直接进入棚内,加速水汽的凝聚,使水雾更重。因此冬季日光温室应在外界最低气温达到 0 ℃以上时通风排湿。一般开 15~20 cm 宽的小缝半小时,即可将室内的水雾排出。中午在进行多次放风排湿,尽量将日光温室内的水汽排出,以减少叶面结露。

d.低温季节不放底风。喜温蔬菜对底风(扫地风)非常敏感,低温季节生产原则上不放底风,以防冷害和病害的发生。

(2)遮光降温法

遮阳降温主要包括设置内、外遮阳幕系统、采用布织布覆盖、温室透明屋面涂刷半透明涂料等。遮光 20%~30%时,室温相应可降低 4~6 ℃。在与温室大棚屋顶部相距 40 cm 左右处张挂遮光幕,对温室降温很有效。遮光幕的质地以温度辐射率越小越好。考虑塑料制品的耐候性,一般塑料遮阳网都做成黑色或墨绿色,也有的做成银灰色。室内用的白色无纺布保温幕透光率 70%左右,也可兼做遮光幕用,可降低棚温 2~3 ℃。另外,也可以在屋顶表面及立面玻璃上喷涂白色遮光物,但遮光、降温效果略差。在室内挂遮光幕,降温效果比在室外差。

(3)蒸发降温

该方法利用水分蒸发吸收汽化热的原理降低温室温度,主要有湿帘蒸发降温、屋顶喷雾法和雾化蒸发降温 3 种方式。

①湿帘　湿帘是由梭椤状纸板层叠而成的幕墙,墙内有水分循环系统。借助轴流风机形成室内负压,室外空气流经湿帘,经湿帘内水分蒸发吸热,形成低温气体流入室内,起到降温作用。降温幅度一般可达到 2~4 ℃。

②雾化降温　雾化降温的基本原理是普通水经过滤后,加压(4 MPa),由孔径非常小的喷嘴(直径 15 μm),形成直径 20 μm 以下的细雾滴,与空气混合,利用其蒸发吸热的性质,大量吸收空气中热量,从而达到降温目的。降温幅度可达 7 ℃,降温效率较湿帘提高 15%。

③屋顶喷雾法　在整个屋顶外面不断喷雾湿润,使屋面下冷却了的空气向下对流。

(4)屋面流水降温法

据测定,流水层可吸收投射到屋面的太阳辐射的 8%左右,并能用水吸热来冷却屋面,室温可降低 3~4 ℃。采用此方法时需考虑安装费和清除玻璃表面的水垢污染的问题。水质硬的地区需对水质做软化处理再利用。

(5)强制通风

大型连栋温室或大型日光温室中,因其容积大,需强制通风降温。

4.2.4 变温

1)四段变温管理的原理

上午,作物光合作用效率较高,需要较高的温度配合,以使作物光合作用充分进行;午后,作物需转化上午的光合产物,出现光合效率下降趋势,此时需适当降低温度,抑制呼吸;前半夜,需转移同化产物,如温度太低,转移速率较慢,需适当加温;后半夜,降低温度,抑制呼吸消耗。

2)四段变温管理的主要措施

在设施栽培中,目前主要推广的是棚室四段变温管理,即把一昼夜24 h分成4个阶段,上午、下午、前半夜和后半夜。在温度管理上采用四段变温管理技术,不但可以达到节能目的,而且还可以获得最适产量。因此,上午以促进作物的光合作用为目标,进行高温管理;下午和前半夜温度逐渐降低,以便把光合产物运送到各个器官;后半夜在保证作物正常生长的前提下,进行低温管理,防止消耗更多的养分。

项目小结)))

温度是影响作物生长发育的最重要的环境因子本项目着重介绍了设施内热量收支状况、温度变化规律和温度环境特点,它是制定设施温度调控措施的重要依据。增强设施自身的保温能力,选用保温性能优良的材料覆盖保温,多层覆盖,在设施的四周夹设风障,减少缝隙散热,保持较高地温等是设施保温主要措施;火炉加温,暖水加温,热风炉加温,明火加温,火盆加热,电加温是设施加温主要措施;通风散热,遮光降温法,蒸发降温,屋面流水降温法,强制通风,是设施降温的主要措施,四段变温管理在生产中常用的技术措施,应用于生产效果显著。掌握设施保温、加温、降温和四段变温管理的各项措施,并会灵活应用,综合利用是设施实际生产的基本要求,也是高职农科类专业学生应具备的专业技能和素质要求。

思考练习)))

1.设施内的温度环境包括哪些内容?
2.简述影响设施内温度环境的主要因素有哪些?
3.设施内温度环境调控的措施和方法有哪些?
4.简述四段变温管理原理与操作要领。

实训11:实地调查测量日光温室内温度水平、垂直变化与外界比较差异

1)目的要求

学习温度计的使用方法,熟悉日光温室温度的观测方法,掌握设施内温度的分布和变化规律。

2)材料用具

温度计,标杆、皮尺等。

3)方法步骤

每4~8个学生为一小组进行观测记录。

(1)温度的垂直分布

在设施中部选取一垂直剖面,从南向北树立根标杆,第一杆距南侧(大棚内东西两侧标杆距棚边)0.5 m,其他各杆相距1 m。每杆垂直方向上每0.5 m设一测点。用同样的方法在室外设对照测点。

(2)温度的水平分布

在设施内距地面1 m高处,选取一水平断面,按东、中、西和南、中、北设9个点,在室外距地面1 m高处,设一对照测点。

每一剖面,每次观测时读两遍数,取平均值。两次读数的先后次序相反,第一次先从南到北,由上到下;第二次从北到南,由上到下。每日观测时间:上午8时,下午1时。

课后作业

根据观测数据,绘出设施内垂直方向和水平方向的温度分布图,并分析所观测设施温度分布特点及其形成的原因。

项目5 园艺设施光照环境特点及调控

项目描述 设施内的光照环境包括光照强度、光质、光照时数与空间分布。光照环境对设施内作物的生长发育产生光效应、热效应、形态效应，直接影响作物的光合作用、光周期反应和器官形成的建成。而设施内的光照条件受设施外自然光照、设施建筑方位、设施结构、透光屋面大小、形状、覆盖材料特性、清洁程度、作物的群体结构及辐射特性等多种因素的影响。只有了解园艺设施的光照环境特点，熟悉园艺作物对光照条件的要求，掌握园艺设施光照环境调控的方法，才能促进园艺作物的安全、优质、高产、高效生产。

学习目标 了解影响园艺设施光照环境的各种因素和变化特点；熟悉光照强度、光照时间及光质变化对园艺作物的影响；掌握改善设施光照条件、调控光照时数、园艺设施遮光和人工补光的方法。

能力目标 掌握改善设施光照条件的基本技能；学会调控设施内光照时数的基本方法；学会园艺设施遮光和人工补光的操作方法。

项目任务

专业领域：园艺技术 **学习领域：园艺设施**

项目名称	项目5　园艺设施光照环境特点及调控
工作任务	任务5.1　园艺设施光照环境特点
	任务5.2　园艺设施光照环境与作物生育
	任务5.3　园艺设施光照环境调控
项目任务要求	能熟练掌握园艺设施光照环境的调控方法

小贴士

“万物生长靠太阳”，植物的生命活动，都与光照密不可分，因为其赖以生存的物质基础是通过光合作用制造出来的。目前我国园艺设施类型中，塑料拱棚和日光温室是最主要的类型，约占设施栽培总面积的90%或更多。塑料拱棚和日光温室是以日光为光源与热源的，所以光照环境对设施园艺生产产生的影响是巨大的。设施内的光照环境包括光照强度(光照度)、光质、光照时数与空间分布。光照环境对设施内作物的生长发育产生光效应、热效应、形态效应,直接影响作物的光合作用、光周期反应和器官形成的建成,所以在设施园艺作物生产,尤其是在喜光作物的优质高产栽培中,会产生决定性影响。

任务5.1　园艺设施光照环境特点

活动情景　园艺设施内的光照环境不同于露地,由于是人工建造的保护设施,其设施内的光照条件受设施外自然光照、设施建筑方位、设施结构、透光屋面大小、形状、覆盖材料特性、清洁程度、作物的群体结构及辐射特性等多种因素的影响。

工作过程设计

工作任务	工作任务5.1　园艺设施光照环境特点	教学时间	
任务要求	1.了解太阳辐射的特点 2.掌握影响设施内光照条件的因素及其变化特点		
工作内容	1.设施外的太阳辐射 2.影响设施内光照条件的因素		
学习方法	以课堂讲授和自学完成相关理论知识学习,在园艺设施设计、园艺设施建造、生产计划制订和生产应用的过程中掌握不同园艺设施光照环境的特点		
学习条件	多媒体设备、资料室、互联网、园艺设施、测量设备、生产工具等		
工作步骤	资讯:教师由设施园艺生产环境引入任务内容,进行相关知识点的讲解,并下达工作任务; 计划:学生在熟悉相关知识点的基础上,查阅资料收集信息,进行工作任务构思,师生针对工作任务有关问题及解决方法进行答疑、交流,明确思路; 决策:学生在教师讲解和收集信息的基础上,划分工作小组,制订任务实施计划,并准备完成任务所需的工具与材料,避免盲目性; 实施:学生在教师辅导下,按照计划分步实施,进行知识和技能训练; 检查:为保证工作任务保质保量地完成,在任务的实施过程中要进行学生自查、学生互查、教师检查; 评估:学生自评、互评,教师点评		
考核评价	课堂表现、学习态度、任务完成情况、作业报告完成情况		

工作任务单

<table>
<tr><td colspan="6">工作任务单</td></tr>
<tr><td>课程名称</td><td colspan="2">园艺设施</td><td>学习项目</td><td colspan="2">项目 5　园艺设施光照环境特点及调控</td></tr>
<tr><td>工作任务</td><td colspan="2">任务 5.1　园艺设施光照环境特点</td><td>学　时</td><td colspan="2"></td></tr>
<tr><td>班　级</td><td></td><td>姓　名</td><td></td><td>工作日期</td><td></td></tr>
<tr><td>工作内容与目标</td><td colspan="5">1.了解太阳辐射的特点
2.掌握影响设施内光照条件的因素及其变化特点</td></tr>
<tr><td>技能训练</td><td colspan="5">测量不同园艺设施、不同结构、不同覆盖物条件下光照的分布与变化情况</td></tr>
<tr><td>工作成果</td><td colspan="5">完成工作任务、作业、报告</td></tr>
<tr><td>考核要点（知识、能力、素质）</td><td colspan="5">掌握影响设施内光照条件的因素及其变化特点；
能根据当地气候特点，设计采光性能良好的园艺设施；
独立思考，团结协作，创新吃苦，按时完成作业报告</td></tr>
<tr><td rowspan="3">工作评价</td><td>自我评价</td><td colspan="4">本人签名：　　　　　　　　年　　月　　日</td></tr>
<tr><td>小组评价</td><td colspan="4">组长签名：　　　　　　　　年　　月　　日</td></tr>
<tr><td>教师评价</td><td colspan="4">教师签名：　　　　　　　　年　　月　　日</td></tr>
</table>

任务相关知识点

5.1.1　设施外的太阳辐射

设施内的光照来源，除少数地区或温室进行补光育苗或部分利用人工光源栽培植物外，主要依靠自然光源的太阳光能，通常是指太阳辐射中人眼可视的可见光部分，波长在380~760 nm 范围，其辐射能量约占地球表面太阳辐射总能量的1/2。

太阳不断地以电磁波的形式向宇宙释放能量，太阳辐射穿过大气层时，由于臭氧、水汽、二氧化碳和尘粒等的吸收、反射、散射，透射到地球表面的太阳辐射能量仅占大气层上届太阳总辐射的1/2 左右；到达地表的太阳辐射光谱也发生了很大变化，光谱范围仅限于300~3 000 nm。狭义的太阳光能通常是指380~760 nm 的可见光部分，但广义的太阳光能是包含光谱为300~3 000 nm 范围的到达地面的整个太阳辐射能，除可见光外，还包括紫外线（波长在380 nm 以下）和红外线（波长在760 nm 以上）。紫外辐射又分为近紫外线（320~400 nm，UV-A）和远紫外线（280~320 nm，UV-B）；红外辐射（也称热辐射）又分为760~3 000 nm 波段的近红外线和3 000 nm 以上的远红外线（也称长波辐射）。另外，波长为400~700 nm 的范围是植物光合作用主要吸收利用的能量，称为光合有效辐射。而700~760 nm 的部分称为远红光。由此可见，与植物生长和设施环境控制密切相关的太阳辐射，不仅占总辐射能量约50%的可见光部分，还包括分别占太阳总辐射能量约43%和7%的红外线和紫外线辐射（图5.1）。所以，用太阳辐射量来表达设施光照环境更为恰当。

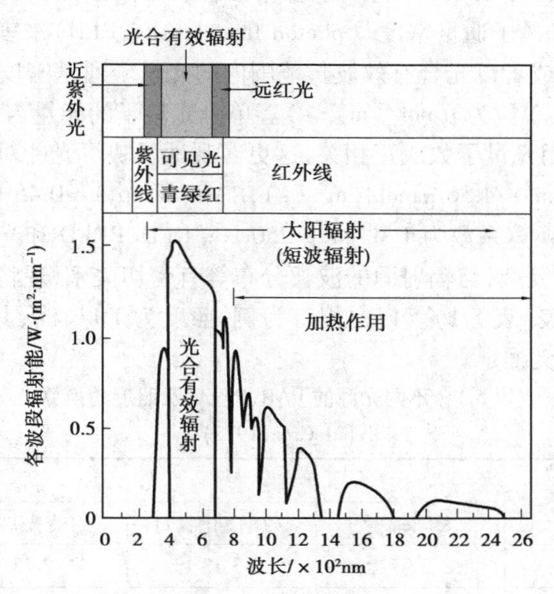

图5.1　地表太阳辐射光谱能量分布及各波长域名称

度量日光能的相关单位有代表辐射能（radio metry）的 W/m^2，代表照度（photo metry）的lx和代表光量子流密度（quantum）的 $\mu mol/(m^2 \cdot s)$。旧制常用照度（光照强度）作为光量的物理量，其单位为勒克斯（lx）或千勒克斯（klx），这是指正常人眼的感光灵敏度曲线折算的表示物体被照明的程度，在光辐射中属于波长为380~760 nm的可见光部分。实际上不同波长段的光亮度是存在很大差异的，例如光波为550 nm即黄绿光处，是人眼感光最灵敏的峰段，然而对绿色植物的吸收率而言，黄绿光是吸收率较低的波段，如图5.2、图5.3。同时，影响植物生理代谢的不仅是可见光，还包括紫外线和红外线，所以新近都改用国际单位（SI制）来表示太阳光辐射能的物理量，即以单位时间内通过单位面积的辐射能量的“辐射通量密度”（radiant flux density，RFD）来表示太阳辐射能的大小，其中通过的光合有效波长域，能被植

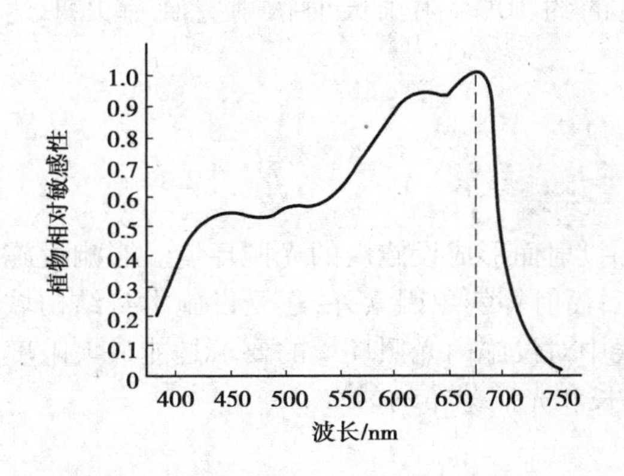

图5.2　植物对不同光谱的相对敏感性

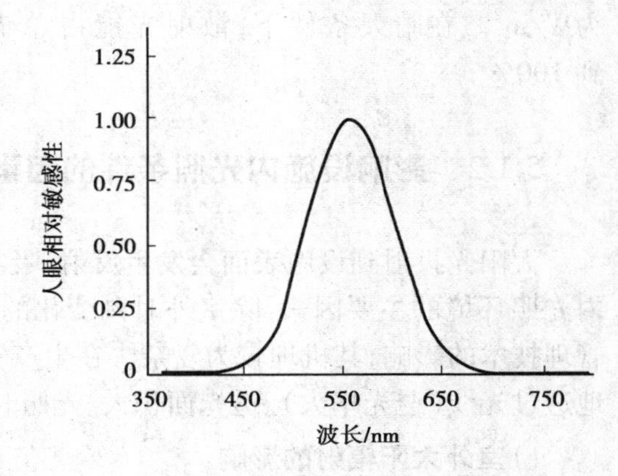

图5.3　人眼对不同光谱的相对敏感性

物叶绿素吸收并参与光化学反应的太阳辐射能则称为“光合有效辐射”(photosynthetically active radiation, PAR),其单位都是W/m² 或 kJ/(m²·h)〔1 W/m² = 3.60 kJ/(m²·h)〕或用 μmol/(m²·s)表示;或者以单位时间内通过单位面积入射的光量子摩尔数(1 mol = 6.022 57×1 023)的“光量子通量密度”(photon flux density, PFD)来表示,又称光通量密度,单位是 mol/(m²·s);或者以光合有效波长范围内的光量子通量密度,即“光合有效光通量密度”(PPFD)来表示,单位为 μmol/(m²·s)。单个光量子的能量与其波长成反比,光合作用强度与光合有效利用光量子数成正相关,这更客观地反映了光能对植物的生理作用。

太阳辐射下 1 W/m² ≈4.56 μmol/(m²·s), PAR(W/m²)≈0.45 RFD(W/m²)。可见光波长域 lx 与 W/m² 的换算系数为 1 W/m² ≈250 lx。RFD、PPFD 和光照强度间不成比例关系,三者相互换算较为复杂,与辐射源的波长分布等有密切关系,现将不同光辐射源的三者相互换算系数表示如表(表 5.1)。以白炽灯为例,照度为 1 klx 时,其 PAR 为 3.96 W/m²,其余 PAR、PPFD 依定义推定。

表 5.1 不同光源的 PAR、PPED 及照度的换算
(McCree, 1972)

换算单位	光源			
	太阳辐射	金属卤化物灯	荧光灯	白炽灯
W/m²—klx	3.97	3.13	2.73	3.96
μmol/(m²·s)—klx	18.1	14.4	12.5	19.9
μmol/(m²·s)—W/m²	4.57	4.59	4.59	5.02

在晴天条件下,地面太阳辐射能依不同波长的能量分布如图 5.1 所示,其最大辐射能在 550 nm(绿色)附近。图中的能量分布曲线并不光滑,是由于大气中水汽、二氧化碳、其他气体等具有选择性吸收光谱的特性所致。图示光合有效辐射占总辐射的 50%弱,而波长 800 nm 以上部分仅起加热(叶温升高)作用而对植物生理作用没有直接影响。

上述到达地面的太阳辐射由直接辐射和散射辐射两部分组成。前者是指未经大气层微粒的反射和散射而直接到达地面的太阳辐射;后者是指阳光通过大气层时经气体分子、尘埃、水滴等的吸收、反射而成为散射光到达地面。两者之和称为太阳总辐射,单位为W/m²。在晴天条件下,散射光能占总辐射的约 10%,阴雨天时散射光比率几乎达到 100%。

5.1.2 影响设施内光照条件的因素

太阳光投射到设施表面会发生反射、吸收和投射而形成设施内的光照环境。影响设施内光照环境的主要因素,除室外时刻变化的太阳辐射等气象因素外,还受设施本身结构域管理技术的影响,其机理较为复杂。在生产实践中对设施内光照环境的要求是能最大限度地透过光线(透光率大)、透光面积大、光照时间长和光照分布均匀。

1)室外太阳辐射的影响

室外太阳辐射直接影响室内光照环境,它又受太阳高度角和大气透明度的限制。

(1)太阳高度角

太阳高度角是指太阳直射光线与地平面的夹角。太阳高度角的大小取决于某地的地理纬度、季节及每天的时刻，即太阳高度角在低纬度地区大于高纬度地区，在夏半年大于冬半年(夏至日最大，冬至日最小)，在正午时刻大于一天内的其他时刻，可见太阳高度角每时每刻都在变化。通常所指某地某天的太阳高度角是指当地中午12:00的太阳高度角，用H_0表示。其算式：

$$H_0 = 90° - \varphi + \delta$$

式中 φ——某地的地理纬度；

δ——赤纬，即太阳直射光线垂直射在地面处的地理纬度。

太阳赤纬随时间的变化在−23.5°(南回归线)至23.5°(北回归线)的范围内变化，而且在夏半年(春分至秋分)取正值，冬半年(秋分至春分)取负值，如表5.2。

表5.2 季节与赤纬(δ)

夏至		立夏		立秋		春分		秋分		立春		立冬		冬至	
月	日	月	日	月	日	月	日	月	日	月	日	月	日	月	日
6	21	5	5	8	7	3	20	9	23	2	5	11	7	12	22
+23°27′		+16°20′				0°				−16°20′				−23°27′	

太阳高度角的大小直接影响室外太阳辐射和室内的透光率。当太阳高度角等于90°时，室外太阳辐射强度最强，透光率也最大；高度角越小，室外太阳辐射越弱，透光率也越小。所以，太阳高度角是估算设施透光率和计算全天太阳辐射强度的必要参数。

(2)大气透明度

大气透明度对直射光的影响很大。通常夏季晴天时直射光占太阳总辐射的90%左右，多云到阴天时则占30%~40%。大气透明度受大气层厚度(与海拔高度有关)、云的种类与云量、雾及煤烟、水滴、尘埃等因素影响，大气透明度好，白天太阳辐射强度大，设施的透光率大，有利于设施作物的生产。

2)设施透光率的影响

设施的透光率时指设施内作物栽培床面或作物冠层接受太阳辐射能或光照强度与室外水平面太阳辐射能或自然光照强度之比，以百分率表示。

太阳光由直射光和散射光两部分组成，设施内的直射光透光率(T_d)与散射光透光率(T_s)不同，若设施内全天的太阳辐射总量(或全天光照度)为G，设施外直射光量和散射光量分别为R_d、R_s，则：

$$G = R_d T_d + R_s T_s$$

(1)散射光透光率(T_s)

太阳光通过大气层时，因气体分子、尘埃、水滴等发生吸收与散射后到达地表的光线称散射光。散射光是太阳辐射的重要组成部分，在设施设计和管理上要充分考虑利用散射光的问题。通常情况下，散射光透光率(T_s)取决于透明覆盖材料的种类、保护设施的结构、形式及覆盖物的污染状况。

对于某种类型的设施，T_s 可以由下式决定：

$$T_s = T_{so}(1 - r_1)(1 - r_2)(1 - r_3)$$

式中：T_{so} 为干洁透明覆盖材料对散射光的透光率，系覆盖材料为水平放置时测得的散射光透光率（当屋面倾斜角度较大时，应折减 2%~3%）；r_1 为设施构架。设备等不透光材料的遮光损失率（一般大型设施 r_1 在 5%以内，小型设施在 10%以内）；r_2 为覆盖材料因老化的透明损失；r_3 为水滴和尘埃的遮光损失（一般水滴透过损失可达 20%~30%，尘埃可达 15%~20%）。

太阳辐射中，散射辐射的比重与太阳高度角和天空云量有关，太阳高度角为 0°时，散射辐射占 100%，20°时占 90%，50°时占 18%。散射辐射还随云量的增多而增大，散射光是太阳辐射的重要组成部分，在设施设计和管理上要考虑如何充分利用散射光的问题。

（2）直射光透光率（T_d）

直射光透光率（T_d）主要与投射光的入射角有关。入射角大小由太阳高度角所制约，而太阳高度角是依该地区的地理纬度、季节、时间的变化而时刻变化的，还因设施方位、构造形式、屋面坡度、单栋或连栋覆盖材料的种类等不同而异。

总之，在设施总辐射中，散射光透光率一般是设施固有的定数，所占比例较小，而且是垂直透射入设施内，栽培床面光照时空分布也较直射光均匀，主要由设施结构与覆盖材料所决定，与太阳高度角及设施建造方位无关。以下所论述的设施光照环境的各种影响因素主要是针对直射光透光率为主。

3）覆盖材料透光特性的影响

（1）设施屋面直射光入射角的影响

太阳光照射到设施屋面后，大部分透过透明覆盖材料射入设施内，一部分被覆盖材料所吸收，一部分被反射掉，这三部分有如下关系：

$$吸收率+反射率+透射率=100\%$$

洁净玻璃或塑料薄膜的光吸收率约 10%，为一定数。因此，光线的透射率就决定于反射率的大小，反射率越小则透射率越大，而辐射率大小与直射光的入射角有直接关系。所谓直射光入射角是指直射光线照射到屋面与屋面的法线间形成的夹角，如图 5.4 所示。

入射角越小，透光率越大，入射角为 0 时，光线垂直照射到透明覆盖物上，透光率为最高。图 5.4 示入射角的大小与透光率和反射率的关系，可以看出，透光率与入射角的关系并不成简单的线性关系，透光率随入射角的增大而减小，入射角为 0 时透光率约 83%；入射角为 40°或 45°，透光率明显减少；若入射角超过 60°，透光率就急剧下降，而反射率就迅速增大。但透光率与入射角之间的关系还因覆盖材料种类的不同而异，透明覆盖材料农膜与透明玻璃的透光率高于扩散性覆盖材料（透过的直射光 20%~40%被扩散）。毛玻璃和纤维玻璃等半透明覆盖材料，当入射角超过 20°时，就随着入射角的增大而透光率直线下降。硬质覆盖材料中，波形板（如波状纤维玻璃）由于能对阳光进行多次反射，而且能在某一方向上使阳光入射角减小，因而透过性能高于平板材料。

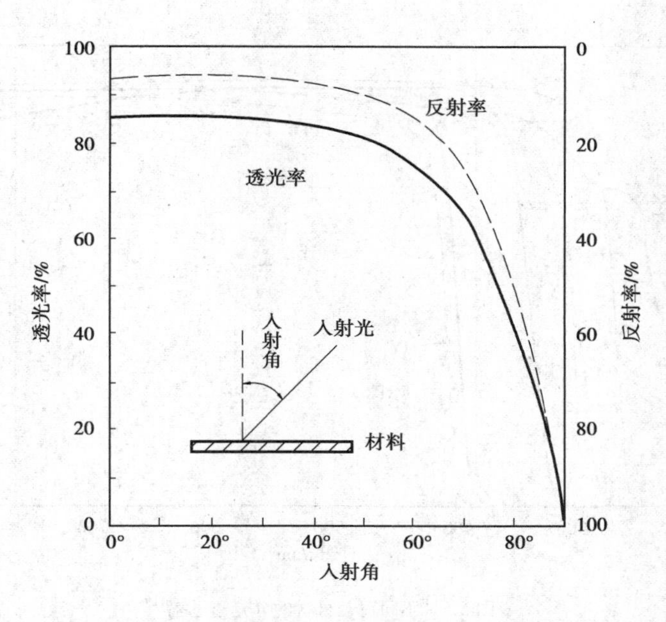

图5.4 覆盖物为3 mm玻璃的太阳入射角与透光率和反射率

（2）覆盖材料对不同光质（波长）的透光性

不同覆盖材料有不同的透光率，并且影响设施内的光谱成分组成，特别是其所含添加剂种类的不同，对太阳辐射光谱的吸收、反射和透射能力各异，所以在某些情况下，虽然两种覆盖材料的透光率相同，但由于对不同光质（波长）的透光率不同，致使透射入设施的光谱能量分布有很大差异，对作物生长发育的有效性也不相同。理想的覆盖材料应对波长为300~750 nm的对作物生理作用关系密切的有效辐射具有最大的透过率。波长300 nm以下的紫外线，由于大气臭氧层的吸收，到达地面的很少，而且波长在320 nm以下的远紫外线透过率越低，对增强塑料覆盖材料的抗老化剂越有利；320~380 nm波长的近紫外线透过率高，则对某些作物的果色、花色、维生素C等的形成有利；太阳辐射中800~3 000 nm波长的红外线透过率底时，则进入设施的热量较少。而设施内辐射波长在5 000~20 000 nm的长波辐射透过率越低，则对设施保温越有利。图5.5表示各种覆盖材料在紫外线部分和可见光部分不同波长的透光率。由图可见FRP板、PC版和PET版均不透过紫外线。PE膜、MMA版、FRA版、PVC膜和玻璃都能透过部分紫外线，由于紫外线290 nm以下的波长域被臭氧层几乎全部吸收掉，不能到达地面，所以这几种材料的紫外线部分的透光率，实质上不存在差异。但当PE、MMA和FRA加工时加入紫外吸收剂时，也会阻止紫外线的透过。至于可见光部分，各种覆盖材料的透光率大都在85%~92%，差异不显著。玻璃对可见光的透光率很高，近红外线以及波长2 500 nm以内波段的红外线的透光率也很高，但能阻止波长为4 500 nm以上的长波辐射红外线的通过，这对设施保温有利。玻璃对300 nm以下的紫外线基本不透过，却能透过310~320 nm以上的近紫外线。FRP板、PC板与玻璃一样，300 nm以下的远紫外线透光率低，FRA板和MMA板近紫外线透过率较高，其余特征均与玻璃相似，但抗老化性能差，透光率年递减1%以上。PET膜、ETFE膜的可见光透光率高达90%~93%，近紫外线透过率也是最好的，特别是ETFE膜300 nm以下的紫外线透光率高达70%以上。

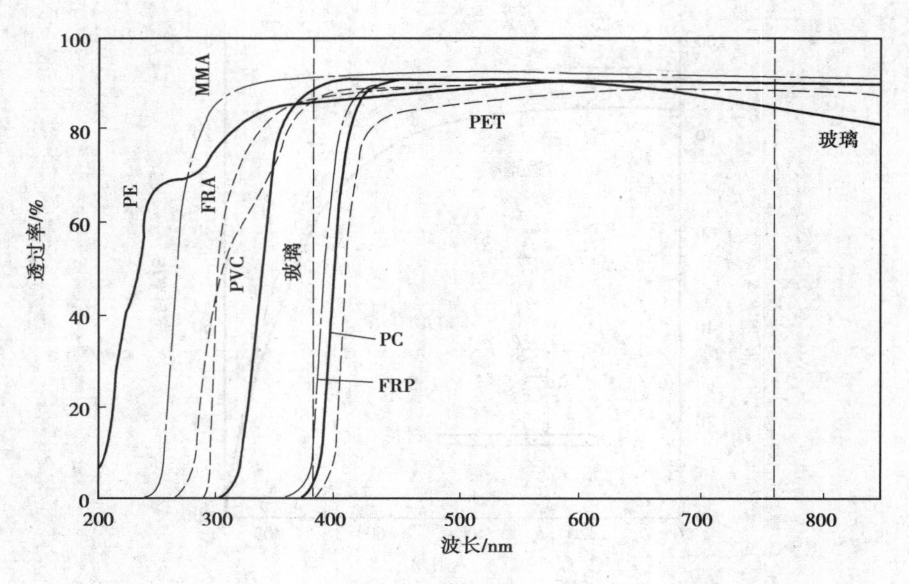

图 5.5　不同覆盖材料的分光透过率

(日本设施园艺协会,1986)

EVA 膜、PE 膜和 PVC 膜,对可见光的透光率相近,都在 90%左右,对近红外线到波长 5 000 nm 的红外线的透光率也比较接近。但 EVA 和 PE 膜可透过 300 nm 以下的紫外线,PVC 膜只能透过 300~380 nm 的近紫外线。PE 膜和 EVA 膜保温性能不如 PVC 膜。

近年来,设施园艺中用于遮光降温而研发的遮光资材及其应用日益增多,都是具有透气性的网状、无纺布状(二者兼具防虫功能)、条带状的遮光资材,通过染色改变红光与蓝光光谱的比率,都部分应用于育苗控制徒长、植物花芽分化与抽薹开花的调控上,这种不同可见光谱透过率不同的遮光材料称为选择性光透过资材。

(3)污染和老化对覆盖材料透光性的影响

保护设施透明覆盖材料的内外表面在使用过程中经常被灰尘、烟粒污染,内表面经常附着一层水滴或水膜,使其透光率大为减弱,光质也有所改变。一般 PVC 膜易被污染,PE 膜次之,玻璃污染较轻。水膜的消光作用与水膜的厚度有关:当水膜厚度不超过 0.1~1.0 mm 时,水膜对薄膜的透光性影响很小。灰尘主要削弱 900~1 000 nm 和 1 100 nm 的红外线部分。覆盖材料本身老化也会使透光率减小,老化的消光作用主要在紫外线部分,覆盖材料不同,老化的程度也不同。生产中,如使用有滴膜,且不经常清除污染,则这种膜会因附着水滴而使透光率降低 20%以上,因污染使透光率降低 15%~20%,因本身老化而降低透光率 20%~40%,而且会对紫外线部分起消减作用,再加上温室结构的遮光,温室等设施的透光率最低时仅为露地的 40%~50%。

4)设施结构方位的影响

设施结构方位包括建筑方位、结构形式(如屋面坡度、单栋或连栋等)、宽度(跨度)、高度和长度等。

设施内直射光透光率通常以直射光日总量床面平均透过率来表示,系指设施外水平面直射光强度与全天直射光照时间的平均积累值作为全天设施外平面接受的直射光能的总量(P),将 P 与设施内栽培床面或作物群体冠层水平面接受直射光(Q)之比，即Q/P×100%来表示。系以室内床面平均受光量计，不考虑不同部位光量分布不均匀的状况。

光照强度与光照时数构成作物所需的光量，与作物的产量、品质密切相关。我国冬季的日照时数的长短，因地理纬度的不同而有很大变化，赤道上全年每天保持12 h的日照，随着纬度的增高，我国日照时数由南向北逐渐减少。以冬至日照时数为例，广州为10.72 h，武汉为10.18 h，北京为9.33 h，纬度46°哈尔滨的地区只有8.46 h。我国冬季的光照强度，在西部地区（东经105°以西），随纬度的上增高而减弱；在东部地区，则有华南地区、淮河以北与辽河、内蒙古高原以南的两个高值区，辽河以北的东北地区和川黔至长江中下游地区的两个低值区。故我国高纬度地区存在冬季光量不足，而成为冬春季设施栽培的限制因子。

现以温室为例，将影响室内栽培床面或作物群体冠层平面直射光日总量平均透过率的构造方位等因素介绍如下：

（1）构架率

温室有透明材料和不透明材料的构架材料组成。温室全表面积内，直射光照射到结构骨架（或框架）材料的面积与全表面积之比，称构架率。构架率越大，说明构架的遮光面积越大，直射光透光率越小。简易大棚的构架率约为4%，普通钢架玻璃温室约为20%。

（2）建造方位

建造方位是指温室屋脊的走向，它对室内直射光透过率与光分布的影响很大，而对散射光的影响不大。我国淮河秦岭以北的北方地区广为分布的日光温室是单屋面温室，东西两山墙和北后墙为土墙、砖墙，仅向阳面采光，显然，这类温室都是坐北朝南，东西栋建造方位，以达到充分采光和防寒保温的目的。随着设施园艺的发展，双屋面连栋温室和大棚已日渐发展成设施栽培的又一主要形式。

以下介绍温室内床面直射光日总量平均透光率与方位、纬度、季节等的关系（图5.6至图5.9所示的温室均为长98 m、屋面角为24.6°的单栋和11连栋双屋面温室）。

①纬度与方位的关系　图5.6分别代表北纬30°与北纬45°两地区冬至时，温室内床面直射光日总量平均透光率与建设方位的关系。由图可见，东西栋比南北栋的透光率高，这种倾向高纬度地区比低纬度地区明显，单栋温室比连栋温室明显。

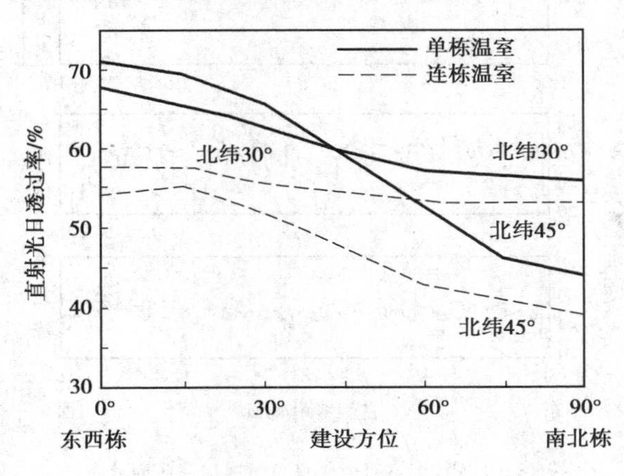

图5.6　纬度方位对床面日均直射光透过率的影响（冬至）

②季节与方位的关系　图 5.7 所示北纬 35°41′的日本东京地区不同建设方位的单栋或连栋温室直射光日总量床面平均透光率的季节变化。由图可见，从冬至（12 月 21—23 日）到夏至（6 月 21—23 日）的半年间，东西栋方位单栋温室的透光率以冬季的 67%达到最高值，其后从 2 月初至 4 月中旬渐次下降至 60%，以后呈稳定状；而冬季东西连栋温室的透光率次于单栋温室，约为 58%，后呈稍稍下降的趋势，直到 3 月初，此后至 4 月中旬又渐渐升高到 62%，后趋稳定。而且东西连栋温室，到 4 月初以后的透光率要稍高于东西方位单栋温室。南北栋方位温室，单栋的总比连栋的高出百分之几的透光率；其透光率到冬至时仅约 50%，为最低值，此后逐渐增加，到夏至时增至约 67%而达到最大值。南北连栋的透光率在 2 月初之后超过东西连栋，3 月中旬以后也超过东西方位单栋温室的透光率。

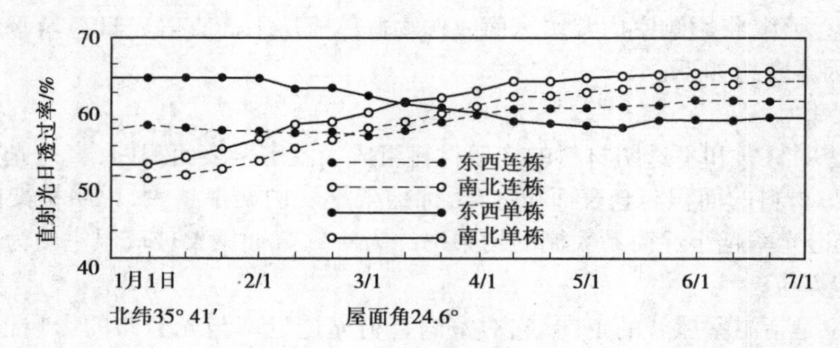

图 5.7　季节方位和栋数对床面日均直射光透过率的影响

由上可见，在高纬度地区的冬季，不论是单栋或连栋、单屋面或双屋面或大棚的透光率均为东西栋优于南北栋；到了夏季则发生了逆转，双栋与双屋面温室或大棚的透光率，则是南北栋优于东西栋。

③直射光日总量平均透光率的床面分布　图 5.8 所示在日本大阪冬至期间 4 连栋温室的东西栋或南北栋方位时，床面直射光日总量平均透光率在温室跨度方向上的分布情况。由图可见，东西栋的平均透光率高于南北栋，但床面不同位置的光量分布很不均匀，这是由于东西

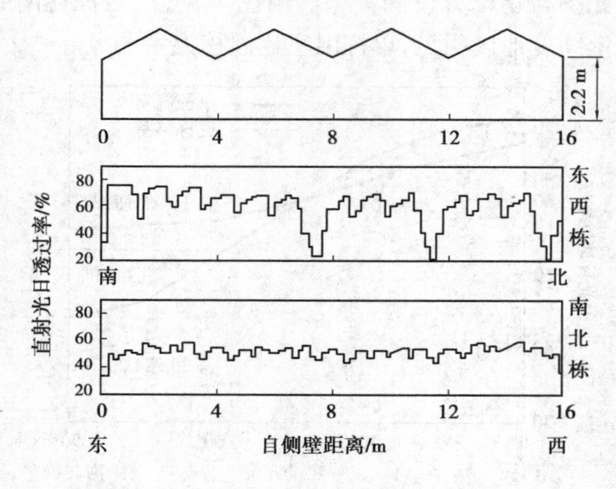

图 5.8　4 连栋温室直射光日总量透过率床面分布

（冬至，日本大阪）

连栋温室近中午时刻,从其邻接连栋的北屋面直射光的透过率低,因此时直射光达北屋面的入射角已超过60°,故透光率迅速下降。但南北栋方位的床面,不论哪一部位的透光率都较均匀一致。

④直射光床面平均透光率的日变化　图5.9所示北纬34.5°(日本大阪)地区不同建设方位温室的床面直射光日总量平均透光率在冬至时的变化。由图可见,东西栋方位的,不论单栋或连栋,均以正午时透光率最大,但在早晚时单栋的变化较少,连栋的则透过率降低极为显著。而南北向单栋温室透光率在中午前后较低,为48%~52%,早晚则较高,为60%~65%。而南北连栋较南北单栋的透光率中午附近相差不大,但早晚南北连栋的透光率则明显低下。

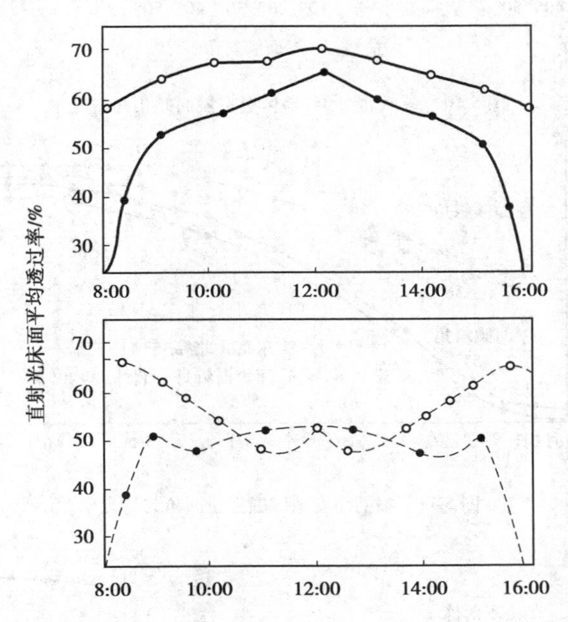

图5.9　建设方位与床面直射光平均透过率的经时变化
(冬至,日本大阪)

⑤屋面角、连栋数、温室侧面长度等与床面日总量平均透光率。

a.屋面倾角与透光率:冬至期间北纬35°地区温室床面直射光日总量平均透过率与屋面角的关系如图5.10所示。南北栋温室的透光率与屋面倾角的关系不大;但东西向单栋温室,屋面倾角越大,透光率越高。而东西向连栋温室,则随着屋面角增大到约30°时透光率达最高值,再继续增大则透光率又迅速下降,这是由于屋脊升高后,直射光透过温室时,要经过的屋面数增多了。但不论何者,单栋温室的透光率均高于连栋温室。

不同纬度对东西连栋温室的透光率影响较大,如图5.11所示,北纬35°41′的东京与北纬52°20′的阿姆斯特丹的差异极大。

b.连栋数和温室长度与透光率:如图5.12(a)所示,东西栋的透光率随着连栋数的增加,透光率逐渐降低,但超过5连栋后再增加连栋数时,透光率变化不大;而南北栋温室透光率则与连栋数关系不大。

如图5.12(b)所示,东西栋方位的床面透光率与温室长度几乎无关。但对我国北方单屋面日光温室的测试表明,长度在50 m以内时,透光率随长度的减少而减少;但南北栋者,

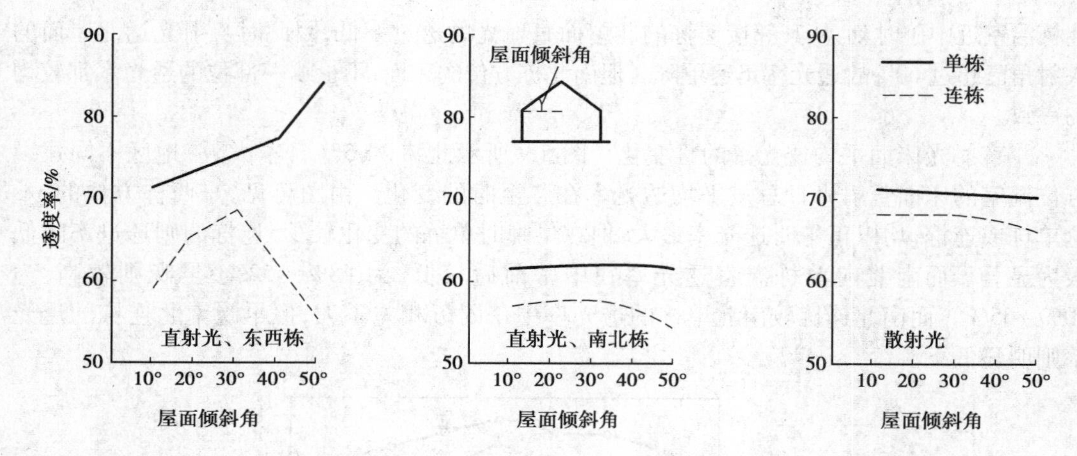

图 5.10 冬至北纬 35°地区温室屋面倾角与透光率

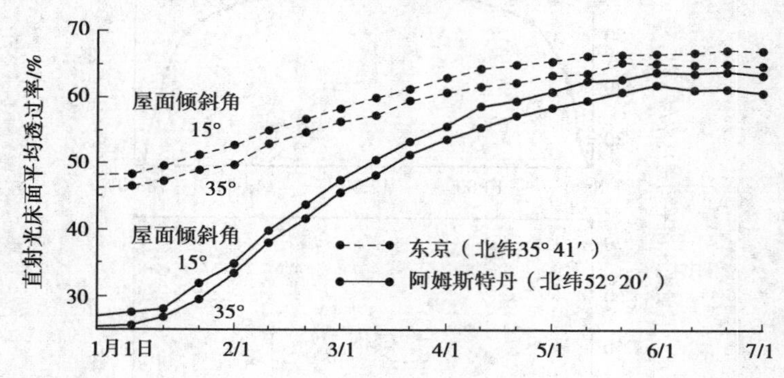

图 5.11 不同纬度地区温室屋面角与透光率

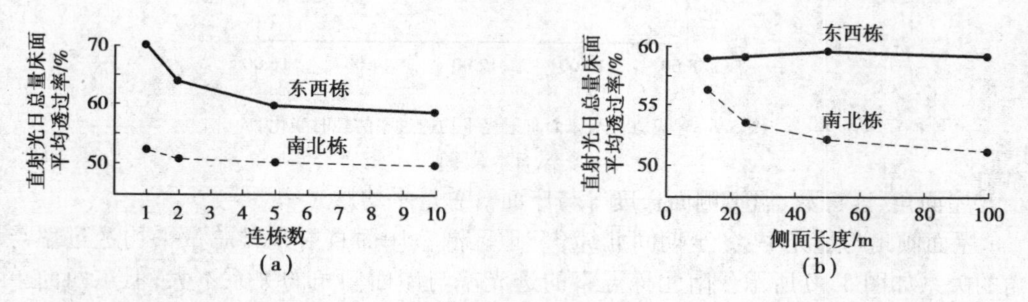

图 5.12 连栋数(a)与侧面长度(b)对直射光日总量的床面平均透过率

长度 10 m 的较 50 m 的透光率高约 5%，即随长度的增加，透光率随之下降。这是由于南北侧面长度较短的较之长度较长的温室，在中午附近时段的直射光，床面从南正面透过的光量比率大于从屋脊或侧面的透过率。

c.邻栋温室间距与透光率：同一场地设置几个温室时，相邻温室间隔太近时，会因临近温室的阴影而影响直射光透光率，尤其是我国高纬度地区的东西栋日光温室。在北纬 40°一带，两栋间距应不小于栋高（含卷起的草苫高）的 2 倍，使太阳高度最低的冬至前后，室内也有充足的光照；而南北栋的相邻温室间隔，一般应为檐高的 1 倍左右，据北纬 34°地区冬季测定，肩高 2.2 m 的温室，相邻温室间隔 3 m 时，邻栋阴影消失不影响透光率。

5)温室形状、室内作物的群体结构和畦向等的影响

通常塑料温室拱圆形较屋脊形透光要好。作物群体结构依种类品种的田间生长状态、种植密度、植株大小、高度与株型等影响群体各器官的立体分布,不仅影响群体冠层光能分布,也影响中下层的光能分布与利用。室内床面透光率与畦向也有关系,通常南北畦向受光均匀,日平均投射总量大于东西畦向。高竿作物的行距,温室栽培的要大于露地栽培,以利群体中下层叶系的光能利用。

任务 5.2 园艺设施光照环境与作物生育

园艺作物包括蔬菜、观赏植物和果树3大种类,园艺设施的光照环境是影响作物生长发育的重要条件之一,其影响主要是通过光照强度、光照时数和光质等来实现的。

工作过程设计

工作任务	工作任务 5.2 园艺设施光照环境与作物生育	教学时间	
任务要求	掌握光照强度、光照时数、光质及光分布对园艺作物生长发育的影响		
工作内容	1.光照强度对作物的影响 2.光照时数对作物的影响 3.光质及光分布对作物的影响		
学习方法	以课堂讲授和自学完成相关理论知识学习,在园艺设施生产应用的过程中掌握光照强度、光照时数、光质及光分布对不同园艺作物的影响		
学习条件	多媒体设备、资料室、互联网、园艺设施、测量设备、生产工具等		
工作步骤	资讯:教师由设施园艺生产引入任务内容,进行相关知识点的讲解,并下达工作任务; 计划:学生在熟悉相关知识点的基础上,查阅资料收集信息,进行工作任务构思,师生针对工作任务有关问题及解决方法进行答疑、交流,明确思路; 决策:学生在教师讲解和收集信息的基础上,划分工作小组,制订任务实施计划,并准备完成任务所需的工具与材料,避免盲目性; 实施:学生在教师辅导下,按照计划分步实施,进行知识和技能训练; 检查:为保证工作任务保质保量地完成,在任务的实施过程中要进行学生自查、学生互查、教师检查; 评估:学生自评、互评,教师点评		
考核评价	课堂表现、学习态度、任务完成情况、作业报告完成情况		

工作任务单

<table>
<tr><td colspan="6">工作任务单</td></tr>
<tr><td>课程名称</td><td colspan="2">园艺设施</td><td>学习项目</td><td colspan="2">项目 5　园艺设施光照环境特点及调控</td></tr>
<tr><td>工作任务</td><td colspan="2">任务 5.2　园艺设施光照环境与作物生育</td><td>学　时</td><td colspan="2"></td></tr>
<tr><td>班　级</td><td></td><td>姓　名</td><td></td><td>工作日期</td><td></td></tr>
<tr><td>工作内容与目标</td><td colspan="5">掌握光照强度、光照时数、光质及光分布对园艺作物生长发育的影响</td></tr>
<tr><td>技能训练</td><td colspan="5">观测不同光照条件下园艺作物生长发育状况</td></tr>
<tr><td>工作成果</td><td colspan="5">完成工作任务、作业、报告</td></tr>
<tr><td>考核要点（知识、能力、素质）</td><td colspan="5">掌握不同园艺作物对光照强度、光照时数、光质及光分布的要求；
能根据不同园艺作物，调节适宜的光照条件；
独立思考，团结协作，创新吃苦，按时完成作业报告</td></tr>
<tr><td rowspan="3">工作评价</td><td>自我评价</td><td colspan="4">本人签名：　　　　　　　　年　　月　　日</td></tr>
<tr><td>小组评价</td><td colspan="4">组长签名：　　　　　　　　年　　月　　日</td></tr>
<tr><td>教师评价</td><td colspan="4">教师签名：　　　　　　　　年　　月　　日</td></tr>
</table>

任务相关知识点

5.2.1　光照强度对作物的影响

光照强度首先影响作物的光合作用，在一定范围内（光饱和点以下），光照越强光合速率越高（图 5.13），产量也越高。光照强度同时还影响植株的形态和花色，一般随着光照强度的减弱，叶面积变大，株高增加；有些花的色素如花青素，必须在强光下才能产生，散光下不易产生。而园艺作物的种类不同对光照强度的要求不同，因此可将园艺作物分为阳性植物（又称喜光植物）、阴性植物和中性植物。

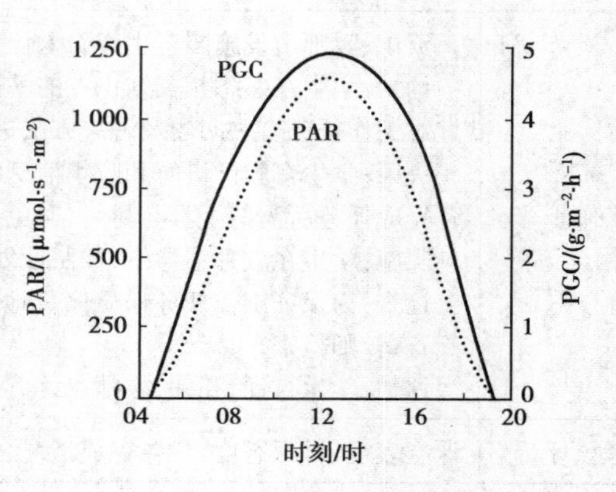

图 5.13　一天内温室中 PAR 与作物群体光合作用的变化

1 $gCO_2/(h \cdot m^2) = 6.313\ \mu mol/(s \cdot m^2)$

PAR——光合有效辐射

1）阳性植物

这类植物必须在完全的光照下生长，

不能忍受长期荫蔽环境，一般原产于热带或高原阳面。如多数一二年生花卉、宿根花卉、球根花卉、木本花卉及仙人掌类植物等。蔬菜中的西瓜、甜瓜、番茄、茄子等都要求较强的光照，才能很好地生长，光饱和点大多在 6 万 ~7 万 lx 以上。光照不足会严重影响产量和品质，特别是西瓜、甜瓜，含糖量会大大降低。果树设施栽培较多的葡萄、桃、樱桃等也都是喜光作物。

2）阴性植物

这类植物不耐较强的光照，遮阴下方能生长良好，不能忍受强烈的直射光线。它们多产于热带雨林或阴坡。如花卉中的兰科植物、观叶类植物、凤梨科、姜科植物、天南星科及秋海棠科植物。蔬菜中多数绿叶菜和葱蒜类比较耐弱光，光饱和点 2.5 万 ~4 万 lx。

3）中性植物

这类植物对光照强度的要求介于上述两者之间。一般喜欢阳光充足，但在微阴下生长也较好，如花卉中的萱草、楼斗菜、麦冬草、玉竹等。果树中的李、草莓等。中光型的蔬菜有黄瓜、甜椒、甘蓝类、白菜、萝卜等，光饱和点 4 万 ~5 万 lx。

5.2.2 光照时数对作物的影响

光照时数的长短影响蔬菜的生长发育，也就是通常所说的光周期现象。光周期是指一天中受光时间长短，受季节、天气、地理纬度等的影响。蔬菜对光周期的反应可分为 3 类：

1）长日性蔬菜

在较长的日照条件下（一般为 12 ~ 14 h 以上）促进植株开花，而在较短的日照条件下，不开花或延迟开花。如白菜、甘蓝、萝卜、胡萝卜、芹菜、菠菜、莴苣、蚕豆、豌豆、大葱、大蒜等，它们都在春季开花，大都为二年生蔬菜，若光照时数少于 12 ~ 14 h，则不抽薹开花，这对设施栽培有利，因为绿叶菜类和葱蒜类的产品器官不是花或果实（豌豆除外）。

2）短日性蔬菜

在较短的日照条件下（一般在 12 ~ 14 h 以下）促进植物开花，而在较长的日照条件下，不开花或延迟开花。属于短日性的蔬菜有大豆、豇豆、扁豆、茼蒿、苋菜，蕹菜等。在自然条件下，这些作物在秋季白昼缩短时开花。

3）中日性蔬菜

对光照时数要求不严格，适应范围宽，如黄瓜、番茄、辣椒、菜豆等。需要说明的是短日性蔬菜，对光照时数的要求不是关键，而关键在于黑暗时间长短，对发育影响很大；而长日性蔬菜则相反，光照时数至关重要，黑暗时间不重要，甚至连续光照也不影响其开花结实。

光照时间的长短对花卉开花也有影响，唐菖蒲是典型的长日照花卉，要求日照时数达 14 h 以上才能花芽分化；而一品红与菊花则相反，是典型的短日照花卉，光照时数 <10 ~ 11 h才能花芽分化。设施栽培可以利用此特性，通过调控光照时数达到调节开花期的目的。一些以块茎、鳞茎等贮藏器官进行休眠的花卉如水仙、仙客来、郁金香、小苍兰等，其贮藏器官的形成受光周期的诱导与调节。

果树因生长周期长，对光照时数要求主要是年积累量，如杏要求年光照时数 2 500 ~

3 000 h，樱桃 2 600~2 800 h，葡萄 2 700 h 以上，否则不能正常开花结实，说明光照时数对作物花芽分化，即生殖生长(发育)影响较大。设施栽培光照时数不足往往成为限制因子，因为在高寒地区尽管光照强度能满足要求。但 1 d 内光照时间太短，不能满足要求，一些果菜类或观花的花卉若不进行补光就难以栽培成功。

5.2.3 光质及光分布对作物的影响

一年四季中，光的组成由于气候的改变有明显的变化。如紫外光的成分以夏季的阳光中最多，秋季次之，春季较少，冬季则最少。夏季阳光中紫外光的成分是冬季的 20 倍，而蓝紫光比冬季仅多 4 倍。因此，这种光质的变化可以影响到同一种植物不同生产季节的产量及品质。表 5.3 反映了光质对作物产生的生理效应。

表 5.3　各种光谱成分对植物的作用

光谱/nm	植物生理效应
>1 000	被植物吸收后转变为热能，影响有机体的温度和蒸腾情况，可促进干物质的积累，但不参加光合作用
1 000~720	对植物伸长起作用，其中 700~800 nm 辐射称为远红光，对光周期及种子形成有重要作用，并控制开花及果实的颜色
720~610	(红、橙光)被叶绿色强烈吸收，光合作用最强，某种情况下表现为强的光周期作用
610~510	(主要为绿光)叶绿素吸收不多，光合效率也较低
510~400	(主要为蓝、紫光)叶绿素吸收最多，表现为强的光合作用与成形作用
400~320	起成形和着色作用
<320	对大多数植物有害，可能导致植物气孔关闭，影响光合作用，促进病菌感染

光质还会影响蔬菜的品质，紫外光与维生素 C 的合成有关，玻璃温室栽培的番茄、黄瓜等其果实维生素 C 的含量往往没有露地栽培的高，就是因为玻璃阻隔紫外光的透过率，塑料薄膜温室的紫外光透光率就比较高。光质对设施栽培的园艺作物的果实着色有影响，颜色一般较露地栽培色淡，如茄子为淡紫色。番茄、葡萄等也没有露地栽培风味好，味淡，口感不甜。例如，日光温室的葡萄、桃、塑料大棚的油桃等都比露地栽培的风味差，这与光质有密切关系。

由于农业设施内光分布不如露地均匀，使得作物生长发育不能整齐一致。同一种类品种、同一生育阶段的园艺作物长得不整齐，既影响产量、成熟期也不一致。弱光区的产品品质差，且商品合格率降低，种种不利影响最终导致经济效益降低，因此设施栽培必须通过各种措施，尽量减轻光分布不均匀的负面效应。

任务 5.3 园艺设施光照环境调控

工作过程设计

工作任务	任务 5.3 园艺设施光照环境调控	教学时间	
任务要求	1.学会在园艺设施设计和生产计划制订中改善光照条件的方法 2.掌握调控园艺设施光照强度、光照时数的基本技能		
工作内容	1.改善设施内光照条件 2.光照时数的调控 3.园艺设施遮光 4.人工补光		
学习方法	以课堂讲授和自学完成相关理论知识学习,在园艺设施设计、生产计划的制定和生产应用的过程中使学生学会园艺设施光照环境的调控方法		
学习条件	多媒体设备、资料室、互联网、园艺设施、生产工具等		
工作步骤	资讯:教师由设施园艺生产对环境的要求引入任务内容,进行相关知识点的讲解,并下达工作任务; 计划:学生在熟悉相关知识点的基础上,查阅资料收集信息,进行工作任务构思,师生针对工作任务有关问题及解决方法进行答疑、交流,明确思路; 决策:学生在教师讲解和收集信息的基础上,划分工作小组,制订任务实施计划,并准备完成任务所需的工具与材料,避免盲目性; 实施:学生在教师辅导下,按照计划分步实施,进行知识和技能训练; 检查:为保证工作任务保质保量地完成,在任务的实施过程中要进行学生自查、学生互查、教师检查; 评估:学生自评、互评,教师点评		
考核评价	课堂表现、学习态度、任务完成情况、作业报告完成情况		

工作任务单

工作任务单					
课程名称	园艺设施		学习项目	项目 5 园艺设施光照环境特点及调控	
工作任务	任务 5.3 园艺设施光照环境调控		学 时		
班 级		姓 名		工作日期	

续表

<table>
<tr><td colspan="3">工作任务单</td></tr>
<tr><td>工作内容与目标</td><td colspan="2">1.学会在园艺设施设计和生产计划制定中改善光照条件的方法
2.掌握调控园艺设施光照强度、光照时数的基本技能</td></tr>
<tr><td>技能训练</td><td colspan="2">1.调控光照时数的操作方法
2.园艺设施遮光技术
3.园艺设施人工补光技术</td></tr>
<tr><td>工作成果</td><td colspan="2">完成工作任务、作业、报告</td></tr>
<tr><td>考核要点(知识、能力、素质)</td><td colspan="2">掌握园艺设施光照环境的调控方法;
能按照生产需要正确进行调控光照环境的基本操作;
独立思考,团结协作,创新吃苦,按时完成作业报告</td></tr>
<tr><td rowspan="3">工作评价</td><td>自我评价</td><td>本人签名: 年 月 日</td></tr>
<tr><td>小组评价</td><td>组长签名: 年 月 日</td></tr>
<tr><td>教师评价</td><td>教师签名: 年 月 日</td></tr>
</table>

任务相关知识点

园艺设施内对光照条件的要求:一是光照充足;二是光照分布均匀。从我国目前的国情出发,主要还依靠增强或减弱农业设施内的自然光照,适当进行补光,而发达国家补光已成为重要手段。

5.3.1 改善设施内光照条件

1)改进园艺设施结构提高透光率

(1)选择适宜的建筑场地及合理建筑方位

确定的原则是根据设施生产的季节,当地的自然环境,如地理纬度、海拔高度、主要风向、周边环境(有否建筑物、有否水面、地面平整与否等)。大棚南北延长或东西延长;日光温室坐北朝南,东西延长,在黄淮地区,以南偏东5°~10°为多,而气候寒冷的高纬度地区则多以南偏西朝向居多;连栋温室以南北延长为主。

(2)设计合理的屋面坡度

单屋面温室主要设计好后屋面仰角,前屋面与地面交角,后坡长度,既保证透光率高也兼顾保温好。连接屋面温室屋面角要保证尽量多进光,还要防风、防雨(雪)使排雨(雪)水顺畅。并选用良好的透明覆盖材料及建筑材料。

(3)采用合理的透明屋面形状

生产实践证明,拱圆形屋面采光效果好。

(4)选择骨架材料

在保证温室结构强度的前提下尽量用细材,以减少骨架遮阴,梁柱等材料也应尽可能少用,如果是钢材骨架,可取消立柱,对改善光环境很有利,见表 5.4。

表 5.4 不同棚型结构的透光量及透光率

大棚类型	透光量/万 lx	透光率/%
单栋钢架结构	7.67	72
单栋竹木结构	6.65	62.5
连栋钢筋水泥	5.99	56.3
露地对照	10.64	100

(5)选用透光率高且透光保持率高的透明覆盖材料

我国以塑料薄膜为主,应选用防雾滴且持效期长、耐候性强、耐老化性强等优质多功能薄膜,漫反射节能膜、防尘膜、光转换膜。大型连栋温室,有条件的可选用 PC 板材。

透明覆盖物应选用坚固耐用并且透光性能良好的覆盖材料,如玻璃应选用 3 mm 厚的平板玻璃,其散射光,透光率高达 82%,而 5 mm 厚的平板玻璃和 6 mm 厚的钢化玻璃其散射光,透光率均为 78%,并且建筑成本增加。用塑料薄膜覆盖的温室和大棚,应选静电作用小的防尘膜,聚氯乙烯大棚膜,覆盖两个月后透光率为 55%,而聚乙烯防尘膜覆盖两个月后透光率仍为 82%左右,覆盖一年后聚氯乙烯膜透光率下降到 15%,而聚乙烯除尘膜透光率仍然高过 58%。结合考虑其透光性和耐用年限,目前应选用多选用多功能抗老化耐低温的聚乙烯防尘农膜最为理想。

2)改进栽培管理措施改善光照环境

①保持透明屋面干洁 使塑料薄膜温室屋面的外表面少染尘,经常清扫以增加透光,内表面应通过放风等措施减少结露(水珠凝结),防止光的折射,提高透光率。

②在保温前提下,尽可能早揭晚盖外保温和内保温覆盖物,增加光照时间 在阴雨雪天,也应揭开不透明的覆盖物,在确保防寒保温的前提下时间越长越好,以增加散射光的透光率。双层膜温室,可将内层改为白天能拉开的活动膜,以利光照。

③合理密植,合理安排种植行向 目的是为减少作物间的遮阴,密度不可过大,否则作物在设施内会因高温、弱光发生徒长,作物行向以南北行向较好,没有死阴影。若是东西行向,则行距要加大,尤其是北方单屋面温室更应注意行向,栽培床高度要南低北高,防止前后遮阴。

④加强植株管理 黄瓜、番茄等高秧作物及时整枝打杈,及时吊蔓或插架。进入盛产期时还应及时将下部老叶或过多的叶摘除,以防止上下叶片相互遮阴。

⑤选用耐弱光的品种。

⑥地膜覆盖 有利地面反光以增加植株下层光照。

⑦采用有色薄膜 人为地创造某种光质,以满足某种作物或某个发育时期对该光质的需要,获得高产、优质。但有色覆盖材料其透光率偏低,只有在光照充足的前提下改变光质才能收到较好的效果。

⑧充分利用反射光，提高设施光照强度　在日光温室北墙张挂反光幕(板)，可使反光幕前光照增加40%~44%，有效范围达3 m(见表5.5)。

表5.5　温室反光幕的增光绿(%)

高度/m	0	1	2	3
总平均	40	29.1	18.9	9.2
地面12月平均	44.5	31.8	16	9.1
3月平均	31.4	13.5	14.2	4.4
60 cm高	43	20.8	12.3	7.5

1988年12月19日至1999年3月25日交节气日12次测定平均(熊岳农业学校)

5.3.2　光照时数的调控

1)长光照与短光照处理

电光源照射(或称长光照处理)或遮光(或称短光照处理)是依作物的光周期特性，利用人工照明延长光照时间或利用遮光缩短光照时间来调节切花、盆花和蔬菜的开花期或休眠期，使其产品在价格较高或特别需要的时段上市。长光照与短光照处理现已广泛应用于菊花、草莓、紫苏等作物的设施周年优质高产栽培中。如中高纬度地区菊花电光源照射处理可延长秋菊花开花期至冬季元旦、圣诞节、春节三大节日期间开花，实现反季节栽培，增加淡季菊花供应，提高效益。草莓电光源照射栽培，可阻止休眠或打破休眠，提早开花结果，提前上市。

2)方法

短光照处理，采用遮光率100%的遮光网(具透气性)覆盖。长光照处理，处理的强度、方法均依作物种类而异。电光源处理的方法有：

①延长光照(初夜照明)　应用于抑制短日照植物花芽分化或促进长日照植物开花。从日落开始给予短日照植物超过临界日长时数的补光来抑制花芽分化；给予长日照植物补光到适于开花的日照时数以促进开花。

②中断暗期(深夜照明)　植物光周期反应实际上是由于暗期的长短所诱导，因此在黑夜中插入连续照明2~4 h，把暗期一分为二，中断暗期，与延长光照起同样效果。

③间歇照明　把日落后照明延长光照改为利用定时装置，调控为每小时点灯10~20 min，其余时间熄灯，如此反复点灭，与连续长光照处理效果相同；在规模大的场合，分别几个点灯场所，采取顺次反复循环移动的方式进行间歇照明，既可节约能耗，又防灯具频繁点灭而缩短使用寿命。

④黎明前照明(清晨光照)　与初夜照明的延长光照处理效果相同。

⑤再电照处理　多头小菊类菊花冬季电照栽培时，往往在停止电照后因冬季日照长度显著变短，出现顶部叶变小、舌状花数减少等“早衰”现象，导致切花品质下降，为防止早衰、维持品质，在电照停止10~14 d后再电照处理5~7 d，克服上述早衰现象。

5.3.3 园艺设施遮光

芽菜和软化蔬菜、观叶植物、花卉、等进行设施栽培或育苗时，往往通过遮光来抑制气温、土温和叶温的上升，借以改善品质，保护作物的稳定生产，或者进行短日照处理，都要利用遮光来调控光照时数或光照强度。

1）缩短日照时间

有些作物必须在短日照条件下（8～10 h）才能完成花芽分化或开花结果，这种植物叫短日照植物，例如黄瓜在苗长出 2 片真叶时，就已开始花芽分化，这时如果每天日照时数超过 10 h 以上（长日照），花芽分化就少，所以必须在苗期进行短日照处理，再配合夜间适当低温管理（15～17 ℃），则秧苗花芽分化的快，花芽多，特别是雌花花芽形成的多，栽在棚室后，瓜码密，产量高。所以，黄瓜在早春温室育苗时，通过晚揭、早盖草帘子的办法，进行短日照处理，即上午 8 时把温室草帘子卷起来，午后 4 时再把草帘子盖上，这种短日照处理，既有利于温室保温，又能多结瓜，提高黄瓜产量。

有些短日照的植物，如：草莓，牵牛花，落地生根等浆果或花卉要想提早开花，必须进行短日照处理，方法是用黑色塑料薄膜或内层为红色，外层为黑色的双面窗帘，每天及时盖上和揭开，让太阳照射 8～10 h，很快就会开花。

2）减弱光照强度

①遮阳网或不织布覆盖　夏季高温季节，对于喜阴植物，应采取遮光措施，以防止日晒和减弱光照强度，一般上午 9—10 时到下午 3—4 时，在温室外面用竹帘，遮阳网等覆盖或直接覆盖不织布，均能减弱光照强度。设施遮光 20%～40%能使室内温度下降 2～4 ℃。在育苗过程中，移栽后为了促进缓苗，通常也需要进行遮光。

②设施内种植藤本植物　设施内种植一些爬蔓的藤本植物，也能达到遮光效果，特别是一些观赏花卉植物，如兰科，天南星科，蕨类及食虫植物等，在高纬度的黑龙江省，即使在冬季，也需要进行适当遮阴。园林花卉植物专用温室常在温室北墙处，种植或摆放几盆原产热带或亚热带的多年生草本植物，如叶子花，佛手瓜或一年生的丝瓜，苦瓜等，夏季高温时茎蔓爬到温室架上，下面形成荫蔽环境，起到遮光，降温的作用。

③玻璃面上涂白灰　先将生石灰块 5 kg 加少量水粉化，过滤后加入 25 kg 水和250 g食盐，用喷雾器均匀的喷布在温室外的玻璃面上，如遇暴雨冲掉后可再喷，由于喷白能大量反射太阳光，能起到减弱温室内部光照强度的作用，但喷白对降低温度效果不大。

④玻璃屋面喷水　夏季高温光照过强，结合降温采取屋顶喷水，徐徐流水不但可带走大量热能，同时还能吸收和反射一部分的光能，从而使温室内的光能强度有所减弱。

⑤室外种植落叶树种　在温室外部四周距墙 2—2.5 m 处，种植成排的高度适宜的小乔木，树种要求枝叶不过于繁茂，树冠比较开张，枝条萌发力强，生长迅速，且病虫为害较少的落叶树，如垂柳、合欢等。夏季即可降温又遮阴并能使温室周围环境更与自然的生态条件相近，秋末太阳高度角开始降低，光照强度减弱，对树木进行强修剪，防止冬季遮光，早春又可重新萌发形成新的植物景观。

5.3.4 人工补光

人工补光的目的有两个：一是人工补充光照，用以满足作物光周期的需要，当黑夜过长而影响作物生育时，应进行补充光照。另外，为了抑制或促进花芽分化，调节开花期，也需要补充光照。这种补充光照要求的光照强度较低，称为低强度补光。另一目的是作为光合作用的能源，补充自然光的不足。据研究，当温室内床面上光照日总量小于 100 W/m^2 时，或光照时数不足 4.5 h/d 时，就应进行人工补光。因此，在北方冬季保护设施内很需要这种补光，但这种补光要求的光照强度大，为 1~3 klx，所以成本较高，国内生产上很少采用，主要用于育种、引种、育苗。

人工补光的光源为电光源。对电光源有 3 点要求：一是要有一定的强度；二是要求光照强度具有一定的可调性；三是要求有一定的光谱能量分布，可以模拟自然光照，要求具有太阳光的连续光谱，也可以采用类似作物生理辐射的光谱。

冬季利用温室栽培植物，为满足植物生长发育的生理需要，进行人工补光，在生产实践中有重要意义。常用的人工光源有白炽灯，荧光灯，高压水银荧光灯，高压钠灯，氙灯等。

1) 白炽灯和卤钨灯

它们同属热辐射光源，即在给光的同时还产生热效应。为了防止高温烧伤植物，往往采取以下两种措施：

(1) 用移动灯光

电灯距秧苗 15 cm 处，灯光在栽植床上移动的速度为 15~20 cm/s，适宜培育各种要求光照强度高的秧苗，一般功率为 200~500 W/m^2。

(2) 用水滤器

在灯光下装置透光良好的水滤器，里面盛入流动的水，使植物在水滤器下生长，利用水将多余热量吸收。

2) 日光灯

光谱全但缺乏紫外光，可克服白炽灯产生辐射热的缺点，苗期连续 30 d，4~8 h/d，番茄，黄瓜早熟 15~20 d。

3) 生物汞灯

农业专用，呼和浩特生产的为 45 W，天津 500 W，缺点是寿命短。

4) 钠灯

作为广场照灯比较理想，照射幅度大，可兼做农业用。

5) 水银荧光灯

这种灯能把紫外光变为可见光，光照强度高，有利于长日照植物进行光合作用。

6) 荧光灯

这种灯辐射能的紫外部分被玻璃罩内所涂的荧光粉吸收转变为可见光，光的颜色取决于所涂的特殊的荧光粉，这种荧光灯特别适合于增加日照长度。适于植物人工补光、光源所需功率及每天补充照明时间。

人工补光所需功率及补光时间见表5.6。

表5.6 人工补充照明所需功率及补光时间

补光目的	适合光源	只装功率/(W·m^{-2})	每天补光时间/h
加强光合作用	1.水银灯 2.水银荧光灯 3.荧光灯	50~100	8~12
增加光照强度	1.荧光灯 2.钨丝灯	5~50	8
促进球茎花卉开花	1.钨丝灯 2.荧光灯	25~100	12
无光室内栽培	1.水银荧光灯 2.荧光灯 3.钨丝灯(用发芽)	200~1 000	16(长日照)

项目小结

光照环境对设施内作物的生长发育产生光效应、热效应、形态效应,直接影响作物的光合作用、光周期反应和器官的形成。设施内的光照条件受设施外自然光照、设施建筑方位、设施结构、透光屋面大小、形状、覆盖材料特性、清洁程度、作物的群体结构及辐射特性等多种因素的影响。蔬菜、观赏植物和果树等园艺作物的生长发育受光照环境的影响,主要是通过光照强度、光照时数和光质等来实现的,光照强度、光照时数、光质和光照的分布不同,对园艺作物生长发育的影响不同。生产中应根据需要调节光照强度、光照时数、遮光或人工补光;改善设施内的光照条件是通过改进园艺设施结构提高透光率和改进栽培管理措施来实现的;通过长光照与短光照处理调节光照时数;园艺设施遮光的方法主要有:遮阳网或不织布覆盖、室内种植藤本植物、玻璃面上涂白灰、玻璃屋面喷水、室外种植落叶树种等;人工补光的光源常用的有白炽灯、荧光灯、高压水银荧光灯、高压钠灯、氙灯等。

思考练习

1.设施内的光照环境包括哪些内容?与露地相比有什么特点?
2.影响设施内光照环境的主要因素有哪些?
3.设施内光照环境对园艺作物的生产有哪些重要作用?
4.怎样改善设施内的光照条件?
5.如何调控设施的光照时数?
6.园艺设施生产什么情况下要利用遮阴技术?常用哪些方法遮阴?
7.人工补光的目的是什么?常用的方法有哪些?

实训 12:实地测量日光温室内光照的水平与垂直分布

1)目的要求

学习照度计的使用方法,熟悉日光温室光照强度的观测方法,掌握设施内光照的分布和变化规律。

2)材料用具

照度计,标杆、皮尺等。

3)方法步骤

每 4~8 个学生为一小组进行观测记录。

(1)光照强度的分布

①光照强度的垂直分布　在设施中部选取一垂直剖面,从南向北树立根标杆,第一杆距南侧(大棚内东西两侧标杆距棚边)0.5 m,其他各杆相距 1 m。每杆垂直方向上每 0.5 m 设一测点。

②光照强度的水平分布　在设施内距地面 1 m 高处,选取一水平断面,按东、中、西和南、中、北设 9 个点,在室外距地面 1 m 高处,设一对照测点。

每一剖面,每次观测时读两遍数,取平均值。两次读数的先后次序相反,第一次先从南到北,由上到下;第二次从北到南,由上到下。每日观测时间:上午 8 时,下午 1 时。

(2)光照强度的日变化观测

观测设施内中部与露地对照区 1 m 高处的光照强度变化情况,记载 2 时、6 时、10 时、14 时、18 时、22 时的光照强度。

课后作业

根据观测数据,绘出设施内垂直方向和水平方向的光照分布图,并分析所观测设施光照分布特点及其形成的原因。

园艺设施湿度环境特点及调控

项目描述 设施内的湿度环境,包含空气湿度和土壤湿度两个方面。水是农业的命脉,也是植物体的主要组成成分,因此设施空气湿度和土壤湿度环境的重要性更为突出。在了解园艺设施空气湿度和土壤湿度环境特点的基础上,熟练园艺设施湿度调控的技术原理与措施是本项目的宗旨和要求,其中,空气湿度和土壤湿度环境特点及湿度调控技巧是本项目学习掌握的重点。

学习目标 掌握园艺设施湿度环境特点。

能力目标 学会设施空气湿度和土壤湿度调控方法,能够熟练掌握降低设施空气湿度和增加土壤湿度调控技巧。

项目任务

专业领域:园艺技术 **学习领域:园艺设施**

项目名称	项目6　园艺设施湿度环境特点及调控
工作任务	任务6.1　园艺设施土壤水分环境特点及调控
	任务6.2　园艺设施空气湿度环境特点及调控
	任务6.3　园艺设施节水技术
项目任务要求	技能要求:掌握降低园艺设施空气湿度和增加土壤湿度环境调控基本技巧 知识要求:园艺设施空气湿度和土壤湿度环境特点 素质要求:增强责任感、使命感、事业感,提升热爱本专业的积极性

任务6.1　园艺设施土壤水分环境特点及调控

活动情景 水是生命之源,水是影响作物生长发育的最重要的环境因子,也是植物生命活动最基本的要素。了解设施内土壤湿度变化的特点是制定土壤湿度调控措施的重要依据。土壤湿度决定农作物的水分供应状况,土壤湿度过低或过低,都引起作物生长不良。因此，设施土壤湿度调控是设施栽培重的重要工作。其中，增加土壤湿度环境调控基本技巧是该项目的重点。

工作过程设计

工作任务	任务 6.1　园艺设施土壤水分环境特点及调控	教学时间	
任务要求	1.了解设施内土壤湿度变化的特点 2.重点掌握设施土壤湿度调控技巧，其中，增加土壤湿度环境调控技巧是重点		
工作内容	1.查阅资料 2.看课件 3.听讲解		
学习方法	以查阅资料、课堂讲授完成相关理论知识学习		
学习条件	多媒体设备、资料室、互联网、生产工具、实训基地等		
工作步骤	资讯：教师带领学生到附近塑料大棚、温室等设施园艺生产现场，观察比较设施内外土壤湿度差异引入教学任务内容，进行相关知识点的讲解分析，并下达工作任务； 计划：学生在熟悉相关知识点的基础上，了解设施土壤湿度变化规律和特点； 评估：学生自评、互评，教师点评		
考核评价	课堂表现、学习态度、作业完成情况		

工作任务单

工作任务单					
课程名称	园艺设施		学习项目	项目 6　园艺设施湿度环境特点及调控	
工作任务	任务 6.1　园艺设施土壤水分环境特点及调控		学　时		
班　级		姓　名		工作日期	
工作内容与目标	现场测定设施内外土壤湿度差异，并测定设施内不同天气状况和不同区域的湿度差异，并分析原因，借助课件，查阅资料，拜访生产者，聆听讲解，分析归纳总结设施内土壤湿度变化规律和土壤湿度环境特点； 实地操作不同调控措施对设施土壤湿度的影响，掌握设施土壤湿度调控基本技巧				
技能训练	园艺设施土壤湿度调控技巧，重点：增加土壤湿度环境调控基本技巧				
工作成果	完成工作任务、作业、报告				
考核要点（知识、能力、素质）	园艺设施土壤水分环境特点； 园艺设施土壤水分调控技巧，理论联系，科学制定生产措施； 增强责任感、事业感，提高热爱本专业的积极性				

续表

工作任务单		
工作评价	自我评价	本人签名：　　　　　　　　年　　月　　日
	小组评价	组长签名：　　　　　　　　年　　月　　日
	教师评价	教师签名：　　　　　　　　年　　月　　日

任务相关知识点

6.1.1　园艺设施土壤水分环境特点

1）土壤湿度表示法

表示土壤湿度一般有两种表达方法：一种叫绝对湿度，又叫质量分数（质量百分数），指土壤水的重量占其干土重的百分数（%）。此法应用普遍，但土壤类型不同，相同的土壤湿度其土壤水分的有效性不同，不便于在不同土壤间进行比较。另一种叫相对湿度，又叫田间持水量百分数，指土壤湿度占该类土壤田间持水量的百分数（%）。相对湿度有利于在不同土壤间进行比较，但不能给出具体水量的概念。

2）土壤湿度的特点

（1）土壤湿度高于外界

设施空间或地面有比较严密的覆盖材料，土壤耕作层不能依靠降水来补充水分，故土壤湿度只能由灌水量、土壤毛细管上升水量、土壤蒸发量及作物蒸腾量的大小来决定。与露地相比，设施内的土壤蒸发和植物蒸腾量小，故土壤湿度比露地大。

（2）土壤气湿度不均衡性

设施内各部位的土壤湿度因地温分布上的不同而有所差异。蒸发和蒸腾产生的水汽在薄膜内表面结露，顺着棚膜流向大棚两侧的前底脚，逐渐使棚中部干燥而两侧或前底脚土壤湿润，引起局部湿度差。

（3）设施内土壤湿度随设施环境变化而变化

土壤湿度受设施温度，作物生长情况，空气湿度及浇水等影响较大。

（4）设施内空气湿度相对稳定

与空气湿度相比较，土壤湿度比较稳定，变化幅度较小。一般低温季节土壤湿度容易偏高而且变化较小，高温季节的变化较大。

6.1.2　土壤湿度的调控

1）不同作物对土壤湿度的要求

设施生产的农产品，特别是蔬菜、果树产品大都是柔嫩多汁的器官，含水量在90%以上。水是绿色植物进行光合生产中最主要的原料，水也是植物原生质的主要成分，植物体内营养物质的运输，要在水溶液中进行，根系吸收矿质营养，也必须在土壤水分充足的环境下才能进行。作物对水分的要求一方面取决于根系的强弱和吸水能力的大小；另一方面取决于植物叶片的组织和结构，后者直接关系到植物的蒸腾效率。蒸腾系数越大，所需水分越多。根据作物对水分的要求和吸收能力，可将其分为耐旱植物、湿生植物和中生植物。下面以蔬菜为例谈谈耐旱植物、湿生植物和中生植物的基本特点。

①耐旱植物　抗旱能力较强，能忍受较长期的空气和土壤干燥而继续生活。这类植物一般具有较强大的根系，叶片较小、革质化或较厚，具有贮水能力或叶表面有茸毛，气孔少并下陷，具有较高的渗透压等。因此，它们需水较少或吸收能力较强，如南瓜、西瓜、甜瓜耐旱能力均较强。

②湿生植物　这类植物的耐旱性较弱，生长期间要求有大量水分存在，或生长在水中。它们的根、茎、叶内有通气组织与外界通气，一般原产热带沼泽或阴湿地带，如蔬菜中的莲藕、菱、芡实、莼菜、慈菇、茭白、水芹、蒲菜、豆瓣菜和水蕹菜等。

③中生植物　这类植物对水分的要求属中等，既不耐旱，也不耐涝，一般旱地栽培要求经常保持土壤湿润。蔬菜中的茄果类、瓜类、豆类、根菜类、叶菜类、葱蒜类也属此类。

2）土壤湿度调控

土壤湿度决定农作物的水分供应状况，土壤湿度过低，形成土壤干旱，作用光合作用不能正常进行，降低作物的产量和品质，严重缺水导致作物凋萎和死亡。如果土壤湿度过高，恶化土壤通气性，影响土壤微生物的活动，使作物根系的呼吸、生长等生命活动受到阻碍，从而影响作物地上部分的正常生长，造成徒长、倒伏、病害滋生等。

设施内土壤湿度与露地相比，土壤湿度由灌水量、土壤毛细管上升水量、土壤蒸发量以及作物蒸腾量的大小来决定。土壤湿度的调控应当依据作物种类及生育期的需水量、体内水分状况、土壤质地和湿度以及天气状况而定。

设施土壤湿度调控主要是保持适宜的土壤湿度，防止湿度长时间过高。目前我国设施栽培的土壤湿度调控仍然依靠传统经验，主要凭人的观察感觉，调控技术的差异很大。随着设施园艺向现代化、工厂化方向发展，要求采用机械化自动化灌溉设备，根据作物各生育期需水量和土壤水分张力进行土壤湿度调控。常用的灌溉方式有：

（1）增加土壤湿度的方法

①喷灌　采用全园式喷头的喷灌设备，安装在温室或大棚顶部2.0~2.5 m高处。也有的采用地面喷灌，即在水管上钻有小孔，在小孔处安装小喷嘴，使水能平行地喷洒到植物的上方。

②水龙浇水法　采用塑料薄膜滴灌带，成本较低，可以在每个畦上固定一条，每条上面每隔20~40 cm有一对0.6 mm的小孔，用低水压也能使20~30 m长的畦灌水均匀，也可放在地膜下面，降低室内湿度。

③滴灌法　滴灌是通过安装在毛细管上的滴头把水一滴滴均匀而又缓慢地滴入植物根区附近的土壤中，借助于土壤毛细管力的作用，使水分在土壤中渗入和扩散，供植物根系吸收和利用。

④地下灌溉　地下灌溉是灌溉水借土壤下毛细管作用自下而上湿润土壤，达到灌溉作物目的的灌溉方法，也称渗灌。

(2)控制土壤湿度的措施

①用高畦或高垄栽培 增加地面水分的蒸发量。

②适量浇水 低温期应采取隔沟浇沟法进行浇水,或用微灌溉系统进行浇水,即要浇小水,不大水漫灌。

③适时浇水 晴暖天设施内的温度高,通风量也大,浇水后地面水分蒸发快,易于控制土壤的湿度,低温阴雨天,温度低,地面水分蒸发慢,不易浇水。

任务6.2 园艺设施空气湿度环境特点及调控

空气湿度是影响植物吸水与蒸腾的重要因子之一,了解设施空气湿度变化的特点是制定空气湿度调控措施的重要依据。如果空气湿度较小,土壤水分充足,则植物蒸腾较旺盛,植物生长较好。如果空气湿度处于饱和条件下,可制约某些植物花药开裂、花粉散落和萌发的时间,从而影响植物的授粉受精。如果空气湿度大,还易导致作物等多种病害流行。因此,设施空气湿度调控是设施栽培中的重要工作,其中,降低空气湿度环境调控基本技巧是该项目的重点。

工作过程设计

工作任务	任务6.2 园艺设施空气湿度环境特点及调控	教学时间	
任务要求	1.了解设施内空气湿度变化的特点 2.重点掌握设施空气湿度调控技巧,其中,降低空气湿度环境调控技巧是重点		
工作内容	1.查阅资料 2.看课件,听讲解 3.实地操作		
学习方法	以查阅资料、课堂讲授完成相关理论知识学习		
学习条件	多媒体设备、资料室、互联网、生产工具、实训基地等		
工作步骤	资讯:教师带领学生到附近塑料大棚、温室等设施园艺生产现场,观察比较设施内外空气湿度差异引入教学任务内容,进行相关知识点的讲解分析,并下达工作任务; 计划:学生在熟悉相关知识点的基础上,了解设施湿度变化规律和特点; 评估:学生自评、互评,教师点评		
考核评价	课堂表现、学习态度、作业完成情况		

工作任务单

<table>
<tr><td colspan="6">工作任务单</td></tr>
<tr><td>课程名称</td><td colspan="2">园艺设施</td><td>学习项目</td><td colspan="2">项目6　园艺设施湿度环境特点及调控</td></tr>
<tr><td>工作任务</td><td colspan="2">任务6.2　园艺设施空气湿度环境特点及调控</td><td>学　时</td><td colspan="2"></td></tr>
<tr><td>班　级</td><td></td><td>姓　名</td><td></td><td>工作日期</td><td></td></tr>
<tr><td>工作内容与目标</td><td colspan="5">现场测定设施内外空气湿度差异，不同天气状况空气湿度差异，一天中不同时刻、一天中不同时刻空气湿度差异，并分析原因，借助课件，查阅资料，拜访生产者，聆听讲解，分析归纳总结设施内空气湿度变化规律和空气湿度环境特点；
实地操作不同调控措施对设施空气湿度的影响，掌握设施空气湿度调控基本技巧</td></tr>
<tr><td>技能训练</td><td colspan="5">园艺设施空气湿度调控技巧，重点：降低空气湿度环境调控基本技巧</td></tr>
<tr><td>工作成果</td><td colspan="5">完成工作任务、作业、报告</td></tr>
<tr><td>考核要点（知识、能力、素质）</td><td colspan="5">园艺设施空气湿度特点；
园艺设施空气湿度调控技巧，理论联系，科学制定生产措施；
增强责任感、事业感，提高热爱本专业的积极性</td></tr>
<tr><td rowspan="3">工作评价</td><td>自我评价</td><td colspan="4">本人签名：　　　　　　　　年　　月　　日</td></tr>
<tr><td>小组评价</td><td colspan="4">组长签名：　　　　　　　　年　　月　　日</td></tr>
<tr><td>教师评价</td><td colspan="4">教师签名：　　　　　　　　年　　月　　日</td></tr>
</table>

任务相关知识点

6.2.1　园艺设施空气水分环境特点

1) 空气湿度表示法

空气湿度表示有两种表达方法：一种叫绝对湿度，表示的是每 m^3 空气中所含水蒸气的克数；另一种叫相对湿度，表示的是空气中实际含水量与同温度下最大含水量的百分比值，通常所说的空气湿度一般就是指空气的相对湿度。

2) 空气湿度的特点

(1) 空气湿度高于外界

设施内空气湿度主要源土壤水分蒸发和作物蒸腾作用，即空气湿度由土壤蒸发量、作物蒸腾量来决定。设施内空间小，气流相对比较稳定，又是在密闭条件下，不容易与外界交流，因此空气相对湿度比露地高。相对湿度大时，叶片易结露，引起病害的发生和蔓延。因此，设施园艺生产需要解决如何降低空气湿度的问题。

(2)空气湿度与温度的关系

设施内相对湿度的变化与空气温度是呈负相关,晴天白天随着温度升高,相对湿度降低,夜间和阴雨雪天气随室内温度的降低而升高;设施内相对湿度的变化与地温度是呈正相关,当土壤温度升高时,地面以及作物向空中散放的水蒸气也增多,故空气湿度变大。一般浇水后第1~3 d内的空气湿度增大较为明显,主要表现为:薄膜和作物表面上的露水增多,温室内的水雾也较浓。

(3)空气湿度与设施空间的关系

空气湿度大小还与设施容积相关,设施空间大,空气相对湿度小些,但往往局部湿度差大,如边缘地方相对湿度的日平均值比中央高10%;反之,空间小,相对湿度大,而局部湿度差小。空间小的设施,空气湿度日变化剧烈,对作物生长不利,易引起萎蔫,忽然叶面结露。

(4)与植株的高度的关系

由于植株的表面随着植株的增高而增大,因而空气湿度也因植株散水量的增多而增大。此外,植株增高时,设施内的通风排湿效果变差,也造成了内部的空气湿度增大。

(5)空气湿度与建材及主要农事活动的关系

加温或通风换气后,相对湿度下降;灌水后相对湿度升高。薄膜表面水滴增多时,上午设施升温时水滴气化向空气中散发的水蒸气量也增多,白天的空气绝对湿度值增大。有色薄膜覆盖设施内的空气湿度一般较无色膜较低,无滴膜覆盖设施内的空气湿度较普通膜较低。

3)空气湿度的日变化

一般情况下,在晴天白天的空气相对湿度最大值出现在上午设施升温前,不通风时相对湿度通常在95%以上,随着温度的升高,空气相对湿度值减小,中午当气温达到最大值时,空气相对湿度降到一日中的最低值;夜间的相对湿度值则由温度的下降而增大。露地的空气相对湿度的日变化规律与设施内相似,但露地的空气相对湿度变化幅度较大,白天下降较快,中午时的相对湿度值只有设施内的14%。

空气的绝对湿度变化则和气温的变化规律一致,白天随着温度的升高,绝对湿度值也升高,到中午时达到最大值;夜间则由于温度的下降,空气的容水能力减弱,空气中大量的水蒸气凝聚到薄膜、铁丝、立柱等物体的表面,形成露珠,从而使空气中的含水量减少,一般在日出前,空气绝对湿度下降到在最低值。露地的空气绝对湿度随着温度的升高而降低,随着温度的降低而升高,故中午的空气含水量最低,与设施内的空气绝对湿度的日变化规律恰好相反。

6.2.2 园艺设施空气湿度环境的调控

1)不同作物对空气湿度的要求

(1)消耗水量最多,要求生长在水中的蔬菜

这一类蔬菜离开水就不能生长,因此又叫水生蔬菜。如藕,菱角,慈菇等,在棚室中栽培这类蔬菜,必须砌水池子,底下垫土,装水后才能栽培,这是由于这类蔬菜根系特别不发达,叶子又很大,离开水就会干死。

(2)消耗水量大,要求土壤经常潮湿,同时空气湿度也比较高的蔬菜

这类蔬菜有黄瓜、甘蓝、白菜、芹菜、莴苣、菠菜、香菜、油菜、水萝卜以及一些生长快的绿叶菜类。棚室里栽培这类蔬菜,必须以常灌水,同时空气湿度也要高些。

(3)对土壤水分消耗量大,但要求空气湿度较小的蔬菜

这类蔬菜有番茄、茄子、辣椒、豆角、西葫芦等。棚室里栽培这类蔬菜,从开花坐果后,必须经常灌水,但放风量要大,使空气湿度低些。

(4)消耗水量小,但要求土壤湿润,空气湿度小的蔬菜

这类蔬菜根系短,要求土壤经常保持湿润,但这类蔬菜叶子呈带状或筒状,适宜空气湿度小些。这类蔬菜有韭菜、葱、蒜、洋葱等,棚室栽培这类蔬菜必须常浇水,但放风量要大,以保持较干燥的空气条件。

(5)耐旱性蔬菜

这类蔬菜一般根系发达,叶子裂刻深,上面有茸毛,对土壤水分要求小,空气湿度也不能高。如西瓜,甜瓜。棚室栽培这类蔬菜,如果浇水太多,空气湿度又高,则品质差,含糖低。

2)降低设施空气湿度

(1)通风排湿

在一天内设施通风排湿效果最佳时间是中午,此时设施内外的空气湿度差异最大,湿气容易排出,其他时间也要在保证温度的前提下,尽量延长通风时间。温室排湿时,要特别注意加强以下5 h期的排湿:浇水后的2~3 d内、叶面追肥和喷药后的1~2 d内、阴雨雪天、日落前后的数小时内(相对湿度大,降湿效果明显)和早春(温室蔬菜的发病高峰期,应加强排湿)。通风排湿时要求均匀排湿,避免出现通风死角。一般高温期间温室的通风量较大,各部位间的通风排湿效果差异较小,而低温期间则由于通风不足,容易出现死角。

(2)减少地面水蒸发

主要措施是覆盖地膜,在地膜下起垄或开沟浇水。大型保护设施在浇水后的几天里,应升高温度,保持32~35 ℃的高温,加快地面的水分蒸发,降低地表湿度,对裸露的地面应勤中耕松土。不适合覆盖地膜的设施以及育苗床,在浇水后应向畦面撒干土压湿。

(3)合理使用农药和叶面肥

低温时期,设施内尽量采用烟雾法或粉尘法使用农药,不用或少用叶面喷雾法;叶面追肥以及喷洒农药应选在晴暖天的上午10时后,下午3时前进行,保证在日落前有一定的时间进行通风排湿。

(4)排除薄膜表面的流水

常用方法是在温室前柱南面拉一道高30~40 cm的薄膜,薄膜的下边向上折起压到南边的薄膜上,两道膜构成一排水槽,水槽西高东低,便于流水。水槽的东口与塑料管相连接,用水管把水引到温室外。

(5)减少薄膜表面的聚水量

主要措施是选用无滴膜。选用普通薄膜时,应定期做消雾处理,并保持薄膜表面的排水流畅,薄膜松弛或起皱时应及时拉紧、拉平。

3)增加空气湿度

①喷雾加湿　喷雾器种类很多,可根据设施面积选择。

②湿帘加湿 主要是用来降温的,同时也可达到增加室内湿度的目的。

③喷淋加湿 温室内顶部安装喷雾系统,降温的同时可加湿。

任务 6.3 园艺设施节水技术

活动情景 我国是世界公认的贫水国家之一,人均拥有淡水量占世界人均值的1/4世界排名在109位以后,而且,我国灌溉水利用率相当低,全国范围的有效利用指数低于40%,美国有效利用指数在60~70,以色列则高达90%以上。本任务重点介绍以最低限度的用水量获得最大的产量或收益,也就是最大限度地提高单位灌溉水量的农作物产量和产值的灌溉措施。

工作过程设计

工作任务	任务 6.3 园艺设施节水技术	教学时间	
任务要求			
工作内容	1.查阅资料 2.看课件 3.听讲解		
学习方法	以查阅资料、课堂讲授完成相关理论知识学习		
学习条件	多媒体设备、资料室、互联网、生产工具、实训基地等		
工作步骤	资讯:教师带领学生到附近设施栽培或节水灌溉生产现场,观察比较普通灌溉与节水灌溉的区别引入教学任务内容,进行相关知识点的讲解分析,并下达工作任务; 计划:学生在熟悉相关知识点的基础上,了解各类园艺设施主要节水设施的特点、使用技术及基本操作方法,熟悉园艺设施节水灌溉主要模式的特点、技术要点、应用效果、适用条件等; 评估:学生自评、互评,教师点评		
考核评价	课堂表现、学习态度、作业完成情况		

工作任务单

工作任务单			
课程名称	园艺设施	学习项目	项目 6 园艺设施湿度环境特点及调控
工作任务	任务 6.3 园艺设施节水技术	学 时	

续表

<table>
<tr><td colspan="6">工作任务单</td></tr>
<tr><td>班　级</td><td></td><td>姓　名</td><td></td><td>工作日期</td><td></td></tr>
<tr><td>工作内容与目标</td><td colspan="5">现场查看各类节水设施的结构、特点、基本操作方法，借助课件，查阅资料，拜访生产者，聆听讲解，分析归纳总结各类节水设施特点和技术操作要点，掌握熟悉主要模式的特点、技术要点、应用效果、适用条件等</td></tr>
<tr><td>技能训练</td><td colspan="5">园艺设施主要节水设施技术要点、基本操作方法</td></tr>
<tr><td>工作成果</td><td colspan="5">完成工作任务、作业、报告</td></tr>
<tr><td>考核要点（知识、能力、素质）</td><td colspan="5">园艺设施主要节水设施的特点，园艺设施节水灌溉的主要模式级基本要求；
园艺设施主要节水设施基本操作方法；
增强责任感、事业感，提高热爱本专业的积极性</td></tr>
<tr><td rowspan="3">工作评价</td><td>自我评价</td><td colspan="4">本人签名：　　　　　　　　年　　月　　日</td></tr>
<tr><td>小组评价</td><td colspan="4">组长签名：　　　　　　　　年　　月　　日</td></tr>
<tr><td>教师评价</td><td colspan="4">教师签名：　　　　　　　　年　　月　　日</td></tr>
</table>

任务相关知识点

6.3.1　我国园艺设施主要节水设施

1）我国设施园艺发展节水灌溉的意义

（1）设施节水灌溉效果显著

与大田作物栽培相比较，设施是一个半封闭体系，具有湿度高、室内风速度较低，水分、土壤、植物、空气有着独特封闭性的特点。因此，灌溉是设施作物栽培中唯一水分来源，灌溉用水消耗量大。设施节水灌溉切实可行，效果显著。

（2）缓解设施高湿与灌溉矛盾

结合设施湿度控制策略，掌握设施中作物节水灌溉技术，有效控制设施作物灌溉量，可以缓和设施高湿环境的矛盾。这样既可以节水，又可以解决设施湿害。

（3）优质增产

我国设施农业面积虽居世界首位，但产量仅为世界先进水平的1/3。其中的一个重要原因是设施内灌溉技术落后，严重影响设施内的环境状况，未能充分发挥节水增产的巨大作用。设施的节水灌溉与精量灌溉结合，依据作物种类、品种和各生育期对设施内空气湿度和土壤湿度的要求进行适时、适量的调节控制。按作物需要灌溉，定量、定时灌溉、按需灌溉。在一天中，在充分利用灌溉水效率基础上，根据环境条件，根据作物需水信息确定灌溉时间和灌溉量。不仅进一步提高灌溉水的利用率和生产效率，改善设施作物的生长环境，而且改善作物品质与提高产量。

2)我国园艺设施主要节水设施

(1)管道输水

管道输水是利用管道将水直接送到田间灌溉,以减少水在明渠输送过程中的渗漏和蒸发损失。常用的管材有混凝土管、塑料硬(软)管及金属管等。管道输水与渠道输水相比,具有输水迅速、节水、省地、增产等优点,其效益为:水的利用系数可提高到0.95;节电20%~30%;省地2%~3%;增产幅度10%。目前,如采用低压塑料管道输水,不计水源工程建设投资,亩投资为100~150元。管道输水仅仅减少了输水过程中的水量损失,而要真正做到高效用水,还应配套喷、滴灌等田间节水措施。

(2)滴灌

滴灌是一种先进的灌水方法,也是当今世界上节水效果较好的一种灌溉方式。我国的滴灌技术在1974年由墨西哥引进,它是通过输水管内有压水流经过消能滴头将灌溉水以水滴的形式一滴一滴地滴入设施作物根部附近土壤进行灌溉。研究表明黄瓜滴灌比沟灌节水、增产、省工。滴灌较沟灌节水41.4%,增产23.8%。滴灌不破坏土壤结构,防止和减轻土壤板结,表土疏松,能保持良好的团粒结构,改善土壤理化性质,能调节土壤水、气、热状况。温室大棚5~15 cm土壤层平均温度提高1.5~2.0 ℃,气温平均提高0.5 ℃,空气相对湿度度降低10%~15%,减轻病害。省水、省肥、省农药、促进蔬菜早熟、增产增收。

其中膜下滴灌是最好的方法。膜下滴灌法将滴灌管覆盖在膜下进行灌溉。除了满足作物土壤水分供应以外,还减少设施土壤水分蒸发,降低环境湿度,减少了由于排湿和灌溉带来的降温作用,使设施环境具有适宜的温、湿度条件和土壤具有良好的通透性。

(3)地下灌溉技术(渗灌)

地下灌溉技术包括渗灌技术和地埋式滴灌。前者是利用埋于地表下开有小孔的多孔管或微孔管道,使灌溉水均匀而缓慢地渗入保护地作物根区地下土壤,借助土壤毛管力作用而湿润土壤的灌水方法。后者是用埋在土层中滴灌管线,将灌溉水直接送人作物根层土壤。我国多采用渗灌,后者应用较少。地下灌溉技术具有节水。节能和便于中耕、不破坏土壤结构、降低保护地环境湿度、防止杂草丛生和病虫害发生、减少棵间蒸发量的特点。据测定,渗灌比沟畦灌节水71%,前期产量可增加,结果期延长,总产量可提高,是干旱地区发展节水农业,提高设施生产效益的有效途径。

(4)微喷

微喷是新发展起来的一种微型喷灌形式。这是利用塑料管道输水,通过微喷头喷洒进行局部灌溉的。它比一般喷灌更省水,可增产30%以上,能改善田间小气候,可结合施用化肥、农药,提高肥效、药效主要应用于果树、经济作物、花卉、草坪等设施栽培灌溉。

(5)膜下沟灌

膜下沟灌将地膜覆盖在灌水沟上,灌溉水流在膜下灌水沟中流动,以减少土壤水分蒸发。此法可减少室内的空气湿度,减少和防治病害的发生,减少土壤棵间蒸发,主要适宜于对温、湿度条件要求较高的设施作物的灌溉,如多数果树、花卉,黄瓜、番茄、西芹等。

(6)膜上灌

膜上灌将用地膜覆盖田间的垄沟底部,灌溉水从地膜上面流过,并通过膜上小孔渗入作物根部附近的土壤中进行灌溉。采用膜上灌,深层渗漏和蒸发损失少,节水显著,在地膜栽培的基础上不需再增加材料费用,并能起到对土壤增温和保墒作用。在干旱地区可将滴灌管放在膜下，或利用毛管通过膜上小孔进行灌溉，这称作膜下灌。这种灌溉方式既具有滴灌的优点，又具有地膜覆盖的优点，节水增产效果更好，多用于新疆等地特干旱地区。

(7)作物调亏灌溉技术

调亏灌溉是根据作物的遗传和生态特性，即从作物生理角度出发，在作物生长发育的某些时期受到一定程度的有益水分胁迫，通过影响光合产物向不同组织器官的分配，从而提高最终产量而舍弃营养器官的生长量和有机合成物质的总量，达到节水增产、改善作物品质的目标。调亏灌溉的关键在于是从作物的生理角度出发，根据作物的需水量特征进行主动的调亏处理。实践证明心调亏灌溉实现了产量、水分利用、品质的全面提高。目前，调亏灌溉的研究内容进一步深入，从节水到节水高产和提高产品质量。调亏灌溉是节水灌溉高端技术，是节水灌溉的发展方向之一。

6.3.2 我国园艺设施节水灌溉综合技术主要模式

1)高新农业节水灌溉综合技术模式

(1)模式特点

该模式的特点是采用调整种植结构+设施农业技术+先进灌溉技术，建设高标准农业节水示范园区，达到设施农业节水高效的目标。

(2)技术要点

①建设设施农业　包括设施种植业，如日光温室栽培，塑料大棚栽培、无土栽培等；设施畜牧业，如畜禽舍、养殖场等。

②采用现代节水灌溉技术　采用节水效果好、自动化程度高的节水灌溉技术，如推广现代化的自动控制灌溉技术，并与施肥、施药结合起来。

③调整农业种植结构　减少粮食作物种植比例，增种稀特蔬菜、瓜果、花卉等高产值园艺作物。

④建立高标准农业节水示范园区　即把节水灌溉、农业种植、园林技术融合为一体，发展特色农业、高效农业和休闲观光农业。

(3)应用效果

北京市大兴区通过实施该模式，获得了年节水150万立方米，节电17.4万度，节省投工1.6万个，缩短轮灌周期3~5天，小麦、玉米两茬平均亩增产18.1%，瓜菜倒茬亩均增产15%的效果。该模式在北京大兴、四川郫都区、龙泉驿等地蔬菜、花卉节水灌溉应用中取得了很好的效果。

(4)适用条件

适用于农业与其他用水矛盾大、劳动力缺乏、经济实力强、农民素质高的城市郊区。

2)城市近郊高新农业节水灌溉综合技术模式

(1)模式特点

该模式的特点是高投入、高产出，实现现代化的自动控制灌溉管理与水资源的高效利用。

(2)技术要点

土地集约化经营,建立设施农业工程为主体的产业工程,对国内外稀、特、优蔬菜、水果、花卉良种引进与组织培育、良种繁育相结合,以大中城市科研单位、企业为依托,实现科技和资本的高投入和现代化管理的工厂化生产,形成集科技、产业化、推广为一体的现代化农业。采用公司化管理、集中供水、超计划加价,灌溉采用喷灌和微灌为主的工程措施。

(3)应用效果

山东省济南市采用该模式建立的示范区表明:每年亩增效益 1 913 元,增产 20%以上,并且果实品质得到显著改善,节水率达到 28%以上,省工 25 个以上,灌溉水利用系数显著提高,达到 0.90 以上。该模式已在经济基础较好的城市近郊得到应用。

(4)适用条件

用于经济较发达的城市近郊,发展高新农业节水灌溉。

3)以滴灌自动化灌溉为主的保护地节水灌溉综合技术模式

(1)模式特点

该模式的特点是将滴灌供水技术、自动化控制技术有机结合,可以根据蔬菜生长所需水分,自动以水滴的形式对作物供水,仅湿润部分土壤,可节水 20%~30%。

(2)技术要点

运用计算机实施农田节水灌溉管理,微机由设置在田间的各类传感器不断获取信息,并依赖土壤物理和灌溉管理、作物需水规律的知识和模型为依据的软件支撑,它及时地提供管理者关于农田实时水分状况、通气状况、储水数量、灌溉日期及灌水量预报,并通过操纵机构实施灌溉自动化。根据水资源状况及产量目标,计算机可协助人们确定科学的灌溉制度,减少灌溉水的浪费。可根据土壤湿度(吸力)及相应的作物需灌指标来确定何时需要灌溉。

(3)应用效果

河南省长葛市官亭乡高效农业园区推广应用 500 座日光温室微灌、2 000 亩大田喷灌和 3 000 亩管灌,采用该模式的试验区增产效益为 87 万元,年省水 39 万立方米,年节省电费为 24 万元,省地效益约为 43 万元,省工效益为 16.28 万元,年总效益为 170.28 万元。

(4)适用条件

这种方法适用于科技富裕型农户、租赁经营农户或企业发展保护地高效益作物的节水灌溉。

4)温室大棚蔬菜膜下滴灌节水综合技术模式

(1)模式特点

该模式主要采用膜下软管滴灌技术,输水管大多采用黑色高压聚乙烯或聚氯乙烯管,内径 40~50 mm,作为供水的干管或支管使用。滴灌带由聚乙烯吹塑而成,膜厚 0.10~0.15 mm,直径 30~50 mm,滴灌带上每隔 25~30 cm 打一对直径为 0.07 mm 大小的滴水孔。膜下软管技术的应用,可提高地温,降低棚室空气湿度,减少病害的发生,改善了传统的灌溉方法使棚室中湿度增大、极易导致棚室蔬菜病害高度发生的弊端,对蔬菜按需供水,起到节本增效的作用。滴灌控制设备、输水管、滴灌带、连接部件均采用塑料制成,轻便,易于安装、拆卸。

(2)技术要点

作物栽植带做成高畦，畦宽 70~90 cm，畦中心高 15~20 cm，两畦之间留 30~50 cm 作业道；果菜类、甘蓝类蔬菜每畦种植双行，在双行间铺管。在温室中或跨度在 8 m 以下的大棚中铺设输水管路，可在温室的北侧，或大棚的长度方向铺设，管上用旁接头连接滴灌带；若温室长度超过 50 m，宜在输水管中部位置引入水源，并在水口两侧输水管上分别安装分组控制阀门，轮流滴灌；要注意滴灌带的滴孔朝上。全部铺设好后，应通水检查滴水情况，如果正常，即绷紧拉直，末端用竹木棍固定，然后覆盖地膜，绷紧、放平，两侧用土压严。一个种植期灌溉结束后，对管道及其他系统进行一次检修，并把管道内存水放空，防止冬季冻胀。输水管及滴灌带用后要清洗干净，卷好放到荫凉处保存，防止高、低温和强光曝晒，以延长使用寿命。

(3)应用效果

棚室膜下滴灌能对蔬菜适时、适量地向根区供水供肥，使蔬菜根部土壤经常保持适宜的水分、养分，土壤通气性好，降低了空气湿度，减少了病害的发生。蔬菜生长快、发育早，植株健壮，增产 20%以上，经济效益显著，采用膜下滴灌的棚菜每亩净收入与沟灌棚菜相比每亩增效 46%。比喷灌省水 40%，比地面灌省水 60%。能显著提高地温和气温，比地面沟灌降低空气湿度 10%以上，减少了病虫菌害的发生。另外，输水软管及滴灌带基本上不占用有效土地面积，可提高棚室内的土地利用率。

(4)适用条件

适用于设施内种植的蔬菜、果树及花卉等作物。

项目小结

本项目重点介绍了园艺设施土壤、空气水分环境特点及增加、控制土壤与空气湿度的方法、措施。项目着重介绍了我国园艺设施主要节水设施、节水灌溉综合技术主要模式。其中，降低设施空气湿度、设施节水灌溉技术是本项目重点。

思考练习

1.简述园艺设施土壤水分环境特点及节水灌溉的主要方式有哪些？

2.园艺设施空气湿度环境特点及调控措施有哪些？

3.简述我国园艺设施主要节水设施及优缺点。

园艺设施气体环境特点及调控

项目描述 园艺设施内的气体条件不如光照和温度条件那样直观地影响着园艺作物的生育，往往被人们所忽视。但随着设施内光照和温度条件的不断完善，保护设施内气体成分和空气流动状况对园艺作物生育的影响逐渐引起人们的重视。设施内空气流动不但对温、湿度有调节作用，并且能够及时排出有害气体，同时补充 CO_2 对增强园艺作物光合作用，促进生育有重要意义。

学习目标 掌握园艺设施二氧化碳气体施肥技术，怎样防止设施内有害气体的产生。

能力目标 在教师指导下，学生了解并掌握园艺设施当中有益、有害气体的变化规律、学会测定设施内气体观测方法，熟悉二氧化碳气体施肥技术要点，设施内有害气体的预防措施。

项目任务

专业领域：园艺技术　　　　**学习领域：园艺设施技术**

项目名称	项目7　园艺设施气体环境特点及调控
工作任务	任务7.1　园艺设施主要气体变化特点
	任务7.2　有害气体及规避技术
	任务7.3　有益气体及增施技术
项目任务要求	能熟练掌握设施内各种有益和有害气体的观测方法，掌握 CO_2 气体的施肥技能

任务7.1　园艺设施主要气体变化特点

活动情景 园艺设施内的气体环境条件对园艺作物生长发育是有很大影响的，综合化、定量化气体环境控制指标及条件措施，是设施园艺的重要内容，掌握园艺设施气体环境观测与调控的一般方法，熟悉各种气体的测定仪器的使用方法，能够利用设施气体测定仪器来测定设施内的各种有益、有害气体，并且可以绘制设施内气体环境变化规律曲线图，为掌握设施内有益、有害气体的调控打下基础。

工作过程设计

工作任务	任务 7.1　园艺设施主要气体变化特点	教学时间	
任务要求	1.了解设施内气体变化特点 2.学会测定设施内各种气体的测定方法		
工作内容	设施内各种气体的测定方法		
学习方法	以课堂多媒体讲授和课下自学完成相关理论知识学习，观察塑料大棚或温室气体变化条件，使学生学会和掌握设施内气体测定方法		
学习条件	多媒体设备、图书馆、互联网、相应设施等		
工作步骤	资讯：教师由露地气体状态和组成情况，引入设施内气体的组成，进行相关知识点的讲解，并下达工作任务； 计划：学生在熟悉设施内气体主要气体变化的基础上，查阅资料收集信息，进行工作任务构思，师生针对工作任务有关问题及解决方法进行答疑、交流，明确思路； 决策：学生在教师讲解和收集信息的基础上，划分工作小组，制订任务实施计划，并准备完成任务所需的工具与材料，避免盲目性； 实施：学生在教师辅导下，按照计划分步实施，进行知识和技能训练； 检查：为保证工作任务保质保量地完成，在任务的实施过程中要进行学生自查、学生互查、教师检查； 评估：学生自评、互评，教师点评		
考核评价	课堂表现、学习态度、任务完成情况、作业报告完成情况		

工作任务单

工作任务单					
课程名称	园艺设施		学习项目	项目 7　园艺设施气体环境特点及调控	
工作任务	任务 7.1　园艺设施主要气体变化特点		学　时		
班　级		姓　名		工作日期	
工作内容与目标	1.设施内常见气体的变化规律 2.设施内各种气体的测定方法				
技能训练	绘制设施内常见气体折线图				
工作成果	完成工作任务、作业、报告				

续表

<table>
<tr><td colspan="3">工作任务单</td></tr>
<tr><td>考核要点（知识、能力、素质）</td><td colspan="2">知道测定设施内气体变化规律的作用；
能正确绘制设施气体变化规律折线图；
独立思考，团结协作，创新吃苦，按时完成作业报告</td></tr>
<tr><td rowspan="3">工作评价</td><td>自我评价</td><td>本人签名： 年 月 日</td></tr>
<tr><td>小组评价</td><td>组长签名： 年 月 日</td></tr>
<tr><td>教师评价</td><td>教师签名： 年 月 日</td></tr>
</table>

任务相关知识点

因设施是一个密闭或半密闭系统，空气流动性小，棚内的气体均匀性较差，与外界交换很少，往往造成园艺作物生长需要的气体严重缺乏，而对园艺作物生长不利的气体，或有害的气体又排不出去，使设施内的园艺作物受害。因此，了解设施内气体变化规律和对设施内进行合理的气体调节是非常必要的。

设施内主要气体变化特点

1）夜间氧气（O_2）不足

对园艺作物生长发育最重要的是氧气，尤其在夜间，光合作用因为黑暗的环境而不再进行，呼吸作用则需要充足的氧气。地上部分的少长需氧来自空气，而地下部分根系的形成，特别是侧根从根毛的形成，需要土壤中有足够的氧气，否则根系会因为缺氧而窒息死亡。

2）二氧化碳（CO_2）缺乏

对园艺作物生长发育最重要的是氧气和二氧化碳气体，氧气对植物根系生长发育起作用，二氧化碳是光合作用的原料，在植物生长发育过程中必不可少。出于设施内园艺作物的光合作用需要大量的二氧化碳气体，设施内与外界交换很少，二氧化碳难以及时补充，造成严重亏缺，这是设施气体变化的主要特点。在二氧化碳日变化进程中，夜间、凌晨、傍晚二氧化碳含量浓度较高，而白天较低。在园艺作物冠层内的二氧化碳含量浓度变化规律明显不同，一般园艺作物冠层上部最高，下部次之，而上部分布的主要是功能叶，光合作用最旺盛，二氧化碳浓度最低，因此中午前进行二氧化碳施肥十分必要。

3）有害气体增多

设施是一个相对密闭的环境，在密闭的设施内，一旦有有害气体不易散发出去，设施内常见有害气体有氨（NH_3）、二氧化氮（NO_2）、乙烯（C_2H_4）、氟化氢（HF）、臭氧（O_3）、氯气（Cl_2）等要比露地多。若用煤火补充加温时，还常发生一氧化碳（CO）、二氧化硫（SO_2）的毒害。当前普遍推广的日光温室一般不进行加温，有害气体主要不是来自煤燃烧，而往往来自有机肥腐熟发酵过程中产生的氨气，或有毒的塑料薄膜、管道挥发出的有害气体，如邻苯二甲酸二异丁酯（DIBP）。在高温下易挥发出乙烯，对作物产生毒害作用。当园艺设施内通风不良，氨气在温室中积聚，浓度超过 40 μL/L 以上大约 1h，就会产生危害。若尿素施用过量又未及时盖土，在高温强光下分解时也会有氨气释放出来。若不及时将这些气体排出，就会对园艺作物造成较大的危害。

任务 7.2　有害气体及规避技术

在设施园艺生产中，大棚或温室内由于化肥、高分子塑料制品、化工产品等使用量大，加上冬季低温时生火加温等原因，散发出许多有害气体。在密闭的设施内，有害气体积累到一定程度时，便会对园艺作物产生危害，在这种情况下，需要我们能够利用相关仪器测定和分析设施内有哪些有害气体，有害气体的浓度多高，在此基础上我们好对设施内有害气体进行相关的调控和排除。

工作过程设计

工作任务	任务 7.2　有害气体及规避技术	教学时间	
任务要求	1.了解设施内常见的有害气体有哪些 2.知道有害气体去除方法		
工作内容	1.设施内有害气体的危害症状识别 2.设施内有害气体的控制技术		
学习方法	以课堂多媒体讲授和课下自学完成相关理论知识学习，观测塑料大棚或温室有害气体变化，使学生了解设施有害气体的种类		
学习条件	多媒体设备、资料室、互联网、温室和塑料大棚等设施		
工作步骤	资讯：教师由常规有害气体的危害引入任务内容，进行相关知识点的讲解，并下达工作任务； 计划：学生在熟悉相关知识点的基础上，查阅资料收集信息，进行工作任务构思，师生针对工作任务有关问题及解决方法进行答疑、交流，明确思路； 决策：学生在教师讲解和收集信息的基础上，划分工作小组，制订任务实施计划，并准备完成任务所需的工具与材料，避免盲目性； 实施：学生在教师辅导下，按照计划分步实施，进行知识和技能训练； 检查：为保证工作任务保质保量地完成，在任务的实施过程中要进行学生自查、学生互查、教师检查； 评估：学生自评、互评，教师点评		
考核评价	课堂表现、学习态度、任务完成情况、作业报告完成情况		

工作任务单

工作任务单					
课程名称	园艺设施		学习项目	项目7　园艺设施气体环境特点及调控	
工作任务	任务7.2　有害气体及规避技术		学　时		
班　级		姓　名		工作日期	
工作内容与目标	1.了解设施内的有害气体有哪些 2.掌握设施的有害气体的测定方法				
技能训练	设施内常见气体的控制技术： 1.氨气（NH_3）和二氧化氮（NO_2） 2.二氧化硫（SO_2）和一氧化碳（CO） 3.乙烯（C_2H_4）和氯（Cl_2） 4.氟化氢（HF）和臭氧（O_3）				
工作成果	完成工作任务、作业、报告				
考核要点（知识、能力、素质）	知道有害气体产生的原因； 知道怎么防止有害气体的产生； 独立思考，团结协作，创新吃苦，按时完成作业报告				
工作评价	自我评价	本人签名：		年　月　日	
	小组评价	组长签名：		年　月　日	
	教师评价	教师签名：		年　月　日	

任务相关知识点

在温室内，因各种原因有时会出现一些有害气体，由于温室内空间相对封闭产生易积累起来，当达到一定浓度时，将对园艺作物产生毒害作用。

7.2.1　设施内几种常见有害气体以及其危害

1）氨气（NH_3）和二氧化氮（NO_2）的产生和危害

肥料分解过程产生的氨气和亚硝酸气，其危害是由气孔进入体内而产生的碱性损害，特别是过量施用鸡粪、尿素等肥料的情况下易发生。它主要侵害植株的幼芽，使叶片的周围呈水浸状，其后变成黑色而渐渐地枯死。这种危害往往在施肥后 10 d 左右发生。如果碱性土壤或一次施肥过多，使硝酸细菌作用下降，NO_2积累下来而后逐渐变为 NH_3，使土壤变为酸性，当 pH 值在 5 以下时则挥发为 NO_2。

空气内NH_3达到5 μL/L，NO_2气体达到2 μL/L时从蔬菜外观上就可看出危害症状。NH_3主要危害叶绿体，逐渐变成褐色，以致枯死；NO_2主要危害叶肉。先侵入的气孔部分成为漂白斑点状，严重时，除叶脉外叶肉都漂白致死。番茄易受NH_3的危害，黄瓜、茄子等易受NO_2气体危害。塑料棚或温室内壁附着的水滴pH值在4.5以下时，说明室内产生了对蔬菜作物有毒的亚硝酸气。亚硝酸气一般不侵害作物的新芽。而使中上部叶片背面发生水浸状不规则的白绿色斑点，有时全部叶片发生褐色小粒状斑点，最后逐渐枯死。

2）二氧化硫（SO_2）和一氧化碳（CO）

园艺设施内进行煤火加温时，如果煤中含硫化物多时，燃烧后产生SO_2气体；未经腐熟的粪便及饼肥等在分解过程中，也释放出多量的SO_2，SO_2遇水（或空气湿度大）时产生亚硫酸（H_2SO_3），它能直接破坏作物叶绿体。园艺设施内空气中达到0.2 μL/L左右，经3~4 d，作物表现出受害症状；含量达到1 μL/L，经4~5 h敏感的蔬菜作物表现出明显受害症状；达到10 ~20 μL/L并且有足够的湿度时，则大部分蔬菜作物受害，甚至死亡。

SO_2经叶片气孔侵入叶肉组织，生理活动旺盛的叶片先受害，如气孔机能失调、叶肉组织细胞失水变形、细胞质壁分离等。植物的新陈代谢受到干扰，光合作用受到抑制，氨基酸总量减少。对SO_2敏感的花卉有矮牵牛、波斯菊、百日草、蛇目菊、玫瑰、石竹、唐菖蒲、天竺葵、月季等；抗性中等的有紫茉莉、万寿菊、蜀葵、鸢尾、四季秋海棠；抗性强的有美人蕉。

蔬菜受害的叶片先呈现斑点，进而褪色。浓度低时，仅在叶背出现斑点；浓度高时，整个叶片弥漫呈水浸状，逐渐褪绿。褪绿程度因作物种类而异，呈现白色斑点的有白菜、萝卜、葱、菠菜、黄瓜、番茄、辣椒、豌豆等；呈现褐色斑点的有茄子、胡萝卜、南瓜等；呈现烟黑色斑点的有蚕豆、西瓜等。

CO是由于煤炭燃烧不完全和烟道有漏洞缝隙而排出的毒气，对生产管理人员危害最大，浓度高时，可造成死亡。应当注意燃料充分燃烧，经常检查烟道以及强调保护设施的通风换气技术。在设施内燃烧煤、石油、焦炭，产生二氧化碳虽然能起到施肥的作用，但在燃烧的过程中产生的一氧化碳和二氧化硫气体，对人体和蔬菜幼苗等均有危害。

3）乙烯（C_2H_4）和氯（Cl_2）

设施内乙烯气体来源于有毒的塑料薄膜或有毒的塑料管，当有毒塑料薄膜大棚内乙烯为0.05 μL/L 6 h之后，对其反应敏感的黄瓜、番茄和豌豆等开始受害。如果其浓度为0.1 μL/L时，两天之后，番茄叶片下垂弯曲，叶片发黄褪色，几天后变白而死。黄瓜受害症状与番茄相似。

由于有毒塑料薄膜的原料不纯，含有少量氯气，比SO_2毒性大2~4倍。如果Cl_2浓度在0.1 μL/L，2 h后即可危害十字花科蔬菜作物。Cl_2也能分解叶绿素，使叶子变黄，危害症状与乙烯危害相似。因此，农用塑料制品一定要采用安全无毒的原料。

对氯敏感的花卉有珠兰、茉莉；抗性中等的有米兰、醉蝶花、夜来香；抗性强的有杜鹃花、一串红、唐菖蒲、丝兰、桂花、白兰花。

4）氟化氢（HF）和臭氧（O_3）

近年来，随着城市工业化的发展，大气的污染日趋严重，也同样对园艺设施内的气体环境有不良影响。氟化氢，主要从叶面气孔侵入，经过韧皮细胞间隙而到达导管，使蒸腾、同化、呼吸等代谢机能受到影响。转化成有机氟化物影响酶的合成，导致叶组织发生水渍斑，后变枯呈棕色。氟化物对植物的危害首先表现在叶尖和叶缘，呈环带状，然后逐渐向内发展，严重时引起全叶枯黄脱落。一般在设施栽培中，特别是地热温室，由于水质原因受氟化氢的危害还是比较严重的。不同蔬菜其抗性不同，例如，受害的临界浓度大豆约为50 mg/kg，萝卜为10 ~25 mg/kg 等。对氟特别敏感的花卉有唐菖蒲、郁金香、玉簪、杜鹃、梅花等；抗性中等的有桂花、水仙、杂种香水月季、天竺葵、山茶花、醉蝶花等；抗性强的有金银花、紫茉莉、玫瑰、洋丁香、广玉兰、丝兰等。

臭氧所造成的受害症状随植物种类和所处条件而不同。一般受害叶面变灰色，出现白色的荞麦皮状的小斑点或暗褐色的点状斑，或不规则的大范围坏死。其受害的临界值大致为0.05 mg/kg，1~2 h 就可受害。臭氧可影响碳水化合物的代谢和细胞的透过率，氧化剂可影响酶的活性和细胞的结构，过氧硝酸乙酰还可以影响光合反应。当臭氧与二氧化碳共同存在时，会增大损害的严重程度。这种增大的作用在两种气体浓度较低时更为明显，当臭氧的浓度很高时，则表现出臭氧型损害症状。臭氧危害植物栅栏组织的细胞壁和表皮细胞，在叶片表面形成红棕色或白色斑点，最终可导致花卉等作物的枯死。

7.2.2 有害气体的规避

关于有害气体对设施作物的危害，应采取一些防预措施，目前尚无充分地、有效的研究结果。一般只是局部的针对具体问题予以注意，改进栽培和施肥方法，使用抗性强的品种，提高作物的耐受能力。

1）防止农药的残毒污染

限制使用某些残留期较长的农药品种，例如1605、多菌灵、杀螟粉等，这些农药的残留期为15~30 d。改进施药方法，如发展低容量和超低容量喷雾法，应用颗粒剂及缓解剂等，既可提高药效，又能减少用药量，缓解剂还可以使某些高毒农药低毒化。

2）防止有机肥产生有害气体

在设施当中施入基肥时，一点要施入腐熟的有机肥料，如施入未腐熟的有机肥，这些有机肥在发酵腐熟过程中容易产生大量的氨气（NH_3）和二氧化氮（NO_2）污染设施内空气。

3）防止农药对植物的药害

在高温下喷药，以免引起药害；注意不能将一种农药与另一种农药任意混用，不要切实按面积使用药量，浓度切勿过高，药量过大。

4）防止大气污染

①园艺设施应远离有污染源的地方　如工厂、矿山及化工厂等地，避免受排放的工业

废气的污染

②农用塑料化工厂要严格禁止使用某些原料　如正丁酯(C_4H_9)、邻苯二甲酸二异丁酯(DIBP)、已二酸二辛酯[$C_8H_{17}OOC(CH_2)_4COOC_8H_{17}$]等原料,以免产生有害气体污染设施内的空气。

③采用指示植物检测、防止气体污染　如荷兰检测二氧化硫用菊、莴苣、苜蓿、三叶草、荞麦等。检测 HF 用唐菖蒲、洋水仙。日本检测二氧化硫用苜蓿、大麦、棉、胡椒;检测 HF 用唐菖蒲、杏树、李树、玉米;检测氯气用水稻;检测甲烷用兰草;检测臭氧用葡萄、烟草、柠檬、矮牵牛。

5)防止地热水的污染

地热水的水质随地区不同而有差异,如有的水质中含有氟化氢、硫化氢等气体常引起设施和器材的腐蚀、磨损和积水垢等,因此.在利用地热水取暖时尽量不用金属管道,采用塑料管道。千万不能用地热水作为灌溉水,以免造成土壤污染。

任务 7.3　有益气体及增施技术

设施内的有益气体对设施内所栽种的园艺作物会产生很大的影响,尤其是设施内二氧化碳和氧气,设施内二氧化碳气体的调控是设施气体调控的重要内容,通过此任务的学习,使学生能够熟悉便携式二氧化碳测定仪的使用方法,利用携式二氧化碳测定仪测定设施内二氧化碳浓度在一天当中的周期性变化,并绘制出折线图,为设施内何时增施二氧化碳气肥、何时减少二氧化碳气体打下基础。

工作过程设计

工作任务	任务 7.3　有益气体及增施技术	教学时间	
任务要求	1.掌握园艺设施内二氧化碳气体施肥技术要点 2.掌握园艺设施内二氧化碳的变化规律		
工作内容	1.测定设施内二氧化碳的浓度 2.设施内二氧化碳的施肥		
学习方法	以课堂多媒体讲授和课下自学完成相关理论知识学习,观测塑料大棚或温室二氧化碳气体变化规律		
学习条件	多媒体设备、资料室、互联网、温室和塑料大棚、二氧化碳气体施肥材料与设备		

续表

<table>
<tr><td>工作任务</td><td>任务 7.3 有益气体及增施技术</td><td>教学时间</td><td></td></tr>
<tr><td>工作步骤</td><td colspan="3">资讯:教师由露地二氧化碳的浓度引入设施内二氧化碳的浓度,进行相关知识点的讲解,并下达工作任务;
计划:学生在熟悉相关知识点的基础上,查阅资料收集信息,进行工作任务构思,师生针对工作任务有关问题及解决方法进行答疑、交流,明确思路;
决策:学生在教师讲解和收集信息的基础上,划分工作小组,制订任务实施计划,并准备完成任务所需的工具与材料,避免盲目性;
实施:学生在教师辅导下,按照计划分步实施,进行知识和技能训练;
检查:为保证工作任务保质保量地完成,在任务的实施过程中要进行学生自查、学生互查、教师检查;
评估:学生自评、互评,教师点评</td></tr>
<tr><td>考核评价</td><td colspan="3">课堂表现、学习态度、任务完成情况、作业报告完成情况</td></tr>
</table>

工作任务单

<table>
<tr><td colspan="6">工作任务单</td></tr>
<tr><td>课程名称</td><td colspan="2">园艺设施</td><td>学习项目</td><td colspan="2">项目 7 园艺设施气体环境特点及调控</td></tr>
<tr><td>工作任务</td><td colspan="2">任务 7.3 有益气体及增施技术</td><td>学 时</td><td colspan="2"></td></tr>
<tr><td>班 级</td><td></td><td>姓 名</td><td></td><td>工作日期</td><td></td></tr>
<tr><td>工作内容与目标</td><td colspan="5">1.设施内二氧化碳浓度的变化
2.设施内二氧化碳施肥技术</td></tr>
<tr><td>技能训练</td><td colspan="5">设施内常见二氧化碳施肥技术
1.化学反应法
2.燃烧天然气
3.燃烧煤和焦炭
4.二氧化碳颗粒气肥</td></tr>
<tr><td>工作成果</td><td colspan="5">完成工作任务、作业、报告</td></tr>
<tr><td>考核要点(知识、能力、素质)</td><td colspan="5">知道设施内二氧化碳施肥的作用和要求;
能正确熟练地常用的施肥技术;
独立思考,团结协作,创新吃苦,按时完成作业报告</td></tr>
<tr><td rowspan="3">工作评价</td><td>自我评价</td><td colspan="4">本人签名: 年 月 日</td></tr>
<tr><td>小组评价</td><td colspan="4">组长签名: 年 月 日</td></tr>
<tr><td>教师评价</td><td colspan="4">教师签名: 年 月 日</td></tr>
</table>

任务相关知识点

在这个密闭或半密闭的设施系统中,有益气体氧气(O_2)和二氧化碳(CO_2)的变化要剧烈得多,在一天当中其浓度的变化很显著。

7.3.1 设施内常见有益处气体及其作用

1)氧气(O_2)

园艺作物生命活动需要氧气,尤其在夜间,光合作用因为黑暗的环境而不再进行,呼吸作用则需要充足的氧气。地上部分的生长需氧来自空气,而地下部分根系的形成,特别是侧根及根毛的形成,需要土壤中有足够的氧气,否则根系会因为缺氧而窒息死亡。在花卉栽培中常因灌水太多或土壤板结,造成土壤中缺氧,引起根部危害。此外,在种子萌发过程中必须要有足够的 O_2,否则会因酒精发酵毒害种子使其丧失发芽力。

2)二氧化碳(CO_2)

绿色植物进行光合作用的公式为:$6CO_2+6H_2O \xrightarrow{\text{光能+叶绿素}} C_6H_{12}O_6+6O_2$

可见 CO_2 是园艺作物生命活动必不可少的,是光合作用的原料。大气中的 CO_2 含量约为 0.03%,这个浓度远远不能满足园艺作物进行光合作用的需要,若能增加空气当中的 CO_2 浓度,将会大大促进光合作用,从而大幅度提高产量,称为"气体施肥"。增施 CO_2,对花卉生育具有促进作用,露地栽培难以进行气体施肥,而设施栽培因为空间有限,可以形成封闭状态,进行气体施肥并不困难。各种作物对二氧化碳的吸收存在补偿点和饱和点。

7.3.2 CO_2 浓度的调节与控制

1)设施内 CO_2 浓度的特点

(1)设施内 CO_2 浓度变化

设施中 CO_2 来源除了空气固有的 CO_2 之外,还有作物呼吸作用、土壤微生物活动以及有机物分解发酵、煤炭柴草燃烧等放出 CO_2,所以夜间保护设施内 CO_2 浓度比外界高。但从清晨天亮之后,作物立即开始旺盛地进行光合作用,吸收大量的 CO_2,造成白天设施内 CO_2 浓度比外界的还低。由于园艺设施的类型、面积、空间大小、通风换气窗开关状况以及所栽培的作物种类、生育阶段和栽培床等条件不同,使保护地内 CO_2 浓度日变化有很大差异。如图 7.1 和图 7.2 所示。

(2)CO_2 浓度的分布

设施内各部位的 CO_2 浓度分布不均匀。以温室为例,晴天当室内天窗和一侧侧窗打开,作物生育层内部 CO_2 浓度降低到 135~150 μL/L,比生育层的上层低 50~65 μL/L,仅为大气 CO_2 标准浓度的 50 %左右。但在傍晚、阴雨天则相反,生育层内 CO_2 浓度高,上层浓度低。设施内 CO_2 浓度分布不均匀,使作物植株各部位的产量和质量也不一致塑料大棚横断

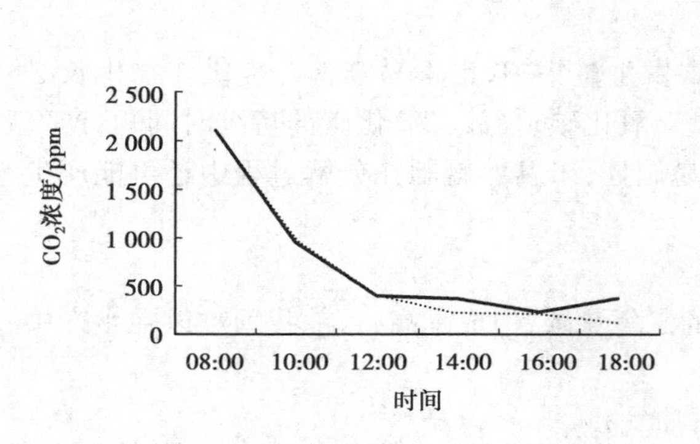

图7.1 设施内 CO_2 浓度的变化曲线

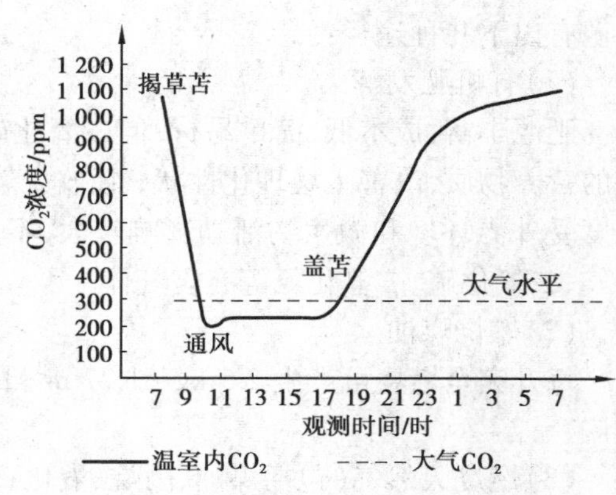

图7.2 日光温室 CO_2 浓度日变化

面的中部与边区的 CO_2 浓度分布也不均匀，使大棚中部黄瓜光合强度与边区的差异大，造成大棚中部为高产区、边区为低产区。

2）空间 CO_2 浓度的调节与控制

（1）CO_2 的浓度和用量

经济又有明显效果的二氧化碳浓度，对于一般蔬菜而言，约为大气（大气中 CO_2 的含量为0.03%）含量的5倍，二氧化碳施肥最适宜浓度与作物自身和其他环境因子有关，一般应随光照强度的增加而逐步提高 CO_2 的用量。

（2）施用时间及作物的发育阶段

二氧化碳施肥时间，必须在一定的光强和温度下进行。即在其他条件适宜，而只因二氧化碳不足影响光合作用时施用，才能发挥其良好的作用。一般温室在上午随着光照的加强，二氧化碳浓度因作物的吸收而迅速下降，这时应及时进行二氧化碳施肥。冬季（11月份至翌年2月份）二氧化碳施肥时间约为上午9时，东北地区可适当延后，可根据室内见光后1 h左右进行，春秋两季可适当提前。中午设施内温度过高，需要进行通风，可在通风前0.5 h停止，下午一般不施用。

至于生育期中以哪个时期施肥最好，

具体而言如下：

二氧化碳施肥时间，从理论上讲，二氧化碳施肥应在作物生长周期中光合作用最旺盛的时期和一日中光照条件最好的时间进行。

一天中，二氧化碳施肥时间应从日出或日出后0.5～1 h开始，通风换气之前结束。严寒季节或阴天不通风时，可到中午停止施肥。

苗期施肥应及早进行。

定植后的二氧化碳施肥时间取决于作物种类、栽培季节、设施状况和肥源类型。

果菜类定植后到开花前一般不施肥，待开花坐果后开始施肥，主要是防止营养生长过旺和植株徒长；叶菜类则在定植后立即施肥。

随作物种类而不同，在果实或根膨大速度快的时期，施用效果较显著。例如，黄瓜采收初期开始施用比较合理，施用过早容易徒长。

3）CO_2 来源及其使用

二氧化碳肥源及其生产成本，是决定在设施生产中能否推广及应用的关键问题。CO_2

来源有以下几种途径：

(1)有机肥发酵

肥源丰富，成本低，简单易行，但二氧化碳发生量集中，也不易掌握。提供作物生长必需的营养物质，改善土壤理化性状，释放大量二氧化碳；释放二氧化碳的持续时间短，产气速度受外界环境和微生物活动影响较大，不易调控；未腐熟厩肥在分解过程中还可能产生氨气、二氧化硫、二氧化氮等有害气体。

(2)燃烧煤油

每升完全燃烧可产生 2.5 kg (1.27 m^3)的二氧化碳，但成本高，目前我国难以在生产中推广。

(3)燃烧天然气(包括煤油、丙烷、液化石油气)

燃烧后产生的二氧化碳气体，通过管道输入到设施内，但成本也较高。(在释放二氧化碳的同时可产生一定热量，利于提高设施内温度。缺点是气热分布不均匀有时因不完全燃烧产生有害气体)。

(4)液态二氧化碳

为酿造工业酒精工业的副产品，经压缩装在钢瓶内，可直接在设施，容易控制用量，肥源较多。

(5)固态二氧化碳(干冰)

放在容器内，任其自身的扩散，可起到施肥的效果，但成本较高，适合于小面积试验用。

(6)燃烧煤和焦炭

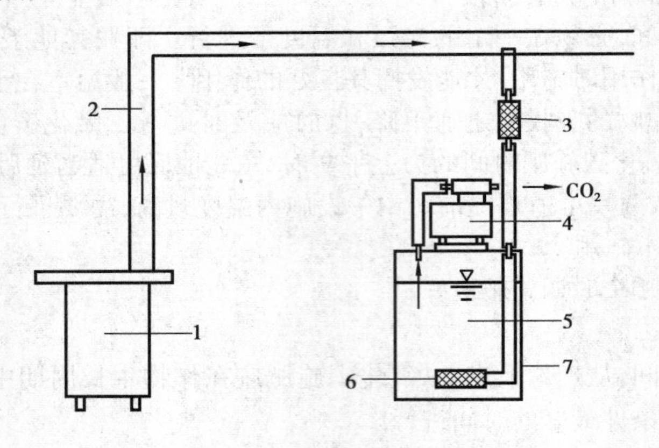

图 7.3 采用普通燃煤的温室 CO_2 施肥设备

1—普通煤炉；2—烟筒；3—过滤器；4—气泵；5—药液；6—曝气管；7—反应室

燃料来源容易，一般 1 kg 煤燃烧后产生 2~4 kg 的 CO_2，因此费用低廉；但燃烧中常产生 SO_2 及 CO 等有害气体，不能直接作为气肥使用。图 7.3 为国内厂家开发的采用普通炉具的 CO_2 发生设备埋在使用中是将普通的煤炉燃烧的烟气巾帼过滤器除掉粉尘和煤焦油等成分，再用气泵送入反应室，烟气通入特别配置的药液中，通过方向反应，有害气体被吸收后，输入洁净的 CO_2。

(7)化学反应法

在我国温室生产中也广泛采用碳酸氢铵与硫酸反应产生 CO_2，反应式如下：

$$2NH_4HCO_3+H_2SO_4 = (NH_4)_2SO_4+2H_2O+2CO_2\uparrow$$

实际使用中采用工业硫酸(浓度92%),与碳酸氢铵的重量比例为1∶1.5,现在国内已经研制有专用的发生器,也有直接在塑料桶或是瓷器等简易容器中反应的,该方法设备构造简单、操作简便、费用低,期反应副产品硫酸铵可作为化肥施用。

此外,在生产中也采用碳酸盐(石灰石)和盐酸反应产生二氧化碳,反应式如下:

$$CaCO_3 + 2HCl = CaCl_2 + H_2O + CO_2 \uparrow$$

(8)二氧化碳颗粒气肥

以碳酸钙为基料、有机酸作调理剂、无机酸作载体,在高温高压下挤压而成,施入土壤后在理化、生化等综合作用下可缓慢释放二氧化碳。使用方便、安全,但对贮藏条件要求极其严格,释放二氧化碳的速度受温度、水分的影响,难以人为控制。

(9)通风换气

强制或自然通风可迅速补充设施二氧化碳,此法简单易行,但二氧化碳浓度的升高程度有限,作物旺盛生长期仅靠自然通风不能解决二氧化碳的亏缺问题且寒冷季节通风较少。因此本法难以应用。

(10)生物生态法

将作物和食用菌间套作,在菌料发酵、食用菌呼吸过程中释放出二氧化碳大棚、温室内发展种养一体,利用畜禽新陈代谢产生的二氧化碳。

7.3.3 通风换气

1)自然通风

我国园艺设施目前多以单栋小型为主,所以主要靠自然通风,它是利用设施内外气温差产生的重力达到换气目的,效果明显。

(1)底窗通风型

从门和边窗进入的气流沿着地面流动,大量冷空气随之进入室内,形成室内不稳定气层,把室内原有的热空气顶向设施的上部,在顶部就形成了一个高温区。而在棚四周或温室底部和门口附近,常有1/5~1/4的面积受"扫地风"危害,造成秧苗生长缓慢。因此,初春时,应避免底窗、门通风。必须通风时,在门下部50 cm高处用塑料膜挡住,日光温室与塑料大棚目前底窗与侧窗通风时,多用扒缝方式,通风口不开到底,多在肩部开缝,以避免冷空气直入危害。

(2)天窗通风型

开窗通风包括开天窗和顶部扒缝,天窗面积是固定的,通风效果有限不如扒缝的好。天窗的开闭与当时的风向有关,顺风开启时排气效果好 ,逆风开启时增加进风量,排气的效果就差。天窗的主要作用是排气,所以最好采用双向启闭的风窗,尽量保持顺风开窗的位置,才有利于排气。扒缝通风的面积可随室温和湿度高低调节,调节控制效果好。

(3)底窗(侧窗)、天窗通风型

天窗主要起排气作用,底窗或扒底缝主要是进气,从侧面进风,冷气流进入室内,将热空气向上顶,一般进入设施内的风速,迅速衰减一半,并且继续削弱,所以排气效果特别明显。

2)强制通风

大型连栋温室,需进行强制通风。在通风的出口和入口处增设动力扇,吸气口对面装排风扇,或排气口对面装送风扇,使室内、外产生压力差,形成冷热空气的对流,从而达到通风换气目的。强制通风一般有温度自控调节器,它与继电器相配合,排风扇可以根据室内温度变化情况自动开关。通过温度自动控制器,当温室超过设定温度时即进行通风。

(1)强制通风方式

强制通风大致分为以下几种方式:

①低吸高排型　即吸气口在温室的下部,排风扇在上部。这种通风方式风速较大、通风快,但是温度分布不均匀,在顶部及边角常出现高温区,如图7.4(a)所示。

②高吸高排型　即吸气口和排风扇都在温室上部,这种配置方式往往使下部热空气不易排出,常在下部存在一个高温区域,对作物生长不利,如图7.4(b)所示。

③高吸低排型　吸气口在上部,排风扇位置在下部。室内温度分布较均匀,只有顶部有小范围的高温区,如图7.4(c)所示。

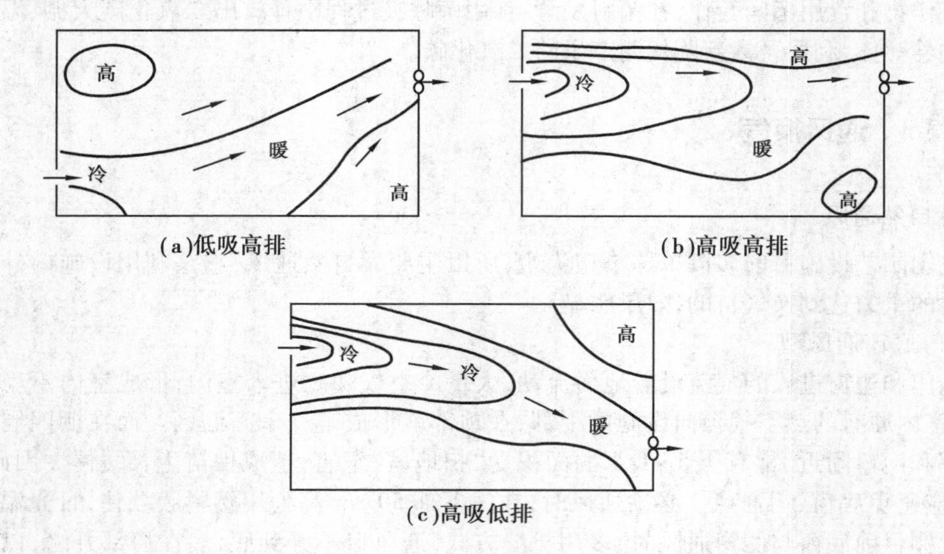

图7.4　强制通风方式示意图

(2)强制通风的效果

强制通风的目的是要使设施内温度、湿度和气体环境得到迅速的改善,使不利的条件在较短的时间内变为有利的条件,比自然通风效果明显。由控温仪根据作物生长需要的温度,和实际室内温度高低发出信号,排风扇自动开关,高温、高湿及有害气体随时排除,所以其产量比自然通风的高。

7.3.4　设施土壤气体环境及调控

1)土壤气体环境

在根圈环境中,要求土壤有良好的通气性,土壤气体中CO_2浓度不可过高,应当强调土壤气体环境是作物生育的重要条件。土壤气体中O_2的减少和CO_2的增多,能影响蔬菜种子的发芽,根的生长和根对养分的吸收。一般蔬菜种子的发芽需要土壤中有10%~50%的O_2。黄瓜和蒜苗较耐低O_2浓度,在浓度1%时发芽率是20%,2%时发芽率增到50%;芹菜和萝卜等浓度在5%以下几乎不能发芽。

O_2浓度的降低还能影响根对各种养分的吸收,如N、P、K、Ca、B的含量变少,Mg、Na等含量变多,所以在设施内要注意使用发酵好的有机肥,改进土壤的物理性质。

2)土壤气体的调节

一般是施用腐熟的有机肥或用作物秸秆改进土壤的透气性,由于透气性变好,其他物理性状如保温性、保水性和透水性都变好。施有机物时,能提高土壤的保肥性和减少肥料对pH的影响。孔隙多、透气性好的土壤O_2含量高,有充分的氧进行呼吸作用,使根系发育好,也促进了地上部的发育。除此之外,土壤中气体的调节方法还有以下几种:

(1)地面覆盖

利用地膜、无纺布、砂石、秸秆、落叶等进行土壤表面覆盖,不仅可以防寒,防止土壤水分蒸发散失,而且还能保持土壤良好的物理性质,使土壤疏松通气。

(2)勤锄地,深中耕

锄地可以疏松地表土,以增加土壤的容气量;中耕,特别是深中耕,可以大大提高土壤的通透性,以改善土壤的水、气条件。

(3)采取垄作

垄作不仅便于中耕,而且可以增加土壤与空气的接触面积,以提高土壤中气体的含量。

(4)采取滴灌或膜下滴灌

可以防止土壤表面板结,以提高土壤的通气性。

(5)播种水或定植水采取暗水

即先浇透底水后再播种、覆土;或随水栽苗,待水渗下后再覆土。采取这种方法,地表土疏松通气,不仅保墒,有利于提高地温,还保证了种子萌发和幼苗根系活动对氧气的需要。

7.3.5 园艺设施内空气的流动

设施内空气流动状况不仅影响气温的分布,而且影响叶面的光合强度、蒸腾等生理过程。在某一气流速度范围内,可以增加作物的叶面积和干物重,超过此范围,反而产生抑制作用,该风速限范围大约为0.5 m/s。空气通过气流到达作物叶面时,叶面与空气摩擦产生黏性,从而在叶面附近,形成一个风速较低的气层称为叶面边界层(境界层)。空气中CO_2通过叶面边界层到达叶面,再从叶面上的气孔经过叶肉到达叶绿体内进行光合作用。设施内有0.5~1.0 m/s的微风,可减小叶层边界层的阻力,有利CO_2进入叶片气孔内。如果风速过大,为防止叶面蒸腾量过大,叶面气孔张开度变小,导致光合作用强度逐渐减少。但这时如能增加空气相对湿度到80%,光合强度还能随着风速增加一些。对作物群体而言,增加单位面积株数,其干物重也随着增加,但增加到一定密度时,其干物重再也不能增加了,这是群体内的CO_2扩散量达到一定程度的结果。因此,设施内有适宜风速的空气流动,能提高光合强度而增产。

为保证设施内有一定量的空气流动,除了熟悉气流循环规律、注意选择通风设备和通风方法外,还要注意通风量和分布状况。在决定通风时不仅要考虑降温、降湿效果,还要考虑风速。为使植株群体内部有微风,最好有 0.5 m/s 左右的通风量。

实训 13:二氧化碳施肥技术

1)实训目的

设施栽培增施 CO_2 技术是实现高产、优质的重要措施之一。增施 CO_2 有利于培育壮苗,促进植物生长发育,增加产量改善品质,还可提高作物抗病能力。

各种作物对 CO_2 的吸收有不同的补偿点、饱和点和最适浓度。C_4 植物的 CO_2 补偿点接近 0,C_3 植物的 CO_2 补偿点为 30~90 μL/L,多数蔬菜的饱和点为 1 000~2 000 μL/L,最适合的 CO_2 浓度一般为 600~800 μL/L 而空气中 CO_2 浓度一般为 300 μL/L 左右,明显低于作物所需最佳浓度,特别在设施内相对密闭的特殊环境内,CO_2 浓度更低。日出后作物进行旺盛的光合作用,会使 CO_2 浓度急剧降低,造成 CO_2 亏缺。因此,设施内增施 CO_2,以保持适宜浓度,尤为重要。

增加设施内 CO_2 浓度的方法很多,有通风换气法、土壤增施有机肥法、深施碳酸氢氨(或施固体 CO_2 颗粒肥)、生物生态法、燃烧碳氢燃料法、液态(钢瓶装)CO_2 法、化学反应法等。其中化学反应法是目前设施内增加 CO_2 浓度的主要方式,下面将予以介绍。

2)实训原理

利用酸与碳酸盐反应生成碳酸,碳酸不稳定,可分解为水和 CO_2 的原理,增加设施内 CO_2 浓度。反应式为:

$$2NH_4HCO_3+H_2SO_4 = (NH_4)_2SO_4+2H_2O+2CO_2\uparrow$$

环境中 CO_2 浓度采用便携式红外 CO_2 分析仪测定,其原理为:凡由不同原子组成的气体分子都有吸收红外线辐射能的作用。不同气体有不同的吸收波长。吸收强度与气体的浓度有关,即:红外线通过这些气体后,其辐射能就会损失一些,在一定范围内,能量损失的多少与气体的浓度有关。这种由被测气体引起的能量变化可由探测器定量测定,然后经电路系统放大,由仪表显示出来。

红外光源发出的红外线分别均匀地通过测定室和参比室进入探测器,给参比室通氮气,使该室保持无 CO_2 环境;当待测气体流经测定室时,通过测定室的红外线被待测气体中吸收一部分,致使到达探测器的红外线较参比室弱。探测器测到这一差异后,经处理即由仪表显示出来(参照仪器使用说明书)。

3)材料与用具

①材料　黄瓜、茄子、番茄等果菜类生产温室或塑料大棚一栋。

②用具　红外 CO_2 分析仪(一台)或光合测定系统、塑料桶(34 个)或广口玻璃罐头瓶。

③药品　NH_4HCO_3,H_2SO_4。

4)实训内容与步骤

①稀释浓 H_2SO_4 按要求(表 7.1)取适量 H_2SO_4,按硫酸∶水=1∶4 的比例进行稀释,稀

释时一定要将 H_2SO_4 慢慢倒入水中，且边倒边搅拌。

表 7.1　667 m^2 标准棚室

反应物	数　量				
二氧化碳增加量/($\mu L \cdot L^{-1}$)	100	250	550	750	1 000
二氧化碳达到量/($\mu L \cdot L^{-1}$)	400	550	850	1 050	1 300
硫酸(浓)/kg	0.275	0.685	1.480	2.040	2.750
碳酸氢氨/kg	0.465	1.165	2.515	3.470	4.650
盐酸(浓)/kg	0.540	1.345	2.915	4.015	5.400
碳酸氢钠/kg	0.465	1.160	2.505	3.455	4.650
盐酸(浓)/kg	1.075	2.690	5.825	8.020	10.75
碳酸钙(90%)/kg	0.605	1.520	1.860	4.53	6.050

②分装稀释后的硫酸于 34 个塑料桶中，或广口玻璃罐头瓶中。

③将盛有稀硫酸的容器吊挂在离地面 1.2 m 的高度，每 20 m^2 设一施放点。

④预先将每日所用碳酸氢氨等分 34 份，揭草苫后 2 h 分别加入盛稀硫酸的容器中，使 H_2SO_4 和 NH_4HCO_3 发生反应生成 CO_2。

⑤CO_2 浓度监测　施放前测定一次原始浓度，以后每 0.5 h 用红外线 CO_2 分析仪测定环境中 CO_2 浓度及光合速率。

⑥施肥方法　注意：

a.为减少工作量，可一次加入 3~5 d 的稀硫酸的量。

b.除上述方法外，还可用小苏打加 H_2SO_4。反应原理是：

$$2NaHCO_3+H_2SO_4 = Na_2SO_4+2CO_2\uparrow+2H_2O$$

或用石灰石($CaCO_3$)加盐酸

$$CaCO_3+2HCl = CaCl_2+CO_2\uparrow+H_2O$$

使用盐酸时按 1∶1 对水稀释，随用随配，以免挥发，并将石灰石砸成碎块，放入盛有盐酸的容器中，反应剩余物要倒在棚室外部。

c.实训应于晴天进行。就一天来讲，施用时间要根据光合作用的进行而定。在设施内一般光照强度达到 1 500 lx 时，作物开始光合活动，达到 5 000 lx 时，光合强度增加，室内 CO_2 浓度下降，这时即为开始施用 CO_2 的时间。晴天一般在日出后 30 min，如果施入有机肥较多，可在日出后 1 h 施用 CO_2。停止施用 CO_2 的时间依温度管理而定，一般应在换气前 30 min停止施用。上午同化 CO_2 能力强，可多施或浓度大一些；下午同化能力弱，可少施或不施。

d.施放次数受棚温的影响，超过 32 ℃停止施放，停放 0.5 h 后进行放风。

e.蔬菜作物整个生育期尤以初期施用 CO_2 效果较好。苗期占地面积小，育苗集中，施用 CO_2 设施简单，施用后对培育壮苗、缩短苗龄等都有良好效果。可在定植 1 周后，植株已经缓苗时施用。对于黄瓜、番茄、茄子等果菜类蔬菜于雌花着生期、开花期、结果初期施用，可促进果实肥大;若在开花结果前过多、过早施用CO_2,只能促使茎叶繁殖,对果实经济产量并无显著提高。

5)作业

①增加设施内二氧化碳浓度的方法和途径有哪些?以哪种方法最具推广应用前景?

②如何提高设施内二氧化碳的施肥效果?

③分析CO_2化学反应能在设施蔬菜生产中的关键技术环节。

④按表7.2逐项记载综合分析施用CO_2对果菜类生长发育的影响。

表7.2 施用CO_2对蔬菜生长发育的影响

施用时间	CO_2浓度	棚室温度/℃	空气湿度	光照强度	光合速率	株高/cm	叶重/g	开花坐果率/%

项目小结

设施是一个密闭或半密闭系统,空气流动性小,棚内的气体均匀性较差,与外界交换很少,往往造成园艺作物生长需要的气体严重缺乏,而对园艺作物生长不利的有害气体增多,或有害的气体又排不出去,生长需要的气体外界不好进入设施内,使设施内的园艺作物因有益气体缺乏生长受阻或是有害气体多是园艺作物受害。因此,对设施内进行合理的气体调控是非常必要的,利用各种方法使设施内有益气体在园艺作物需要时施入,及时排出设施内有害气体。

思考练习

1.设施内常见的有害气体有哪些?

2.常用制取CO_2气体的方法有哪些?

园艺设施土壤环境特点及改良

项目描述 设施土壤健康状况直接关系到设施农业的发展。随着近年来设施栽培面积的迅速扩大及栽培年限的增加，设施土壤环境出现许多新的特点。由于设施栽培土壤特殊的覆盖结构，为植物生长创造了一个温湿度较高的环境，设施土壤地表长期覆盖栽培和高度集约经营，保护设施改变了土壤自然条件下的水热平衡，其温度、光照、通气条件和水肥管理等均不同于一般大田，再加上连作，设施内不能引入大型机械设备，进行深耕翻、少耕、免耕法的措施不到位，使其内部的微生态环境具有显著的特性，形成特殊的土壤生态环境。只有了解园艺设施的土壤环境特点，熟悉园艺作物对土壤条件的要求，掌握园艺设施土壤环境改良的方法，才能促进园艺作物的安全、高产、优质、高效生产。

学习目标 了解园艺设施土壤的变化特点；熟悉设施土壤恶化的类型；掌握设施土壤培肥与消毒的方法、设施土壤恶化的规避措施。

能力目标 掌握用比色法测园艺设施土壤的 pH 值的基本技能；学会设施土壤培肥与消毒的基本方法；学会设施土壤恶化的规避技术。

项目任务

专业领域：园艺技术　　　　学习领域：园艺设施

项目名称	项目8　园艺设施土壤环境特点及改良
工作任务	任务 8.1　园艺设施土壤变化特点
	任务 8.2　园艺设施土壤培肥与消毒
	任务 8.3　园艺设施土壤恶化类型及规避技术
项目任务要求	掌握用比色法测园艺设施土壤的 pH 值的基本技能；学会设施土壤培肥与消毒的基本方法；学会设施土壤恶化的规避技术

任务 8.1　园艺设施土壤变化特点

活动情景　土壤是农业生产的基础，设施栽培土壤与传统栽培土壤既有联系，又有区别，设施土壤环境呈现出许多新的特点。了解设施土壤变化的新特点及成因，是该工作任务的学习内容，是培肥、改良的基础。

工作过程设计

工作任务	任务 8.1　园艺设施土壤变化特点	教学时间	
任务要求	了解园艺设施土壤变化的特点		
工作内容	1.观察设施栽培番茄、黄瓜、茄子根结线虫病等土传病害 2.学用比色法测园艺设施土壤的 pH 值 3.观察园艺设施土壤的盐渍化状况		
学习方法	以课堂讲授和自学完成相关理论知识学习		
学习条件	多媒体设备、资料室、互联网、生产工具、实训基地等		
工作步骤	资讯：教师由当前设施农业在我国农业生产中的重要地位，引入教学任务内容，进行相关知识点的讲解，并下达工作任务； 计划：学生在熟悉相关知识点的基础上，查阅资料收集信息，进行工作任务构思，师生针对工作任务有关问题及解决方法进行答疑、交流，明确思路； 决策：学生在教师讲解和收集信息的基础上，划分工作小组，制订任务实施计划，并准备完成任务所需的场地、工具与材料，避免盲目性； 实施：学生在教师辅导下，按照计划分步实施，进行知识和技能训练； 检查：为保证工作任务保质保量地完成，在任务的实施过程中要进行学生自查、学生互查、教师检查； 评估：学生自评、互评，教师点评		
考核评价	课堂表现、学习态度、任务完成情况、作业报告完成情况		

工作任务单

<table>
<tr><td colspan="6">工作任务单</td></tr>
<tr><td>课程名称</td><td colspan="2">园艺设施</td><td>学习项目</td><td colspan="2">项目 8　园艺设施土壤环境特点及改良</td></tr>
<tr><td>工作任务</td><td colspan="2">任务 8.1　园艺设施土壤变化特点</td><td>学　时</td><td colspan="2"></td></tr>
<tr><td>班　级</td><td></td><td>姓　名</td><td></td><td>工作日期</td><td></td></tr>
</table>

续表

工作任务单		
工作内容与目标	了解园艺设施土壤变化特点	
技能训练	1.观察设施栽培番茄、黄瓜、茄子根结线虫病等土传病害 2.用比色法测园艺设施土壤的pH值 3.观察园艺设施土壤的盐渍化状况	
工作成果	完成工作任务、作业、报告	
考核要点（知识、能力、素质）	了解园艺设施土壤变化的特点； 观察园艺设施土壤的盐渍化状况以及设施栽培番茄、黄瓜、茄子根结线虫病等土传病害，能正确熟练掌握用比色法测园艺设施土壤的pH值； 吃苦耐劳，独立思考，团结协作，创新意识，独立按时完成作业报告	
工作评价	自我评价	本人签名： 年 月 日
	小组评价	组长签名： 年 月 日
	教师评价	教师签名： 年 月 日

任务相关知识点

设施土壤(保护地土壤)是指玻璃温室、日光温室、塑料大棚等园艺设施栽培土壤的总称。设施栽培是设施农业的一个重要组成部分，设施农业在中高纬度和海拔地区是最有效利用土地资源和提高复种指数的技术措施，是果蔬及花卉生产中极为重要的一种栽培方法。设施栽培的特点是采用人工措施，改变局部生态环境，充分利用光能、热能栽种水果、蔬菜、花卉。

设施农业在我国农业生产中占有重要地位。目前我国形成了东北南部、华北、西北及以山东为主的黄淮地区等多块初具规模的设施农业生产基地，以日光温室和塑料大棚为主体。据资料统计，当前我国设施栽培面积居世界第一位，其中99.85%是各类塑料大棚和日光温室，单产已接近或达到发达国家水平。

设施土壤健康状况直接关系到设施农业的发展，随着设施栽培面积的迅速扩大及栽培年限的增加，设施土壤环境出现许多新的特点。由于设施栽培土壤特殊的覆盖结构，为植物生长创造了一个温湿度较高的环境，设施土壤地表长期覆盖栽培和高度集约经营，保护设施改变了土壤自然条件下的水热平衡，其温度、光照、通气条件和水肥管理等均不同于一般大田，再加上连作，设施内不能引入大型机械设备进行深耕翻、少耕、免耕法的措施不到位，使其内部的微生态环境具有显著的特性，形成特殊的土壤生态环境。园艺设施土壤变化表现以下几个方面的特点。

8.1.1 土壤淋溶作用小，养分残留量高，易发生土壤次生盐渍化

随着生活水平的不断提高，设施栽培在国内外得到蓬勃发展。同露地生产相比，设施栽培具有单产高、上市早等优点，克服了冬季温度低的缺点而能够周年进行生产，具有较高的经济效益和社会效益。然而设施栽培复种指数高，是一种人为作用强烈的土地利用方式，年复一年的连作和不合理施肥会使设施内土壤盐分严重积累，最终导致土壤次生盐渍化，严重影响蔬菜的产量和品质，造成肥料、土地等资源的浪费，阻碍蔬菜生产的可持续发展。

土壤盐分积聚是设施栽培最突出的问题，是设施栽培中最大的土壤障碍因子。由于设施栽培作物种类单一，加上其特殊的环境条件及管理方法，使土壤盐渍化日趋严重，最高可达露地土壤的20倍以上。次生盐渍化程度因保护地设施的种类，栽培管理方法而异，一般与保护地使用年限成正比。

1)土壤次生盐渍化状况

研究表明，露地土壤含盐量为0.06%~0.09%。而设施栽培年限1~2年的大棚，土壤平均含盐量为0.24%；3~4年大棚土壤平均含盐量为0.45%；5~6年大棚土壤平均含盐量为0.48%；超过7年的大棚土壤平均含盐量为0.51%，如图8.1所示。

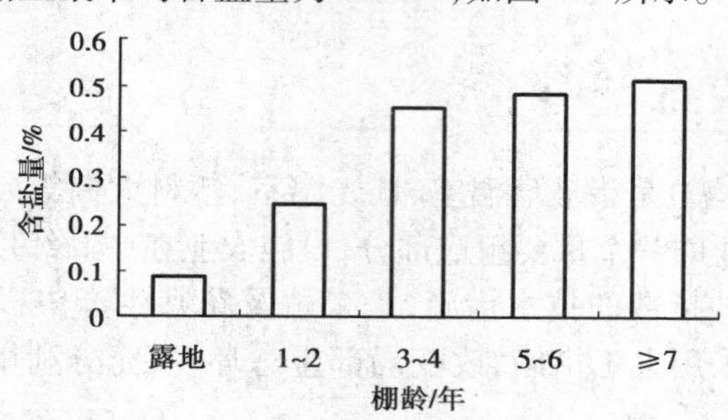

图8.1 露地及不同棚龄蔬菜基地土壤的含盐量比较(%)

随着大棚使用年限延长，土壤含盐量呈现逐年积累趋势。一般情况下，大棚连作3年就明显表现出土壤次生盐渍化。从盐分组成看主要是由 Cl^-、SO_4^{2-}、NO^{3-} 组成，如表8.1所示。

表8.1 大棚不同连作年限土壤次生盐渍化状况

棚龄/年	全盐	Ca^{2+}	Mg^{2+}	K^+	Na^+	SO_4^{2-}	Cl^-	NO_3^-	HCO_3^-
2	0.26	0.013	0.006	0.003	0.063	0.057	0.079	0.029	0.010
3	0.35	0.064	0.017	0.004	0.028	0.074	0.058	0.089	0.011
5	0.62	0.071	0.024	0.013	0.088	0.083	0.149	0.177	0.011

由表8.1可以看出，随着大棚使用年限的延长，NO_3^-和 Cl^-的积累明显加快。当土壤含盐量超过0.1%时，蔬菜秧苗即出现不同程度的生理障碍，受害程度又因蔬菜品种不同而有所不同，耐盐性较强的受害较轻；土壤含盐量小于0.1%，是大棚番茄育苗的安全浓度；

0.15%~0.2%是警戒浓度；当土壤含盐量大于0.2%，不能用作番茄育苗。设施栽培土壤含盐量过高，西瓜、番茄、草莓等易僵苗死苗，发棵弱，果实小，品质差，从而影响经济效益。如在大棚连续种4~5年后，茄子、西瓜等作物都遇到不同程度的生长障碍问题，土壤盐渍化严重，表现表土白化，植株根系腐烂，甚至整株枯死。

在一般地区，土壤中阳离子主要为Ca^{2+}和Na^{+}，阴离子以NO^{3-}为主。

2）土壤盐类聚集的原因

造成设施土壤盐渍化主要原因有以下几个方面：

（1）施肥量过大

在设施土壤较为封闭的环境条件下，茬次多，施肥量为露地的4~10倍，是植株携走量的2~10倍。化肥占施肥总量的50%以上，大量使用高浓度复混肥与化肥，肥料配比不合理，化肥中的PO_4^{3-}，SO_4^{2-}和Cl^{-}等强酸阴离子，部分被作物吸收，大部分残留土壤中，可以在短期内使得土壤养分、盐分组成有较大改变，引起土壤的养分不均衡富集和次生盐渍化；如果大量使用农家肥，畜禽粪便中盐分含量在0.10%~0.38%。周年满负荷生产，使土壤得不到休闲和自我更新，造成土壤盐分积累；土壤耕层中未腐熟的有机肥分解后，残留的硫化物、有机盐和无机盐易造成土壤盐渍化，导致设施土壤盐渍化加剧。

（2）园艺设施的半封闭条件，减弱了土壤水分的淋洗作用

频繁灌溉，水源水质盐分过多也会引发盐渍化；设施土壤不受或很少受降雨影响，缺乏充足的雨水淋溶，盐不能流失；土壤水分蒸发强烈，土壤盐分易随水分的蒸发而上升到表层聚积，土壤溶液盐分浓度升高，盐分表积现象明显；设施土壤的积温显著高于露地，土壤自身矿化的离子增加，增加土壤盐分浓度。

（3）地下水位高和灌溉水质量差

地下水位高、灌溉水质量差，也会引发盐渍化。

总之，园艺设施土壤的盐积化不仅与土壤和地下水的盐分组成有关，氮肥用量大是主要影响因素。

8.1.2　土壤酸化

氮肥或生理酸性肥料施用过多导致设施土壤酸化，氮肥在土壤中分解后生成硝酸盐留在土壤中。在缺乏淋洗条件下，这些硝酸盐积累导致土壤酸化，降低土壤pH值。从而导致土壤养分有效性下降，引起氮、磷、钾、钙、镁、钼等多种养分的缺乏。研究表明，种植5、10、20年的大棚，土壤pH值分别降低0.01、0.16、0.44。pH值随种植年限的增加而下降。

8.1.3　土传病虫害严重

由于设施生产常伴随着高度的集约化种植，造成复种指数高，种植品种相对单一、过分密植等，给土壤传播病害的发生提供了赖以生存的寄主和繁殖的场所，造成土壤中病原菌的大量累积。同时，由于过多地使用化肥、农药使土壤中病原拮抗菌减少，有益微生物结构趋于单一，各种土传病害严重发生，如茄果类、瓜类等猝倒病、立枯病、疫

病、根腐病、枯(黄)萎病、根结线虫病;十字花科、莴苣的菌核病;十字花科的软腐病等,如图 8.2 所示。

图 8.2　土地传病害严重,产量降低(甜瓜病蔓枯病)

8.1.4　土壤连作障碍问题突出

同一作物或近缘作物连作后,即使在正常管理情况下,也会出现土壤养分不均衡现象。由于果蔬对各种养分选择性吸收,连作导致土壤严重缺乏某一种或几种营养元素,而使其他养分剩余。

根系分泌物是保持根际微生物系统活力的关键,是根际土壤微生态系统中物质循环的重要组分,根系分泌物可增加某些养分元素的溶解度和移动性,促进植物对养分的吸收和利用。同一蔬菜作物连作,因根系长期分泌同一种物质而影响土壤中微生物和化感物质的种类和数量,破坏土壤微生物相互间平衡。在设施土壤中这种分泌物是连续的,因周年生产而不会间断,长期以来会使土壤理化特性与大田有很大不同。当黄瓜连续种植时,根系释放的酚类物质积累到一定程度会抑制下茬作物的生长;设施栽培连年种植同种作物,其残体在土壤中腐解后,会产生一些植物毒素,抑制后续作物生长。连作作物根系发育受阻,生物酶活性降低。连作重茬使有害细菌增加,破坏了土壤微生物的自然平衡,土壤环境恶化。

目前,随着园艺产业集约化生产的发展和设施水平的提高,一些专业化的设施园艺生产基地不断形成。由于耕地数量、气候条件的限制以及对高经济效益的追求,设施园艺生产中普遍存在超量施用化肥、复种指数高、栽培种类单一等问题,导致连作障碍现象日益加剧,严重影响了设施园艺的可持续发展。在果树中,无花果、枇杷的连作障碍最严重,其次是桃、草莓、苹果、梨、葡萄等,而柑桔、核桃等较轻。设施蔬菜的连作障碍,以番茄、辣椒等茄果类作物和黄瓜、西瓜等瓜类作物最为常见,另外其他蔬菜如马铃薯等也会出现不同程度的连作障碍现象。

8.1.5　设施土壤养分供应不平衡，表现为“氮过剩、磷富积、钾缺乏”

随着园艺设施使用年限的增加，养分在土壤中供应不平衡，表现为“氮过剩、磷富积、钾缺乏”。因此，在设施生产中应降低氮和磷肥的施用量、增加钾肥的使用，同时增施有机肥，尤其是C/N高的有机肥。

8.1.6　土壤产生有害气体增多

设施土壤施用尿素或铵态氮肥过多以及厩肥、饼肥等有机肥未充分腐熟，在高盐分作用下，易产生大量氨气；土壤中的氨使土壤碱化，影响硝酸菌的活动，使氮肥硝化过程受阻，使亚硝态氮和二氧化氮积累，土壤变酸，当pH值达到5时挥发；硫酸盐化肥施用量较多，加之地温较低等因素，在硫化细菌作用下放出二氧化硫气体。因设施栽培空气流动性差，当气体浓度高到某个极限时会发生危害。

任务8.2　园艺设施土壤培肥与消毒

近年来，随着设施栽培的普及和推广，保护地生产面积不断增加，复种指数达到200%以上，因连茬种植，相应出现了土壤中各类病原菌累积，多种害虫在土壤中寄生，导致病虫害发生严重。由于设施栽培大部分病害靠土壤传播。所以做好土壤消毒是防止部分病虫害发生的有效办法。常用的措施主要有合理轮作、增施有机肥、物理消毒、药剂消毒等。园艺设施土壤的培肥与消毒，是该工作任务的学习内容。

工作过程设计

工作任务	任务8.2　园艺设施土壤培肥与消毒	教学时间	
任务要求	1.了解园艺设施土壤培肥与消毒的必要性 2.掌握园艺设施土壤培肥与消毒的方法		
工作内容	1.设施土壤配方施肥技术 2.设施土壤物理消毒技术 3.设施土壤药剂消毒技术		
学习方法	以课堂讲授和自学完成相关理论知识学习，以田间项目教学法和任务驱动法，使学生掌握设施土壤培肥与消毒技术		
学习条件	多媒体设备、资料室、互联网、生产工具、实训基地等		

续表

工作任务	任务 8.2　园艺设施土壤培肥与消毒	教学时间	
工作步骤	资讯:教师由近年来,随着设施栽培的普及和推广,多种害虫在土壤中寄生,导致病虫害发生的严重事例,引入教学任务内容,进行相关知识点的讲解,并下达工作任务; 计划:学生在熟悉相关知识点的基础上,查阅资料收集信息,进行工作任务构思,师生针对工作任务有关问题及解决方法进行答疑、交流,明确思路; 决策:学生在教师讲解和收集信息的基础上,划分工作小组,制订任务实施计划,并准备完成任务所需的场地、工具与材料,避免盲目性; 实施:学生在教师辅导下,按照计划分步实施,进行知识和技能训练; 检查:为保证工作任务保质保量地完成,在任务的实施过程中要进行学生自查、学生互查、教师检查; 评估:学生自评、互评,教师点评		
考核评价	课堂表现、学习态度、任务完成情况、作业报告完成情况		

工作任务单

工作任务单						
课程名称	园艺设施		学习项目		项目 8　园艺设施土壤环境特点及改良	
工作任务	任务 8.2　园艺设施土壤培肥与消毒		学　时			
班　级		姓　名		工作日期		
工作内容与目标	熟练掌握设施土壤配方施肥技术、设施土壤物理消毒技术、设施土壤药剂消毒技术					
技能训练	1.设施土壤的培肥技术 2.设施土壤的消毒技术					
工作成果	完成工作任务、作业、报告					
考核要点(知识、能力、素质)	了解近年来,随着设施栽培的普及和推广,多种害虫在土壤中寄生,导致病虫害发生严重; 掌握设施土壤配方施肥技术、设施土壤物理消毒技术、设施土壤药剂消毒技术; 吃苦耐劳,独立思考,团结协作,创新意识,独立按时完成作业报告					
工作评价	自我评价	本人签名:		年　月　日		
	小组评价	组长签名:		年　月　日		
	教师评价	教师签名:		年　月　日		

任务相关知识点

近年来,随着设施栽培的普及和推广,保护地生产面积不断增加,农业生产中的温室、拱棚栽培也在迅速增加,复种指数达到200%以上,因连茬种植,土壤中各类病原菌累积也相应出现了,多种害虫在土壤中寄生,导致病虫害发生严重。由于温室、拱棚大部分病害靠土壤传播。所以做好土壤消毒是防止部分病虫害发生的有效办法。常用的措施主要有合理轮作、增施有机肥、物理消毒、药剂消毒等。

8.2.1 合理轮作,改造土壤

轮作可合理利用土壤养分和水分,改善土壤结构,培肥地力。轮作时由于寄主植物不同,病虫赖以生存的环境条件发生改变,大大减轻了病虫害的发生。这也可消除由连作带来的作物分泌的有毒物质积累而引起的作物中毒现象。另外,将肥沃熟化的无毒土壤掺入温室或大棚土壤中,也有利于改变病虫环境,从而减少病虫的危害。

8.2.2 增施有机肥,应用配方施肥技术

有机肥有增加土壤有机质、改善土壤结构和耕性、增强土壤的保水保肥能力、提高土壤温度、促进微生物活动等的特殊作用。增施有机肥,施用秸秆降低土壤盐分含量,如图8.3所示。配方施肥是根据当地土壤的营养条件和不同蔬菜品种对土壤营养元素的要求,进行有针对性的施肥,达到"按需施肥"以减少施肥的盲目性。应坚持增施有机肥为主,化肥为辅,注意土壤中氮、磷、钾及其他营养元素的平衡。采用科学的配方施肥方法,不仅可以改善土壤的团粒结构,提高土壤肥力,而且在土壤养分全面均衡供给的条件下,可使蔬菜健壮生长,提高抗病能力,从而实现增产增收。

图8.3 增施有机肥,施用秸秆降低土壤盐分含量

8.2.3 土壤物理消毒处理

1)太阳能消毒法

每年将用旧的废薄膜收好留作土壤消毒用。在7—8月份可利用太阳直射时间长、温度高的特点来进行土壤消毒。具体的方法为:在温室作物采收后,连根拔除田间老株,多施有机肥料,然后深翻土壤,在7—8月份。用透明吸热薄膜覆盖好,将大棚温室棚膜盖严密封15~20 d。土壤温度可升至50~60 ℃,地表温度可达80 ℃以上,采用该方法一般的病虫都能杀死。这种消毒方法因为室棚内温度很高,要将室棚内的不耐热的物品搬出室棚外。

小面积地块，可将配制好的培养土放在清洁的混凝土地面上、木板上或铁皮上，薄薄的平摊，曝晒 3～15 d。即可杀死大量病菌孢子、菌丝和虫卵、害虫、线虫。

2）深翻晒垡冻垡法

前茬作物收获后及时将土地深翻，可以把遗留在地面上的病残体翻入土中，使病残体内的病菌加速死亡。同时土壤深翻后，由于土表干燥和日光照射，以及冬季低温，也能使一部分病菌失去活力，可防止部分病害发生，如图 8.4 所示。

图 8.4　机械旋耕

3）火烧消毒

（1）炒灼法

保护地苗床或盆插、盆插用的少量土壤，可放入铁锅或铁板上加火烧灼，待土粒变干后再烧 0.5～2.0 h，可将土中的病虫彻底消灭干净。此法的好处还在于可将土壤中的有机物烧成灰分，使扦插或播种基质更加纯洁，从而防止幼苗或插条发霉腐烂。

（2）燃烧法

在露地苗床上，将干柴草平铺在田面上点燃，这样不但可以消灭表土中的病菌、害虫和虫卵，翻耕后还能增加一部分钾肥。

8.2.4　药剂消毒法

1）熏蒸

此法主要用于温室，利用高温蒸汽杀死土壤中的病菌和虫卵。其优点是无污染和残毒；缺点是能耗较大，成本高。

可在播种前 1 周，燃烧硫黄粉产生烟雾杀死病菌；还可在硫黄粉中加些敌敌畏之类的杀虫剂，同时消灭温室中的害虫。用硫黄粉 2～6 g/m^2，熏蒸时密闭温室，播种前通风换气。

如石灰氮，又叫黑肥宝，含氮 20%左右，因含有石灰成分，故叫石灰氮，是一种黑灰色带有电石臭味的油性颗粒，是药、肥两用的土壤净化剂，具有土壤消毒与培肥地力的双重作用。石灰氮遇水产生氰氨、双氰氨，能杀灭有害病原菌及线虫等有害生物。石灰氮是一种无残留、无污染、能改良土壤和抑制病虫危害的多功能肥料。石灰氮含氮 20%左右、含钙 50%，由于不易淋溶，可以防止土壤酸化，改良土壤结构，改良次生盐渍化土壤，增加土壤钙素和有机质，能使有效氮均匀缓慢释放，其有效成分全部分解为作物可吸收的氮，没有残留，满足大多数作物的需求，肥料的有效期达 80 天以上。石灰氮发挥作用一般应具备高温、密闭和水等三个条件。因此，石灰氮最好是在高温的夏季清园后施用，施用后翻耕土壤、盖膜、灌水。

福气多,是一种非熏蒸型的高效、低毒、低残留的环保型杀线虫剂,是我国当前在蔬菜上获得登记的仅有的几个杀线虫剂之一,特别适用于无公害蔬菜的生产。对土壤全面混合施药,对防治线虫最有效;也可畦面施药及开沟施药。在作物定植前或定植当天,按1~2 kg/亩的用量,将药剂均匀撒于土壤表面,再用旋耕机或手工工具将药剂和土壤充分混合。药剂和土壤混合深度需20 cm。施药时,要穿带作业服,施药后要立即清洗手足脸并换下工作服。

图8.5 土壤熏蒸

2)药剂喷洒

(1)甲醛消毒法

苗床用甲醛50 mL/m^2兑水10 kg均匀喷洒地表,然后用草袋或塑料薄膜覆盖,闷10 d左右揭掉覆盖物散发气体,2~3 d后即可播种。此法对防治立枯病、褐斑病、炭疽病等效果非常明显。砂石类基质可直接用50~100倍甲醛液浸泡2~4 h,排除药液后要再用清水冲洗2~3遍。

(2)波尔多液消毒法

苗床用等量式(硫酸铜∶石灰∶水为1∶1∶100)波尔多液2.5 kg/ m^2喷洒地表,土壤稍干后即可播种。此法对防治黑斑病、斑点病、灰霉病、锈病、褐斑病、炭疽病等效果明显。

(3)多菌灵消毒法

多菌灵能防治多种真菌病害。土壤消毒施用50%多菌灵可湿性粉剂1.5 g/m^2,可防治根腐病、茎腐病、叶枯病、灰斑病等,也可按1∶20的比例配制成毒土撒在苗床上,能有效防治苗期病害。

(4)代森铵消毒法

代森铵为有机硫杀菌剂。杀菌力强,能渗入植物体内,经分解后还有一定的肥效。用50%代森铵水剂350倍液浇灌3 kg/m^2,可防治作物黑斑病、霜霉病、白粉病、立枯病等。

(5)溴甲烷消毒

能防治土壤传播的病害、烟草花叶病毒和线虫,对防治黄瓜疫病有特效,但对镰刀菌效果稍差,对杂草种子发芽有抑制作用。处理方法:先把床土堆成30 cm高长条土堆,整平表面,其宽度为能扣上塑料小棚为准,在土堆中间放置1个盆,在盆中放1个小钵,床土用药量100~150 g/m^2。之后在小棚骨架上扣上塑料薄膜封闭,土堆四周塑料薄膜基部外侧用土封死,使挥发出气体状态的药在土内扩散,防止外逸。封闭10 d后撤掉塑料薄膜,充分翻倒床土,再经2~3 d,药气体扩散完毕即可使用床土。

3)药剂拌土

将药剂配成毒土,然后施用。毒土的配制方法是将农药(乳油、可湿性粉剂)与具有一定湿度的细土按比例混匀制成。毒土的施用方法有沟施、穴施和撒施。常用的消毒药剂有代森锌、五氯硝基苯、多菌灵、百菌清等。

任务 8.3　园艺设施土壤恶化类型及规避技术

当前，随着农业结构调整力度的加大，我国设施农业迅速发展。设施农业是我国农业增效、农民增收直接有效的途径。然而，因为缺乏科学合理的管理措施，设施土壤的可持续利用周期不长。当达到一定年限，生产上便会出现作物生长不良、病害严重等一系列问题。其主要原因是设施土壤的问题。由于温室、大棚等栽培条件下的土壤缺少雨水淋洗，且温度、湿度、通气状况和水肥管理等均与露地栽培有较大差别，加之设施栽培又长期处于高集约化、高复种指数、高肥料施用量的生产状态下，其特殊的生态环境与不合理的水肥管理措施，导致了园艺设施土壤恶化，如土壤次生盐渍化、土壤酸化、设施土壤板结等诸多生产问题的产生。了解园艺设施土壤恶化类型，掌握其规避技术是该工作任务的学习内容。其重点是园艺设施土壤恶化的规避技术。

工作过程设计

工作任务	任务 8.3　园艺设施土壤恶化类型及规避技术	教学时间	
任务要求	了解园艺设施土壤恶化类型，掌握其规避技术		
工作内容	1.园艺设施土壤次生盐渍化的原因及改良措施 2.园艺设施土壤酸化的原因、危害及改良措施 3.园艺设施土壤板结的原因、危害及改良措施		
学习方法	以课堂讲授和自学完成相关理论知识学习，以田间项目教学法和任务驱动法，使学生掌握园艺设施土壤恶化类型及规避技术		
学习条件	多媒体设备、资料室、互联网、生产工具、实训基地等		
工作步骤	资讯：教师由设施农业是我国农业增效、农民增收直接有效的途径，但当达到一定年限，生产上便会出现作物生长不良、病害严重等问题，其主要原因是设施土壤的问题，引入教学任务内容，进行相关知识点的讲解，并下达工作任务； 计划：学生在熟悉相关知识点的基础上，查阅资料收集信息，进行工作任务构思，师生针对工作任务有关问题及解决方法进行答疑、交流，明确思路； 决策：学生在教师讲解和收集信息的基础上，划分工作小组，制订任务实施计划，并准备完成任务所需的场地、工具与材料，避免盲目性； 实施：学生在教师辅导下，按照计划分步实施，进行知识和技能训练； 检查：为保证工作任务保质保量地完成，在任务的实施过程中要进行学生自查、学生互查、教师检查； 评估：学生自评、互评，教师点评		
考核评价	课堂表现、学习态度、任务完成情况、作业报告完成情况		

工作任务单

工作任务单					
课程名称	园艺设施		学习项目	项目8 园艺设施土壤环境特点及改良	
工作任务	任务8.3 园艺设施土壤恶化类型及规避技术		学 时		
班 级		姓 名		工作日期	
工作内容与目标	1.了解园艺设施土壤次生盐渍化的原因,掌握其改良措施 2.了解园艺设施土壤酸化的原因、危害,掌握其改良措施 3.了解园艺设施土壤板结的原因、危害,掌握其改良措施				
技能训练	1.园艺设施土壤次生盐渍化的改良措施 2.园艺设施土壤酸化的改良措施 3.园艺设施土壤板结的改良措施				
工作成果	完成工作任务、作业、报告				
考核要点(知识、能力、素质)	了解园艺设施土壤恶化类型; 掌握园艺设施土壤次生盐渍化、土壤酸化、土壤板结的改良措施; 吃苦耐劳 独立思考,团结协作,创新意识,独立按时完成作业报告				
工作评价	自我评价	本人签名:		年 月 日	
	小组评价	组长签名:		年 月 日	
	教师评价	教师签名:		年 月 日	

任务相关知识点

当前,随着农业结构调整力度的加大,我国设施农业迅速发展。设施农业是我国农业增效、农民增收直接有效的途径。然而,因为缺乏科学合理的管理措施,设施土壤的可持续利用周期不长。当达到一定年限,生产上便会出现作物生长不良、病害严重等一系列问题。其主要原因是设施土壤的问题。由于温室、大棚等栽培条件下的土壤缺少雨水淋洗,且温度、湿度、通气状况和水肥管理等均与露地栽培有较大差别,加之设施栽培又长期处于高集约化、高复种指数、高肥料施用量的生产状态下,其特殊的生态环境与不合理的水肥管理措施,导致了园艺设施土壤恶化,如土壤次生盐渍化、土壤酸化、设施土壤板结等诸多生产问题的产生。

8.3.1 设施土壤次生盐渍化

我国是世界上设施栽培面积及其总产量最大的国家。但由于技术不成熟和人为因素的破坏,设施土壤所出现的问题也越来越明显。其中设施土壤的次生盐渍化便是其中一个严重且不可忽视的问题。

1)土壤盐渍化的原因

(1)环境条件密闭

设施内的土壤由于受设施的限制,环境条件密闭,水蒸发量小,且不受降雨等自然环境条件的影响。土壤中的盐分不能随雨水冲刷流失和渗透到深层土壤中去,只能残留在耕层土壤内。

(2)灌水次数频繁

设施栽培需水量大,灌水次数多,再加之环境条件密闭,使土壤的团粒结构遭到严重破坏,土壤的渗透能力降低,水分蒸发后使盐分积聚下来。

(3)地势低洼

由于设施内土壤地势低洼,地下水位相对较高,通透能力差,使土壤耕层内积聚了大量的盐分而不能随水下渗,造成耕层土壤板结盐渍化。

(4)化肥施用量大

由于设施栽培是集约化密集栽培,复种指数高,需肥量多,化肥施用量大,使耕层内土壤含盐量增加,更容易造成设施土壤板结盐渍化。

(5)施用生人粪尿

由于设施内温度较高,生人粪尿施用后迅速挥发分解,硫化物、硝酸盐等有机盐和无机盐残存于耕层土壤内,造成土壤盐渍化。

2)土壤盐渍化的改良措施

(1)深翻、掺沙

采取深翻地措施,结合整地,适量掺沙。改善设施土壤的物理性状,降低地下水位,增强大棚土壤的通透性能。

(2)增施有机肥

每亩施用优质农家肥 1 500~2 500 kg,疏松土壤,提高设施土壤的有机质含量,改善大土壤结构。

(3)不施生人粪尿

人粪尿一定要经过充分腐熟发酵后再施用,以防止人粪尿挥发分解后,盐分积存于耕层土壤内,毒害蔬菜根系,盐化板结土壤。

(4)换土、轮作和无土栽培

铲除设施表层土壤 2~3 cm,换上优质肥沃的田园土;合理轮作;采用无土栽培设施等,能改善设施土壤的结构质地,改良设施土壤的物理性状。

(5)灌水消盐

向大棚土壤内灌水,使水层达到并保持 3~5 cm,浸泡 5~ 7 d,然后排出积水,通过冲刷浸溶消盐;利用换茬空隙揭去薄膜,通过日晒雨淋使土壤表层盐分溶至深层或挥发掉。

(6)推广薄肥勤施、基肥深施的原则

化肥一次用量不宜过多,每亩每次施碳酸氢铵 25 kg 左右,尿素 10 kg,过磷酸钙 25 kg,硫酸钾 12 kg 左右。每亩施优质有机肥 3~4 m^3。化肥应全层深施或沟施覆土,将化肥总量的 70%~ 80%作基肥全层深施,另外 20%~30%作追肥。

8.3.2 设施土壤酸化

随着园艺设施规模的不断扩大,土壤的酸化问题越来越严重。据调查,当前土壤酸碱值<5.5 的大棚占 30%,酸碱值<6.0 的面积达 50%以上,而且,还有不少酸碱值<4.5。设施土壤的酸化使作物发育不良,病害加重,严重影响了其产量和品质。如土壤酸化易诱发大蒜根腐叶枯、白菜干烧心、芹菜裂茎等生理性病害;加重十字花科蔬菜根肿病的为害。因此减轻设施土壤酸化是提高产量和品质的重要保证。

1)土壤酸化的原因

①园艺设施的高产量,从土壤中移走了过多的碱基元素,如钙、镁、钾等,导致了土壤中的钾和中微量元素消耗过度,使土壤向酸化方向发展。

②大量生理酸性肥料的施用,棚内温湿度高,雨水淋溶作用少,随着栽培年限的增加,耕层土壤酸根积累严重,导致了土壤的酸化。

③由于设施栽培复种指数高,肥料用量大,导致土壤有机质含量下降,缓冲能力降低,土壤酸化问题加重。

④高浓度氮、磷、钾三元复合肥的投入比例过大,而钙、镁等中微量元素投入相对不足,造成土壤养分失调,使土壤胶粒中的钙、镁等碱基元素很容易被氢离子置换。

2)土壤酸化的危害

①酸性土壤滋生真菌,根际病害增加,且控制困难,尤其是十字花科的根肿病和茄果类蔬菜的青枯病、黄萎病增多。

②土壤结构被破坏,土壤板结,物理性变差,抗逆能力下降,蔬菜抵御旱、涝自然灾害的能力减弱。

③在酸性条件下,铝、锰的溶解度增大,有效性提高,对蔬菜产生毒害作用。

④酸性条件下,土壤中的氢离子增多,对蔬菜吸收其他阳离子产生拮抗作用。

3)土壤酸化的改良措施

(1)增施有机肥

增施有机肥,能增加设施土壤有机质的含量,提高土壤对酸化的缓冲能力,使土壤 pH 值升高;在设施土壤中有机物料分解利用率高,增加了土壤有效养分,改善土壤结构,并能促进土壤有益微生物的发展,抑制各种病害的发生。

(2)配方施用化肥

如蔬菜对氮、磷、钾的吸收比例一般为 1∶0.3∶1.03。而当前蔬菜生产投入的氮、磷、钾比例为 1∶1.09∶0.54,这样造成了磷过多而氮钾少。因此提倡使用氮、磷、钾之比为两头高中间低的复肥品种,特别注重钾的投入以及微量元素投入,大力推广有机无机复合肥,使养分协调,抑制土壤的酸化倾向。

(3)施入生石灰改良土壤

生石灰施入土壤,可中和酸性,提高土壤 pH,直接改变土壤的酸化状况,并且能补充大量的钙。施用方法是将生石灰粉碎,使其能大部分通过 100 目筛。于播种前,将生石灰和有机肥分别撒施于田块,然后通过耕耙,使生石灰和有机肥与土壤尽可能混匀。施用量:土壤 pH 值 5.0~5.4，用生石灰 130 kg/亩；pH 值 5.5~5.9 用生石灰 65 kg/亩；pH 值 6.0~6.4 用生石灰 30 kg/亩（以调节 15 cm 酸性耕层土壤计）。

8.3.3 设施土壤板结

1）土壤板结的原因

形成土壤板结的原因是多方面的，主要的大概有 7 个：农田土壤质地太粘，有机肥不足及秸秆还田量减少，塑料制品过多，长期单一地施用化肥，镇压、翻耕等农耕措施，部分地方地下水和工业废水及有毒物质含量高，暴雨水土流失后造成土壤板结。

造成土壤板结的主要因素是土壤团粒结构的改变，土壤团粒结构是由若干土壤单粒黏结在一起成为团聚体的一种土壤结构，是带负电的土壤黏粒及有机质通过带正电的多价阳离子连接而成的。在土壤团粒结构下，能够疏通空气，从而疏松土壤，提高地温，同时有利于土壤微生物的活动，促进有机物质的分解，增加土壤养分供应能力，改善营养条件。土壤有机质的含量是土壤团粒结构和肥力的一个重要指标，同时土壤有机质是土壤团粒结构的重要组成部分，因而土壤有机质的降低，会致使土壤板结。

2）土壤板结的危害

在土壤板结的情况下，通气性变差，植物根部细胞有氧呼吸作用减弱，导致植物根部因呼吸作的能量减少。而土壤中得的矿质元素多以离子形式存在的，吸收时多以主动运输方式，要耗细胞代谢产生的能量。当呼吸减弱，能量供应不足，导致对矿质元素的吸收受阻，不利于植物生长，并且土壤板结不利于土壤中离子物质的扩散，导致施肥后土壤中元素分布不均匀，同样不利于植物对矿质元素的吸收。

3）土壤板结的改良措施

治理土壤板结要具体分析其形成的原因，采取不同的措施。

①如果是由于土壤质地太黏而造成的，可以向土中掺沙，增施有机肥，改变土壤过的物理性状。因为有机肥不足造成的就可以向土中增施有机肥，但是也得适量不可过多施用。农作物秸秆是重要的有机肥源，秸秆根茬还田是增肥地力的有效措施之一。秸秆根茬粉碎还田是提高土壤有机质含量和养分，增加了土壤的团粒结构，增加了孔隙度，调整了土壤坚实度，降低了土壤容重，协调了水、肥、气、热状况，提高蓄水保墒性能。为土壤微生物活动创造了良好环境，有利于有机质分解、软化。因而要采用秸秆还田技术。

②在过去的设施土壤作物种植中大量采用地膜覆盖和营养袋育苗栽培技术，这些塑料制品的过多使用，用后又没有彻底清除塑料胶状物大量残留在土壤中，破坏了土壤结构致使土壤板结。因而在治理土壤板结时要减少或杜绝塑料制品的使用，使用了也要彻底清除，不可滞留土中。

③土壤施用农家肥严重不足，重氮轻磷钾肥，土壤有机质下降，腐殖质不能得到及时地补充，引起土壤板结和龟裂。这其中又分为氮肥、磷肥、钾肥的过量施用。在治理的过程中推广测土配方施肥技术：根据土壤化验依据，采用有机与无机肥结合，增施有机肥，合理施用化肥，补施微量元素肥料，这样化肥施入土壤不仅不会板结土壤，而且会增加有机质含量，改善土壤结构，在增加肥力的同时增加透水透气性，进一步提高土壤质量，能避免板结

的发生。

④在土壤耕作上要注意适度深耕,深耕不超过 30 cm。要根据土壤情况和作物种类确定深耕。

实训 14:观察多年园艺设施(3 年)内作物重茬障碍的表现

1)目的

了解茄子、番茄、椒类、黄瓜(甜瓜)大白菜、苹果、桃树、梨树等设施栽培(3 年)内作物重茬障碍的表现。

2)材料

现场观察设施栽培(3 年)的茄子、番茄、椒类、黄瓜、大白菜、苹果、桃树、梨树、非洲菊、唐菖蒲的若干植株。

3)方法步骤

(1)观察植株生长状况:根、茎、叶的生长状况。

(2)观察结果的状况:结果时间、果实的产量和品质。

(3)观察植株的病虫害状况。

4)作业

记载上述观察结果。

项目小结

设施土壤健康状况直接关系到设施农业的发展。学习本项目,要求学生了解园艺设施土壤的变化特点;熟悉设施土壤恶化的类型;掌握设施土壤培肥与消毒的方法、设施土壤恶化的规避措施,掌握用比色法测园艺设施土壤的 pH 值的基本技能。

思考练习

1.简述园艺设施土壤变化特点。

2.观察园艺设施土壤的盐渍化状况,讨论土壤盐渍化的改良措施。

3.如何对园艺设施土壤进行培肥与消毒?

4.分析园艺设施土壤酸化的原因,讨论土壤酸化的改良措施。

园艺设施有害生物变化特点及控制

项目描述 目前，设施农业已成为我国地方农业经济、农业发展和农民增收的重要支柱产业，也是我国发展高效农业、高新技术产业的新增长点。但是设施园艺的迅速发展也为设施园艺植物病虫害的发生提供了有利的生态条件，病虫周年活动、发生和流行频繁，为害方式和分布格局发生变化，老病害有加重的趋势，同时出现了一些新的病虫害。园艺设施有害生物已成为制约设施农业可持续发展的重要因素之一。设施园艺病虫害防治应以预防为主、综合防治，突出农业防治、物理防治、生物防治的措施，以满足对园艺生产质量安全的要求。本项目学习的重点是：掌握园艺设施有害生物变化的特点及其控制措施。

学习目标 掌握园艺设施有害生物种群变化特点及其有效控制、防治方法。

能力目标 掌握园艺设施栽培病虫害控制措施；掌握园艺设施有害生物综合防治技术。

项目任务

专业领域：园艺技术 **学习领域：设施园艺**

项目名称	项目9　园艺设施有害生物变化特点及控制
工作任务	任务9.1　园艺设施有害生物种群变化特点
	任务9.2　园艺设施有害生物有效控制
项目任务要求	掌握园艺设施有害生物变化的特点及其控制措施

任务9.1　园艺设施有害生物种群变化特点

活动情景 设施园艺属人为控制的环境，其生态环境相对封闭，明显有别于田间自然条件。因此，了解园艺设施有害生物种群变化特点是该工作任务的学习内容。

工作过程设计

工作任务	任务9.1　园艺设施有害生物种群变化特点	教学时间	
任务要求	了解园艺设施有害生物种群变化特点		
工作内容	1.设施环境特点 2.设施园艺病虫害的发生特点 3.北方常见设施园艺病虫害		
学习方法	以课堂讲授和自学完成相关理论知识学习，以田间项目教学法和任务驱动法，使学生掌握园艺设施有害生物种群变化特点		
学习条件	多媒体设备、资料室、互联网、生产工具、实训基地等		
工作步骤	资讯：教师由设施园艺生产中存在的问题引入教学任务内容，进行相关知识点的讲解，并下达工作任务； 计划：学生在熟悉相关知识点的基础上，查阅资料收集信息，进行工作任务构思，师生针对工作任务有关问题及解决方法进行答疑、交流，明确思路； 决策：学生在教师讲解和收集信息的基础上，划分工作小组，制订任务实施计划，并准备完成任务所需的场地、工具与材料，避免盲目性； 实施：学生在教师辅导下，按照计划分步实施，进行知识和技能训练； 检查：为保证工作任务保质保量地完成，在任务的实施过程中要进行学生自查、学生互查、教师检查； 评估：学生自评、互评，教师点评		
考核评价	课堂表现、学习态度、任务完成情况、作业报告完成情况		

工作任务单

工作任务单					
课程名称	园艺设施		学习项目	项目9　园艺设施有害生物变化特点及控制	
工作任务	任务9.1　园艺设施有害生物种群变化特点		学　时		
班　级		姓　名		工作日期	
工作内容与目标	掌握园艺设施有害生物种群变化特点				
技能训练	设施园艺有害生物与露地栽培的差异				
工作成果	完成工作任务、作业、报告				

续表

<table>
<tr><td colspan="3">工作任务单</td></tr>
<tr><td>考核要点（知识、能力、素质）</td><td colspan="2">熟悉园艺设施有害生物种群变化特点；
独立思考，团结协作，创新吃苦，按时完成作业报告</td></tr>
<tr><td rowspan="3">工作评价</td><td>自我评价</td><td>本人签名：　　　　年　月　日</td></tr>
<tr><td>小组评价</td><td>组长签名：　　　　年　月　日</td></tr>
<tr><td>教师评价</td><td>教师签名：　　　　年　月　日</td></tr>
</table>

任务相关知识点

9.1.1 设施环境特点

用于园艺栽培的设施种类很多，因其结构和覆盖材料的不同，其内部环境也有差异，但其共同的特点是：设施内高温高湿或低温高湿，昼夜温差大，光照不良且分布不均，密闭且通风差，有害气体浓度高，土壤多茬次连作，病虫害防治方法单一，病虫易产生抗药性，农产品残留高，在这种半封闭的人为生态条件中，造成设施内环境日趋恶化，病虫害发生日益严重。对生产造成较为严重的损失。

9.1.2 设施园艺病虫害的发生特点

1）设施环境有利于病虫害的发生和相互传播

由于设施内环境相对稳定，温、湿度较高，为病虫害的繁殖和越冬提供了场所，再加上设施覆盖物的作用，棚室内土壤和空气的湿度较露地大，有时棚内还产生雾气或水滴，十分有利于病虫害的发生传播。尤其是霜霉病、灰霉病、白粉病、晚疫病等气流传播的病害都随着棚室内温、湿度的升高而发生危害，发病时间均比露地早。此外高温、高湿的设施生态条件造成有害昆虫繁殖速度加快，生活周期缩短，世代增多，蔓延速度加快，导致设施内的某些病虫害种类增多，危害程度较露地发生严重，给设施农业病虫害的综合防治带来了困难。

2）品种、树种单一，生态系统脆弱

在设施栽培上，大棚、温室一旦建成，便难以移动，加之一个棚室内常种植单个或少数几个品种，尤其是果树，生产周期较长，使某些病害病原物和越冬虫源不断积累增多，造成更为严重的危害。蔬菜病虫害一般 2~3 年，果树病虫害一般 4~5 年便会全棚普发，流行成灾。另外，蔬菜上的灰霉病、霜霉病、白粉病、晚疫病、蚜虫、飞虱、蓟马、美洲斑潜蝇等，果树上的根癌病、细菌性穿孔病、桃小食心虫、粉蚧等，危害蔬菜和果树种类多，一旦发生，在设施的特定系统中，都会造成严重的经济损失。从生态的角度出发，这种单一的设施农业生产体系系统稳定性也较差。

3)设施栽培方式改变土壤微生态环境,连作障碍加剧,土传病害加重

随着设施蔬菜连作年限的增加,棚室内多茬次的栽培与利用,影响了地力恢复。尤其是茄果类、瓜类蔬菜的多年连作种植以及大棚覆盖阻隔,土壤雨水淋溶少,导致盐分不能被雨水冲刷淋洗而残留在耕层内,使土壤盐碱化加重,连作障碍加剧。一些土传病害的发生一直居高不下,疫病、枯萎病、根腐病、蔓枯病等在设施蔬菜中常年发生。黄瓜花打顶、番茄脐腐病、缺素症等生理性病害呈明显加重趋势,制约了设施蔬菜的效益和可持续发展。

4)设施环境下偶发性病虫害逐渐上升为重要病虫害

随着设施农业的发展,设施栽培植物种类不断增加,害虫食性发生了变化,为一些偶发性(次要)害虫提供了丰富的食源,繁殖数量增多,导致短期内次要害虫暴发成灾,并演替为主要害虫。如蓟马、美洲斑潜蝇不仅危害各种蔬菜的叶和花,造成落叶落花,也危害设施鲜切花,目前已成为影响玫瑰、康乃馨等切花品质的主要限制因子。极少发生的芹菜枯萎病,近几年来发生面积也逐年扩大;由大丽轮枝菌引起的茄科蔬菜黄萎病及根腐病、茎基腐病等也频繁发生;由丁香假单胞杆菌引起的甜瓜细菌性圆斑病已经成为部分设施甜瓜生产区的严重障碍。

5)单一化学防治导致环境、果品农药污染问题严重,病原菌致病性变异

由于设施内具有特殊的小气候环境,易造成病虫害的发生和流行。目前,设施蔬菜的病虫害问题已日益严重,而菜农又缺乏科学的防治办法,只是盲目加大药量,频繁使用各种化学农药。据调查,许多温棚蔬菜上出现典型的药害(杀菌剂、杀虫剂和植物生长调节剂危害)症状。不合理地使用农药,在削弱天敌种群的同时又诱导病虫产生抗药性,导致抗药群体增加,抗药性程度提高,防治效果下降。同时,由于设施蔬菜常年连作造成致病力强的生理小种大量繁殖,群体增加,病原菌致病性发生变异,导致栽培品种抗病性丧失。

9.1.3　北方常见设施园艺病虫害

1)北方常见设施蔬菜病虫害

黄瓜枯萎病,在连作一两年后的温室大棚,黄瓜枯萎病就可以点片发生,如防止不及时可能造成大片死秧,成为一种毁灭性病害。此种病害还能危害番茄、菜豆及其他瓜类蔬菜;其次茄子黄萎病也是一种难以防治的土传病害;还有根结线虫病,主要危害黄瓜、番茄、油菜、生菜、菜豆、芹菜等多种蔬菜,已成为温室大棚生产中的主要病害,有继续扩大蔓延之势。另外,危害黄瓜、番茄、生菜、油菜等多种蔬菜的菌核病,危害黄瓜茎基部、嫩茎节部、叶子和果实的黄瓜疫病也是土传病害,其危害有逐渐加重的趋势。温室大棚中的常见多发病黄瓜霜霉病,已成为设施栽培黄瓜非常严重的病害;灰霉病不仅危害黄瓜,而且对番茄、甜椒、茄子、菜豆、生菜、韭菜等多种蔬菜的危害逐年加重,造成较为严重的经济损失;黄瓜炭疽病也是黄瓜设施栽培的主要病害,不仅危害秋延后黄瓜,对温室、塑料大棚春黄瓜在育苗及在整个栽培期中均造成严重的危害;黄瓜细菌性角斑病、黄瓜细菌性缘枯病、叶枯病在大棚中发生与危害有上升的趋势。番茄的晚疫病、早疫病、叶霉病、褐根病等,过去发生较轻,近年亦有加重的趋势，有的自苗期就开始发病，危害很重；番茄青枯病过去多在南方露地栽培中发生，随着设施栽培的发展，这种病害在北方也开始发生；另外，菜豆的细菌性疫病，在秋延后栽培中也会造成一定的不良影响。

设施蔬菜发生的主要害虫有蚜虫、白粉虱、美洲斑潜蝇、芋黄螨、地下害虫、红蜘蛛、棉铃虫和烟青虫等。温室的白粉虱、蚜虫、芋黄螨等可危害瓜类、茄果类、根菜类、叶菜类等多种设施栽培蔬菜，这些害虫在北方寒冷地区不能露地越冬，但在温度、光照适宜且有作物栽培的温室中，为其提供优越的越冬场所，会导致其加速繁殖，使虫量增大，危害严重。一些害虫对一些农药已产生抗药性，周年性发生，从而增加了防治难度。蚜虫及红蜘蛛是设施内常发性虫害，可以在露地越冬，又能在棚室内繁殖、危害，近年呈上升趋势。另外，在韭菜集中产区的韭菜根蛆、种蝇的危害也日趋严重，成为葱蒜类蔬菜的主要害虫，目前尚无有效的防治方法。

2）北方常见设施果树病虫害

桃细菌性穿孔病、桃流胶病、桃根癌病、杏疮痂病、杏褐腐病、樱桃穿孔性褐斑病为大棚桃、李、杏、樱桃主要病害。桃细菌性穿孔病和樱桃穿孔性褐斑病发生严重时引起早期落叶。桃流胶病、桃根癌病为害根、枝干，严重时导致果树枝干枯死甚至整株死亡。杏疮痂病、杏褐腐病为害果树的果、花、叶，发生严重时，造成落花落果，影响果品的产量和质量。葡萄霜霉病、白粉病为设施葡萄主要病害。设施草莓常见病害有：灰霉病、白粉病、轮斑病、叶斑病。

桃蚜、桃粉大尾蚜、樱桃瘤蚜、山楂红蜘蛛、桃潜蛾、小叶蝉是大棚桃、李、杏、樱桃的主要害虫，大部分危害嫩梢、幼，少数危害花和果实，发生严重时常常引起早期落叶，影响果树的生长发育。葡萄毛毡病由瘿螨寄生导致发病，属虫害，该病主要为害葡萄叶片，也为害嫩梢、幼果及花梗。

3）北方常见设施花卉病虫害

灰霉病主要为害仙客来、海棠等；白粉病主要为害月季、瓜叶菊等；炭疽病主要为害兰花、茉莉、万年青等观叶植物；叶斑病（黑斑病、褐斑病、轮斑病等）主要为害月季、君子兰、山茶及观叶植物等；花叶病毒病主要为害唐菖蒲、仙客来、香石竹等；细菌性软腐病主要为害仙客来、鸢尾、君子兰等；锈病在菊花上常见；线虫病侵染多种花卉，严重发生时造成毁灭性损失。

常见的虫害有：蚜虫、白粉虱、红蜘蛛、蚧壳虫、斑潜蝇等。

任务 9.2　园艺设施有害生物有效控制

活动情景　由于设施园艺栽培的特殊环境，其病虫害的发生及危害程度增加，致使防治难度也越来越大，严重影响园艺产品的产量和品质。根据设施园艺病虫害防治的生产现状，掌握科学合理的综合防治技术，使园艺设施有害生物得以有效控制是该工作任务的学习内容。

工作过程设计

工作任务	任务9.2　园艺设施有害生物有效控制	教学时间	
任务要求	掌握园艺设施有害生物有效控制措施		
工作内容	掌握园艺设施有害生物有效控制措施		
学习方法	以课堂讲授和自学完成相关理论知识学习，以田间项目教学法和任务驱动法，使学生掌握园艺设施有害生物有效控制措施		
学习条件	多媒体设备、资料室、互联网、生产工具、实训基地等		
工作步骤	资讯：教师由设施园艺生产中病虫害防治存在的问题引入教学任务内容，进行相关知识点的讲解，并下达工作任务； 计划：学生在熟悉相关知识点的基础上，查阅资料收集信息，进行工作任务构思，师生针对工作任务有关问题及解决方法进行答疑、交流，明确思路； 决策：学生在教师讲解和收集信息的基础上，划分工作小组，制订任务实施计划，并准备完成任务所需的场地、工具与材料，避免盲目性； 实施：学生在教师辅导下，按照计划分步实施，进行知识和技能训练； 检查：为保证工作任务保质保量地完成，在任务的实施过程中要进行学生自查、学生互查、教师检查； 评估：学生自评、互评，教师点评		
考核评价	课堂表现、学习态度、任务完成情况、作业报告完成情况		

工作任务单

工作任务单					
课程名称	园艺设施		学习项目	项目9　园艺设施有害生物变化特点及控制	
工作任务	任务9.2　园艺设施有害生物有效控制		学　时		
班　级		姓　名		工作日期	
工作内容与目标	掌握园艺设施有害生物有效控制措施				
技能训练	设施园艺有害生物综合防治技术				
工作成果	完成工作任务、作业、报告				
考核要点（知识、能力、素质）	掌握园艺设施有害生物有效控制措施； 独立思考，团结协作，创新吃苦，按时完成作业报告				

续表

工作任务单		
工作评价	自我评价	本人签名：　　　　　　　　年　　月　　日
	小组评价	组长签名：　　　　　　　　年　　月　　日
	教师评价	教师签名：　　　　　　　　年　　月　　日

任务相关知识点

9.2.1 设施园艺病虫害防治主要任务及原则

目前,对设施园艺病虫害的防治仍以化学防治为主,主要问题是新农药、新剂型、新药械的研制和开发与市场要求相比严重滞后;多种病虫害抗药性增强,防治效果变差,采用增加浓度、缩短间隔时间加快防治频率的方法,不仅达不到预期的效果,而且造成产品、土壤与环境的农药污染,一些地区为了尽快控制某些虫害,竟不顾有关法令在生产上使用剧毒农药,食用被农药污染的园艺产品而发生人畜中毒事件屡有发生。另一方面,随着人们生活水平的提高和改善,对多种蔬菜、水果不仅要求数量满足和均衡供给,而且要求外表美观,高度商品化,营养价值高,内在质量的提高,符合"绿色食品"的要求。这样,设施园艺生产与需求间存在较大的差距。因此设施园艺栽培如何有效地防治病虫害,减少或者消除残留农药对产品的污染,不仅是生产者增产增收的问题,同时也直接关系到广大消费者的食品卫生和生命健康,关系到21世纪我国人民食品安全充足供给的关键问题。

1)设施园艺病虫害防治主要任务

改善设施园艺栽培的生态环境,采用农业措施防治为主,药剂防治为辅的综合防治技术,有效地控制有害生物危害及其他自然灾害,确保设施栽培的各种作物获得高产稳产和高效益;防止农药污染,向人们提供安全卫生食品;保护生态环境和人畜安全。

2)设施园艺病虫害防治主要原则

设施园艺病虫害防治基本方针是"预防为主,综合防治",在实施过程中应坚持的基本原则是:

(1)实行植物检疫制度

其目的是及时防止危险性病虫草害等新的有害生物传入和扩散。

(2)选用抗病(虫)品种

这是经济而有效的措施,并应因地制宜地合理搭配品种,定期更新换代,良种良法结合,提高病虫害的防治效果。

(3)改进提高栽培管理技术

这种技术包括设施栽培科学合理轮作倒茬,水旱田轮作,使用腐熟发酵肥料,高畦地膜覆盖,节水降湿防病灌溉技术,嫁接防病技术等。

(4)合理安全使用农药

按照国家安全使用农药的有关规定，严禁在使用剧毒农药和高残留农药，只能使用低毒、高效、低残留的农药；同时要严格掌握最佳的施药期，尽力减少施药次数，降低浓度，减少施药量，使病虫害有效控制；交替使用多种适宜农药，延缓病虫产生抗药性，提高防效；提倡使用第三代农药，如抑太保、灭幼服等昆虫生长调节剂；在温室大棚中推广烟雾剂、粉尘剂等新的农药剂型，达到降湿、防病、省工、省力、提高防治效果的目的。

(5)积极推广生物防治技术

在有效防治病虫害的同时，注意保护天敌，保护生态环境，用农抗120、农用链霉素、菜丰宁、井冈霉素等，用细菌性农药，如苏云金杆菌、白僵菌、颗粒体病毒、寄生蜂、丽蚜小蜂等防治病虫害。

(6)利用生态、物理方法防治病虫害

在栽培上对棚室内温、湿度的有效调控，使多种病害发生蔓延的温湿度条件得不到满足，从而抑制或减轻其危害；也可通过不同颜色及害虫对不同光谱的反应驱虫杀虫，如利用银灰色地膜反射紫外光驱避蚜虫，用黄板和黑光灯诱杀害虫。在大棚、温室内可进行高温高湿闷棚，对黄瓜霜霉病及多种虫害也有良好的防治效果。

9.2.2 设施园艺栽培主要病虫害综合防治技术

1)农业防治

(1)选用抗病品种

目前的抗病品种虽还不能满足保护地生产的需要，但已有相当数量的抗病品种供选用，应根据当地的生态条件、主要病害，针对性的选用抗病品种，充分发挥抗病品种的作用。

(2)种子处理

多种病害通过种子传播，种子处理可有效消除种子上附带的病菌，减少初侵染源。种子处理的方法有温汤浸种、药剂拌种等。

①温汤浸种　将种子放入50~55 ℃温水中浸泡15~20 min，并不断搅拌，然后捞出晾干，催芽或播种，注意严格掌握浸种温度和时间；

②药剂拌种　可用多菌灵或甲基托布津等可湿性粉剂拌种，用药量为种子重量的0.4%(即500 g种子用药2 g)，注意种子及药粉均要求干燥，随配随用。农户可根据不同种子选择适当的处理方法。

(3)土壤消毒

土壤消毒重点是苗床，可用电热消毒法，即用电热线温床育苗时，在播种前升温到55 ℃，处理2 h；另外，也可使用药剂如地菌灵、根腐灵、多菌灵等进行土壤消毒处理。设施蔬菜大面积土壤消毒最好是在夏秋季高温季节棚室蔬菜拉秧后利用太阳能进行日光消毒，对于各种土传的真菌、线虫等病害都有很好的防治效果。

(4)嫁接技术

采用嫁接技术是防治设施园艺枯萎病、青枯病及根结线虫等土传性病害的理想方法。对霜霉病、疫病等病害也有间接防治效果。同时，砧木根系对土壤环境条件要求不严格，具有较强的抗寒性和耐热性；并能克服土壤连作障碍，延长作物生育期和采收期，提高产量。

如用黑籽南瓜、瓠瓜等作砧木,嫁接黄瓜防治枯萎病,用葫芦、瓠瓜作砧木,嫁接西瓜防治枯萎病。

(5)轮作

轮作是农业防治中历史最长也是最成功的方法。对于枯萎病、疫病、根结线虫病等土传病害及传播能力有限的土栖害虫防效显著。其基本原理是切断食物链,使病虫饥饿死亡。轮作的作物不能是病虫的寄主,轮作的时间长短取决于病虫在无食状况下的耐久力,一般需 2~3 年。

(6)合理密植

设施内水肥充足,湿度大,温度较高相同品种在设施内的生长势强。定植密度偏大时常造成田间郁闭,通风透光性差,容易诱发病害。因此,同样的品种与露地相比,定植密度应较露地小。

(7)清除病虫残株

设施园艺栽培位置相对固定,病虫易积累,造成危害。大部分病虫随病虫残株在棚内度过寄主中断期,侵染危害下一季作物。通过人工及时清除中心病株并予以销毁,压低病原菌和虫口基数。另外,在设施作物生长期间,及时摘除病虫叶,并带出棚室外销毁。捕杀大龄幼虫,尤其夜蛾类害虫,对于防治虫害具有显著的防治效果。如在黄瓜霜霉病发生严重的棚室,摘除植株中下部病叶,一方面降低病原菌数量;另一方面摘除病叶后,增强了通风透光条件,恶化了黄瓜霜霉病的发生条件,提高了药剂防治效果。

(8)耕翻土壤

深耕冻垡或晒垡,改善土壤结构,消灭土壤中的病菌和虫卵。如黄瓜白粉病、斑潜蝇蛹在地表越冬或越夏,通过深翻,将其翻入 20 cm 土中,使其失去活性,达到控菌灭虫的效果。

(9)肥水管理

灌溉能显著影响土壤湿度及棚室小气候,因而影响病虫害的发生。如采用滴灌可减轻土壤潮湿面积及棚内空气湿度,减轻果蔬作物病害的发生。如大水漫灌引起辣椒疫病大发生。施肥种类及水平对病虫害也有很大影响,过量的氮肥往往导致植株"疯长",蔬菜植株抗性下降,病害发生加剧。如病毒病与缺锌和缺硅有关,真菌性病害多与缺钾和缺硼有关,细菌病害多与缺铜和缺钙有关。现代农业强调施用有机肥,要求使用之前必须经过充分高温腐熟,以杀灭其中的病原菌和虫卵,施未腐熟的有机肥可加重病虫害的发生。

2)生态防治

生态防治技术是利用温室、大棚环境条件的可控性,通过排湿换气,调控温、湿度,创造适宜植物发育的条件,最大限度缩短适宜病虫发生的温、湿度组合,达到促进植物生长,控制病虫危害的目的。

利用不适宜病虫害发生而不影响植物生长的温度,通过短时间的高温高湿,起到杀灭病菌的作用,该法主要用于防治霜霉病、白粉病、灰霉病等,一般在蔬菜生长中后期且病害发生严重时采用。闷棚最好先喷药后闷棚,闷棚前 1 d 灌透水。闷棚时间一般为晴天上午 8—9 时开始,闷棚过程中温度达 45~46 ℃时,持续 2 h 后缓慢降至常温。

3)物理防治

(1)利用昆虫趋避性灭虫

可利用黄板诱蚜或银灰色膜避蚜,在棚室内悬挂20 cm×25 cm黄板,每亩地挂30~40块可有效粘住烟粉虱、蚜虫、美洲斑潜蝇等,效果较好;用银灰色遮阳网覆盖,可有效趋避蚜虫,减轻蚜虫危害。利用18~20目防虫网全生产过程全网覆盖,可实现整个生长过程不施用杀虫剂;或夏秋季遮阳网顶层盖,除减少蚜虫危害外,还起到遮阳和防暴雨冲刷双重效果。在果树上还可采用果实套袋技术。

(2)地膜覆盖

使用无滴棚膜,铺黑色地膜、采用膜下滴灌等措施,降低设施内湿度,可大大减轻病害发生。黑地膜不仅可提高产量,还可抑制杂草生长;膜下滴灌不仅降低设施内湿度,而且省工、省本、节水,农药可随水同时一起渗入到作物根部,可提高产量和品质。

(3)臭氧灭菌杀虫

用倍压电路产生高电压经针状或杆状电极电晕放电,激化空气中的部分氧气转变为臭氧,产生带有负电荷的氧离子,有臭氧及负氧离子的空气,被高压不对称电极加速,形成具有强烈氧化和杀菌的灭菌气流,在空间扩散时,迅速穿透病菌及虫卵的细胞壁,使其蛋白变性,破坏酶系统,生物体的代谢过程中止而被杀灭。目前该技术主要运用于设施蔬菜,依据设施蔬菜生产相对密闭的特殊环境条件,于蔬菜秧苗定植前,长时间(24 h)大剂量(30~50 mg/kg)对棚室进行消毒,可减少设施内病虫发生基数,推迟病虫发生始期,减轻对蔬菜的危害。O_3具有安全、有效、方便及无二次污染等特点,不留死角,且有效解决了硫黄等药物熏蒸消毒所造成设施内一些设施的破坏及对生态环境污染的难题。

4)生物防治

生物防治技术是控制病虫危害,实现绿色食品果蔬目标的关键技术之一,是设施园艺病虫防治技术发展的必然趋势。生态系统设施的隔离和封闭或半封闭性以及气象因子可控制性,给病虫的生物防治提供了得天独厚的有利条件和场所,甚至应用生物防治可完全控制病虫而不必用化学农药辅助。在设施中引进、释放天敌容易定居繁殖,而不易散失,施用微生物制剂不会受到大风、暴雨、霜冻、干旱等影响,使生物防治易获得成功。

在设施内定期施放龟纹瓢虫能有效防治蚜虫;鳞翅目幼虫可选用苏云金杆菌(Bt)乳剂、青虫菌HD-1等防治,害螨可用浏阳霉素防治;斑潜蝇、小菜蛾、菜青虫等可用阿维菌素防治;蔬菜白粉病、番茄叶霉病和韭菜灰霉病、黄瓜黑星病可用武夷菌素防治;各种蔬菜白粉病、炭疽病、西瓜枯萎病等可用农抗120防治;茄果类蔬菜病毒病可用83增抗剂等防治。

5)化学防治

化学农药在设施果蔬病虫害防治中占有相当重要的地位,是植物保护工作中的主力军。尽管化学农药污染问题普遍存在,但化学农药的作用是巨大的。特别是在一些急性型流行病虫害中,化学农药用量少,见效快,是其他防治措施无法替代的。

合理使用化学农药,减少设施内化学农药使用量,降低产品中的农药残留量。选用高效低毒低残留农药,禁止使用甲胺磷等42种高毒高残留农药及其复配剂在蔬菜、果树上使用。正确掌握用药量及用药最佳时间，按照规定要求剂量和用药次数防治病虫害；交替、轮换用药，防止单一使用同一种农药，避免病虫产生抗药性。虫害治早、治小，病害以预防为主，发病前保护性用药，间隔7～10 d喷1次，发病后间隔4～5 d喷1次，发病严重时3～4 d喷1次，连续防治3～4次，要求在晴天中午前后喷药，待叶面药液晾干后再盖小棚膜或闭棚。大力推广烟熏剂，使用这种农药剂型，不需要用水，相对降低了设施内湿度，还解决了阴雨天设施内不能喷雾的难题。在使用烟熏剂时要求棚室密闭，不漏烟。目前使用的烟熏剂有预防病害和治虫两种。严格掌握各种农药的安全间隔期，不盲目打药，不打保险药。

项目小结

随着设施园艺生产面积的扩大，病虫害已成为设施园艺生产的重要障碍，在防治工作中，要综合运用农业、生态、物理、生物及化学等防治手段，才能切实控制。

思考练习

1.简述设施园艺病虫害的发生特点。

2.简述设施园艺栽培主要病虫害综合防治技术。

实训15：实地调查温室害虫主要种类、数量与露天比较差异

1）目的和要求

调查园艺作物温室栽培害虫主要种类、数量与露地栽培害虫发生情况的差异。通过调查掌握设施园艺主要病虫害的发生特点及规律。

2）用具

镊子、放大镜、挑针、标本瓶、大烧杯、酒精、捕虫网、吸虫管、毒瓶、调查记录册、铅笔等。

3）内容与方法

（1）调查时间与地点

选择晴好天气，调查时间为每天上午7～10点钟为宜。调查地点位于园艺作物温室、露地种植基地。

（2）调查园艺作物种类

根据实地园艺作物种植情况，选取2～3种温室、露地均有种植的园艺作物作为调查对象。

（3）调查方法

每种作物在温室和露地各选1个连片种植面积较大基地作为系统监测点，每个监测点选相同面积的种植大田（温室）作为调查区域进行病虫株调查。

（4）调查内容

分别在温室和露地调查每种园艺作物所有植株，仔细调查记载害虫的种类和数量。并将调查数据填入记录表中。

表 9.1　园艺作物害虫种类、数量及为害程度调查

作物种类	调查区域	害虫种类	害虫数量	发生时期	虫口密度（虫/株）

4）调查数据汇总及实训报告

汇总工作需及时进行，及时处理各监测点汇总上来的数据，做到完整、清晰、准确的记录；根据记录表中数据分析园艺作物温室栽培害虫主要种类、数量与露地栽培害虫发生情况的差异，最后根据调查成果形成一定格式的调查报告。

实训 16：塑料薄膜种类鉴别及粘合形式及步骤

1）目的和要求

利用外观鉴别法、物理性能试验鉴别法、燃烧试验法鉴别不同塑料薄膜种类；了解生产上常用的塑料薄膜的粘合形式及粘合步骤。

2）材料和用具

聚氯乙烯（PVC）薄膜、聚乙烯树脂（PE）薄膜、乙烯-酯酸乙烯共聚物（E-VA 树脂）薄膜、聚烯烃（PV）薄膜；

剪刀、木条、细铁窗纱、牛皮纸、电熨斗、塑料粘胶剂。

3）内容与方法

（1）塑料薄膜种类鉴别

利用外观鉴别法、物理性能试验鉴别法、燃烧试验法三种方法进行鉴别。聚氯乙烯、聚乙烯树脂（PE）薄膜、乙烯-酯酸乙烯共聚物（E-VA 树脂）薄膜、聚烯烃（PV）薄膜。

①外观鉴别法　各种塑料薄膜及玻璃纸各有自己的特有外观，从外观来鉴别薄膜是种比较简单易行的方法。从塑料薄膜的颜色、光泽、透明度、光滑性等几个特性进行观察，比较聚氯乙烯、聚乙烯树脂（PE）薄膜、乙烯-酯酸乙烯共聚物（E-VA 树脂）薄膜、聚烯烃（PV）薄膜这几种薄膜的异同。

②物理性能试验鉴别法　各种薄膜具有不同的物理性能，如强度、延伸率、撕裂强度、耐冲击强度、受热后的收缩性等。通过对这些薄膜的物理特性的试验，可以在某种程度上鉴别薄膜的种类。下面具体说明物理性质试验的几种具体方法。

a.撕裂强度试验。在每种薄膜一端用剪刀将薄膜切成 1 cm 长的切口，然后用手撕裂，观察薄膜对撕裂的抵抗力及裂痕的状态。

b.收缩性能试验。将每种薄膜缓慢接近火焰，不同种类的薄膜呈现出不同的收缩状态。

c.延伸性试验。每种薄膜分别剪下一片长 10~15 cm、宽 1 cm 的带状薄膜，捏住两端慢

慢拉伸，观察判断不同种塑料薄膜的延伸率大小。

③燃烧试验法　将小片薄膜用火点燃，观察其性质与状态的变化、燃烧的难易程度、自燃性的有无（离开火焰后是否继续燃烧）、臭味、火焰及烟的颜色、燃烧后残渣的颜色和状态等。

（2）塑料薄膜的粘合形式及步骤

除了有些大棚生产厂家专门配备的成块大棚膜外，从市场上买的塑料薄膜一般折径为1~5 m不等，大棚覆盖一般都需要把几幅较窄的薄膜粘接成3、4块或一整块，然后再覆盖到骨架上。粘接方法多采用电熨斗、电烙铁等加温烙合，还可以采用剂粘法等。以聚氯乙稀薄膜为材料，分别用两种方法进行操作。

①热粘法　准备一根长1.5~2 m、宽5~6 cm、厚8~10 cm的平直光滑木条作为垫板，钉上细铁窗纱，并将其固定在长板凳上，为防止烙合时伤及塑料，要用刨子将木条的侧楞削平呈较圆滑的平面。把要粘接的两幅薄膜的各一个边缘对合在木条上，相互重叠4~5 cm。由3~4人同时操作，由2人分别在木条两旁负责"对缝"，第3人则在已对好缝的薄膜处放一条宽8~10 cm、长1.2~1.5 m的牛皮纸或旧报纸条，盖好后用已预热的电熨斗顺木条一端，凭经验用适当的压力，慢慢地推向另一端。所用电熨斗的热度、向下的压力以及推进的速度都应以纸下的两幅薄膜受热后有一定程度的软化并粘在一起为度，然后将纸条揭下，将粘好的一段薄膜拉向木条的另一端，再重复地粘接下一段，循环往复，直到把薄膜接到所需的长度。

粘接薄膜时要掌握好电熨斗的温度，聚氯乙烯为120~130 ℃，温度低了粘不牢，以后易出现裂缝，温度过高，易使薄膜熔化，在接缝处会出现孔洞或薄膜变薄。

所用的压力和电熨斗的移动速度要与温度配合好，温度高时用的压力要小，移动速度要快，温度低时用的压力大，移动速度减慢。当所垫的纸条上出现油渍状斑痕时，说明温度过高，塑料已熔化，此时不能马上将纸条取下，应冷却一会，当纸条不烫手时再取，这样可以更好地保证粘接质量。

烙合旧的薄膜时，应将接合部的薄膜擦干净，而且应以报纸轻度地与薄膜粘连在一起为粘接适度的标准，否则接缝易开裂。

②剂粘法　用过氯乙烯树脂塑料胶可粘接修补聚氯乙烯薄膜。

4）实训报告

①利用外观鉴别法、物理性能试验鉴别法、燃烧试验法三种方法鉴别不同种类塑料薄膜，记录不同塑料薄膜的特性。总结不同塑料薄膜的优缺点。

②总结塑料薄膜热粘合法的具体方法及步骤，并说明热粘合法和剂粘发的优缺点。

实训17：温室放线建造实训

1）目的和要求

掌握温室建造施工放线的技术。

2）用具

经纬仪、水准仪、罗盘仪、龙门板、线绳、线坠子、钢卷尺等。

3）内容与方法

日光温室施工的第一步就是在平整场地后进行施工放线。施工放线的任务是具体确定墙体砌筑的位置或基础施工要求基槽开挖的位置。对于一栋具体的温室，基槽开挖前，应该确定的参数包括温室的方位、温室其中一个点的具体坐标位置以及温室的高程系统。

(1)确定温室施工的定位点

确定温室其中一个点(一般为后墙与山墙轴线的交点)的坐标位置及其高程，在施工测量上成为“场地定位”。在温室总平面施工图中新建温室的定位点总是要从建设场区周围比较明显的建筑物上引出，一般如永久建筑物的拐角或等级公路交叉路口的中心点等，如果建设场地附近没有明显的参考点，新建温室的定位点就需要从最近的县级以上水准点引出。设计图中有相对坐标和绝对坐标两种表示方法，其中相对坐标就是从建设场地周围的某点引出，绝对坐标一般是从水准点引出。不论是哪种表示方法，坐标的引出点即是我们施工测量的起始点，从这一点我们可以获得坐标网格的(0,0)点(或是在方格网坐标系中的某个结点)和高程系统的起始点，这是全部工程施工的最原始的基准点。

使用经纬仪和水准仪测量出基准点的位置，并做出标记。

(2)温室墙体轴线施工放线

在获得温室的定位点后，日光温室施工最重要的一点便是确定温室的朝向或方位。日光温室建造的目的是为了最大限度获得采光，一般情况下，温室的朝向应该坐北朝南，但可根据当地的气象条件可能要求温室朝向偏东或偏西一定角度。所以，施工中首先应找到当地的正南正北方向，也就是真子午线的走向。在真子午线方向的基础上，通过温室的定位点，确定温室的墙体轴线，这就是温室墙体施工放线的主要工作内容。

①温室南北方向的确定　测定当地真子午线的方法是首先用罗盘仪测出地球磁子午线，然后再根据当地磁偏角调整并测出真子午线，再测出垂直真子午线的东西方向线。

②温室墙体轴线放线　日光温室的墙体一般有三堵：一堵北墙和两堵山墙，此外，日光温室还常有一个门斗。其中放线的重点是北墙的墙体轴线。对复合墙体温室，北墙往往有两条轴线，施工放线时先找到其中一条，平行移动便可以找到第二条。

日光温室北墙轴线的放线就是以温室北墙轴线与山墙轴线的交点为温室的定位点，通过该定位点测量温室北墙轴线的走向(如果温室朝向坐北朝南则东西方向即为其走向；如果温室朝向有偏向，按照上述温室偏向情况下的放线方法可找出北墙轴线的走向)。

找到北墙轴线走向后，以温室定位点A(北墙轴线与山墙轴线交点)为起点，沿北墙轴线方向测量北墙长度L到温室另一堵山墙轴线与北墙轴线的交点B，分别过A点和B点作北山墙轴线的垂线，即为两山墙的轴线。在两山墙轴线上量测山墙长度L′，分别到D和D′点，连接D与D′点，即为温室南侧基础墙的轴线，如附图。保留所有的定位点。

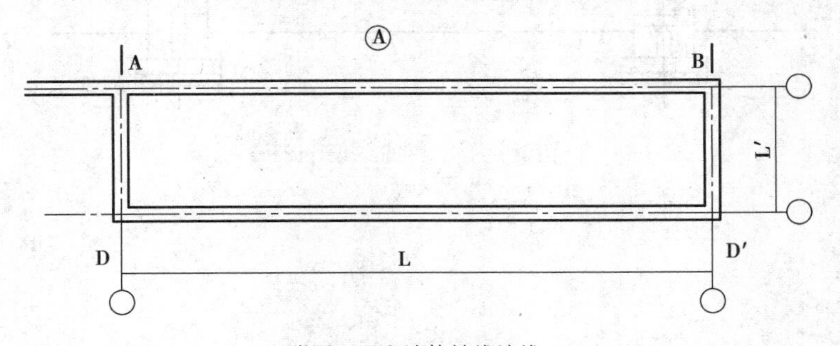

附图　温室墙体轴线放线

4) 实训报告

总结温室建造施工放线的技术要点及注意事项。

实训 18：大棚备料与预算实训

1) 目的和要求

根据温室、大棚设计方案，学习掌握温室、大棚建造施工备料与预算的技术。

2) 用具

建筑图纸、铅笔、尺子、橡皮等。

3) 内容与方法

日光温室大棚建设规格为 100 m×13 m，且大棚配套有保温被、卷帘机。

①根据日光温室大棚设计方案（见附图），确定日光温室大棚建造所需材料及数量、尺寸。

②根据所列出的材料清单，到建材市场考察（购买）日光温室大棚建造所需材料的型号、价格，并详细记录，编制造价预算表。

③将所编制的造价预算表与所给造价预算表（见附表）进行比较，找出不足之处加以修正。

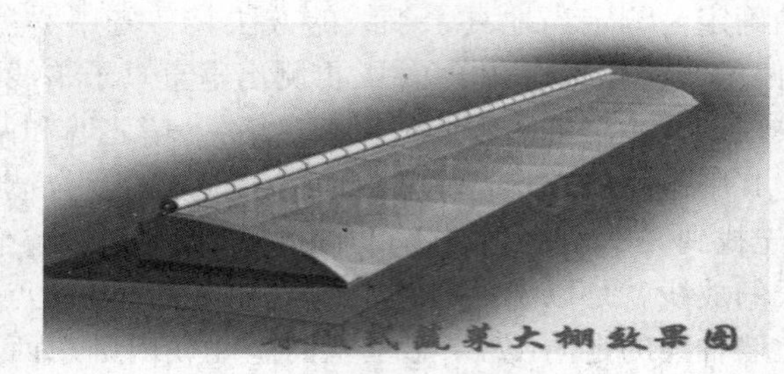

附图　日光温室效果图

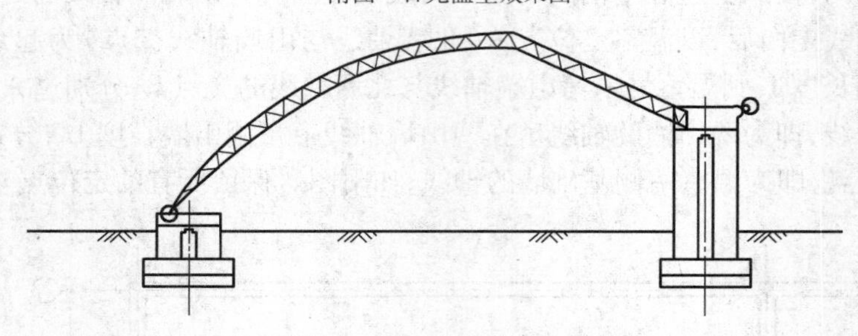

附图　日光温室建筑设计图

附表 第五代日光温室造价预算表

<table>
<tr><th colspan="2">材料名称</th><th>数量</th><th>单位</th><th>单价
/元</th><th>金额
/元</th><th>备 注</th></tr>
<tr><td rowspan="5">墙体</td><td>砖</td><td>13 000</td><td>块</td><td>0.3</td><td>3 900</td><td rowspan="5">墙体用砖结构,1-2 墙,中间填充沙石保温</td></tr>
<tr><td>砌墙费</td><td>100</td><td>m</td><td>50</td><td>5 000</td></tr>
<tr><td>水泥</td><td>6</td><td>t</td><td>500</td><td>3 000</td></tr>
<tr><td>石沙</td><td>42</td><td>m^3</td><td>50</td><td>2 100</td></tr>
<tr><td>小计</td><td></td><td></td><td></td><td>14 000</td></tr>
<tr><td rowspan="3">钢结构</td><td>钢管</td><td>2.6</td><td>t</td><td>4 800</td><td>12 480</td><td rowspan="3">用于温室前屋面骨架(1 寸焊管)、立柱(1 寸焊管)屋架拱杆长 13 m,用 10#钢筋加固</td></tr>
<tr><td>钢筋</td><td>1.2</td><td>t</td><td>4 500</td><td>5 400</td></tr>
<tr><td>小计</td><td></td><td></td><td></td><td>17 880</td></tr>
<tr><td colspan="2">后坡</td><td>300</td><td>m^2</td><td>45</td><td>13 500</td><td>钢架水泥柱支撑,土压墙体宽 3 m、长 100 m、高 3.5</td></tr>
<tr><td colspan="2">棉被</td><td>75</td><td>张</td><td>200</td><td>15 000</td><td>棉被长 10 m,宽 2 m</td></tr>
<tr><td colspan="2">棚膜</td><td>200</td><td>kg</td><td>23</td><td>4 600</td><td>采用醋酸聚乙烯膜</td></tr>
<tr><td colspan="2">竹竿</td><td>300</td><td>根</td><td>4</td><td>1 200</td><td>用于前屋面骨架间加固,起支撑棚膜的作用</td></tr>
<tr><td colspan="2">铁丝</td><td>300</td><td>kg</td><td>3</td><td>900</td><td>用于前屋面及后屋面的横筋,采用 ϕ6 mm 高碳钢丝</td></tr>
<tr><td colspan="2">卷帘机</td><td>1</td><td>台</td><td>6 000</td><td>6 000</td><td></td></tr>
<tr><td colspan="2">安装费</td><td></td><td></td><td></td><td>3 000</td><td>用于钢架结构的焊接及安装</td></tr>
<tr><td colspan="5">合 计</td><td>44 200</td><td></td></tr>
<tr><td colspan="5">以上总计</td><td>76 080</td><td></td></tr>
</table>

注:以上预算为 100 m 长日光温室造价。

4)实训报告

总结如何制定、编写温室大棚建造施工备料与预算表,将编制好的温室大棚造价预算表写入实训报告。

实训19:温室扣膜实训

1)目的和要求

掌握温室建造扣膜的技术。

2)材料和用具

塑料薄膜、钳子、紧线机、竹竿、铁丝、钢丝、压膜绳等若干。

3)内容与方法

以建造规格为100 m×13 m的温室大棚(见实训18)为例覆盖温室大棚膜。宜选择晴天、无风的下午进行。温室大棚薄膜共分两幅,一幅屋面棚膜,长度以100 m左右、宽度为14 m左右为宜,并且棚膜上端要事先穿一“拉绳”。另一幅为放风棚膜,长度与前者相同,宽度约3 m,同样要备拉绳。

覆盖温室大棚屋面棚膜可分四大步骤:

第一步:拉膜上棚。从温室大棚东边,需20人,每隔5 m,依次抬起棚膜,沿着大棚前面,将棚膜一端抬到大棚西边。而后,再有其中的10人拉起(带有拉绳的)棚膜一边,从大棚底部上去,沿着拱杆向上走,将薄膜拉上棚面,剩下的10人在原地抱着棚膜,帮助另外10人拉膜。

第二步:固定膜上端。一人先在温室大棚东边,将钢丝固定在拉绳上,另一人在大棚西边拉动拉绳,可顺势把钢丝穿过棚膜,之后,再把钢丝这一端固定在棚西墙处的地锚上,钢丝另一端用紧线机固定。最后用铁丝,把棚膜上端捆绑在竹竿上,每隔一竹竿,捆绑1次。注意捆绑后的铁丝头要往下,避免扎破放风棚膜。

第三步:固定膜两端。先用该处棚膜边沿将长约10 m的竹竿包好,而后,10人拿起竹竿往下拽,待将其拽紧后,便可用铁丝将其固定在地瞄上,约50 cm固定一处。为了加强牢固性,建议铁丝在钢丝上呈S形缠绕。按照同样的方法,再将棚东边的棚膜端固定。

第四步:埋压膜前端。在温室大棚前沿处,需5人从棚东边,用竹竿卷上棚膜前端,下拽拉紧棚膜后,另5人用土埋压棚膜,并踩实。

按照覆盖屋面棚膜的方法,将放风棚膜覆盖后,需上压膜绳,以加强棚膜的牢固性。压膜绳上端系在棚顶部的地锚上,下端系在棚前沿的地锚上,可每隔2 m处压膜绳。注意是拉紧、固牢。

4)实训报告

总结温室建造扣膜的技术要领及施工时的注意事项。

参考文献

[1] 张福墁.设施园艺学[M].2版.北京:中国农业大学出版社,2010.

[2] 李志强,张清有,刘金泉,等.设施园艺[M].北京:高等教育出版社,2006.

[3] 胡繁荣.设施园艺学[M].上海:上海交通大学出版社,2003.

[4] 李式军.设施园艺学[M].北京:中国农业出版社,2002.

[5] 韩世栋,黄晓梅,徐小芳.设施园艺[M].北京:中国农业大学出版社,2011.

[6] 张彦萍.设施园艺[M].2版.北京:中国农业出版社,2009.

[7] 范双喜,张玉星.园艺植物栽培学实训指导(面向21世纪课程教材)[M].北京:中国农业大学出版社,2002.

[8] 王双喜.设施农业装备[M].北京:中国农业大学出版社,2010.

[9] 王宇欣,段红平.设施园艺工程与栽培技术[M].北京:化学工业出版社,2008.

[10] 张彦萍.设施园艺[M].北京:中国农业出版社,2002.

[11] 陈杏禹,李立申.园艺设施[M].北京:化学工业出版社,2011.

[12] 妙晓莉.设施园艺[M].北京:中国农业出版社,2010.